Chemie für Bauingenieure und Architekten

Das Wichtigste auf dem Gebiet der Baustoff-Chemie
in gemeinverständlicher Darstellung

Von

Dr. Richard Grün †

Ehem. Professor an der Technischen Hochschule Aachen
Ehem. Direktor des Forschungsinstituts
der Hüttenzementindustrie Düsseldorf

Vierte
umgearbeitete Auflage

Mit 65 Abbildungen

Springer-Verlag
Berlin / Göttingen / Heidelberg
1949

ISBN-13: 978-3-540-01388-4   e-ISBN-13: 978-3-642-85880-2
DOI: 10.1007/ 978-3-642-85880-2

Vorwort zur vierten Auflage.

Seit dem Erscheinen der dritten Auflage hat eine Reihe von Arbeitsgebieten erhöhte Beachtung gefunden und zwar vor allem die Untergrundbefestigung, der Massenbeton, die Abdichtung von Bauwerken, die Füllbaustoffe und zementeinsparende Zuschlagstoffe, sowie zementersetzende Bindemittel. Ihnen wurde deshalb in der neuen Bearbeitung erhöhte Aufmerksamkeit geschenkt und in möglichster Kürze das Wissenswerteste zusammengetragen. Wenn diese auch aus naheliegenden Gründen auf Vollständigkeit keinen Anspruch machen kann, wird sie doch dem Ingenieur Anhalt sein bei der Lösung der ihm gestellten Aufgaben. Selbstverständlich sind neue Erkenntnisse auch auf anderen Gebieten der Baustoffkunde eingefügt. Der Grundsatz, allgemeinverständlich nur das Nötigste zu sagen, blieb gewahrt.

Um dem Studierenden, welchem eine Fachbibliothek zur Verfügung steht, eine weitere Einarbeitung in das Stoffgebiet der Baustoffchemie und in allgemeine Fragen der Baustoffkunde zu ermöglichen, wurden in Anmerkungen zahlreiche Literaturstellen vermerkt. Auch diese erheben nicht den Anspruch auf Vollständigkeit und sollen nur einen Anhalt darstellen.

Die vierte Auflage war bereits im November 1943 durch Richard Grün fertiggestellt, konnte jedoch wegen Papiermangel und aus anderen kriegsbedingten Gründen nicht gedruckt werden. Im April 1947 wurde Richard Grün aus seinem Schaffen abberufen. Der Tod nahm ihm die Feder aus der Hand, nachdem zwei Jahre vorher seine Arbeitsstätte durch Bomben völlig zerstört worden war. Er hatte sogleich mit dem Wiederaufbau eines neuen Institutes, der „Baustoff-Forschung Buchenhof", begonnen.

Die vierte Auflage ist nunmehr nochmals erweitert und ergänzt worden, sodaß ihr Inhalt dem neuesten Stande von Wissenschaft und Technik entspricht.

Hösel, im Juli 1948. **Wolfgang Grün.**

Vorwort zur ersten Auflage.

Die Chemie, ein vor 100 Jahren verachtetes, fast unbekanntes Fach, auf dessen Gebiet sich Alchemisten und Goldmacher tummelten, phantastische Leute, die von vernünftigen Menschen nicht ernst genommen oder als Schwindler und Hochstapler angesehen wurden, hat sich die Welt erobert, sie ist ein neuer Zweig am Baum der Erkenntnis, sie hat unser Weltbild umgestaltet und verändert es weiter. Die Grundlage ihrer Anwendung ist Energie, Energie in großen Mengen, und über diese Energie verfügen wir heute. Ein neues Zeitalter ist heraufgezogen:

das der Chemie und des Kraftüberschusses. Während alle Zeiten vor
uns an Kraftmangel litten — sie schufen die Sklaverei, um mensch-
liche Kraft billig zu haben — schwelgen wir in gewaltigem Kraftüberschuß, weil es uns durch die Dampfmaschine gelang, Sonnenenergien,

Die Unterschiede in der Erzeugungsmenge in den drei Zeitaltern.

	Erzeugung je Kopf und Tag in der		
	Urzeit	Pferdezeit	Kraftmaschinenzeit
Energie in Kal.	1000	4000	160 000
Erz in t	0,1	2,7	6,7
Roheisen in t	0,001	0,08	1879 1929 1926 0,24 5,7 13
Ziegel in Stück	—	450	40 000
Mehl in kg	—	133	2,7 Mill.
Schuhe in Paar	—	$^1/_5$	17

Kraftverbrauch in den verschiedenen Zeitaltern: Die Tabelle zeigt den
ungeheuren Anstieg der zur Verfügung stehenden Kraft in den verschiedenen
Zeitaltern und einige Beispiele für die durch diesen Anstieg und die Mechani-
sierung und Automatisierung hervorgerufene Leistungssteigerung. Unser
Zeitalter unterscheidet sich grundsätzlich von allen vorhergegangenen durch
seinen ungeheuren Kraftüberschuß und ermöglicht dadurch die Herstellung
von Baustoffen (Eisen, Zement, Leichtmetall), wie sie vorher niemals möglich
war: Infolgedessen stehen uns viel hochwertigere Baustoffe als anderen Zeitaltern vor uns zur Verfügung, die auch die Bauweise ausschlaggebend beeinflussen werden.

die seit Jahrmillionen in der Erde als Kohle schlummerten, nutzbar zu
machen (s. obenstehende Tabelle). Dieser Kraftüberschuß schuf uns
auch die chemische Industrie, die ohne Kraft nicht denkbar ist, und
die Chemie gab uns Baustoffe mit einer Festigkeit (Stahl) und einer
Formwilligkeit (Stahlbeton), wie sie nie früheren Baumeistern zur Verfügung standen, also Neues, noch nie Dagewesenes. Dieses Neue aber
schafft der Chemiker.

Er kann das, was kein anderer kann, er stellt n e u e Stoffe her.
Während jeder andere Beruf das gewachsene Holz und den Stein aus
dem Berg, Pflanzen- und Tiererzeugnisse verarbeitet, wie sie sind, vielleicht nur in der Form veredelt, erzeugt die Synthese neue Stoffe,
Stoffe, die noch nie vorhanden waren, bis der Chemiker sie schuf. Er
macht aus schwarzem Teer bunte Farben, die in unser Leben leuchten,
er bindet flüchtigen Stickstoff aus der Luft zu Dünger, der unsere
Ernten verdoppelt, verflüssigt schwere Kohle zu leichtem Treibstoff,
der unsere Motoren dreht, er wandelt Erz in Stahl und Lehm zu silber-
weißem Aluminium, welches uns einem neuen Leichtmetallzeitalter
entgegenführt, das die „Eisenzeit" ablösen wird. Er brennt auch aus
Kalk und Kieselstein Zement, und dennoch weiß der Bauingenieur von
diesem Mann nicht mehr, als daß er still und verschlossen in seinem
Laboratorium arbeitet, in dem blaue Flammen rauschen und stickige
Dämpfe ziehn; zwar benutzen Ingenieure und Architekten die Erfin-
dungen der geheimnisvollen Analysenköche, sie kümmern sich aber
nicht um deren Tun.

Und warum? Weil diese Männer hinter ihren giftspeienden Arbeitstischen nicht zu ihnen sprechen. Sie arbeiten an hohen Problemen, sie untersuchen kompliziert zusammengesetzte Stoffe auf ihre „Konstitution", sie zergliedern Chlorophyll oder Blutfarbstoff, weisen deren Verwandtschaft nach und setzen sie aus einfachsten Stoffen wieder zusammen. Sie bauen Moleküle ab, fügen sie wieder zusammen und messen die Energie, die sie aneinander bindet. Sie erforschen die Wirkung des Kohlenstoffs im Eisen, verwandeln es durch Molybdänzusatz in härtesten Stahl und nehmen ihm durch winzige Zusätze anderer Metalle die Eigenschaft zu rosten. Sie suchen und finden die Kalksalze, die den Zement aufbauen und verbessern das wichtige Bindemittel, um seine Verarbeitung kümmern sie sich aber wenig, denn dazu haben sie keine Zeit. Und dennoch ist gerade diese Verarbeitung fast so wichtig wie die Herstellung: Derjenige, der Baustoffe, deren Eigenschaften allein auf der chemischen Zusammensetzung beruhen, gleichgültig, ob diese vom Mensch oder von der Natur geschaffen wurden, verwendet, muß in großen Zügen über Chemie Bescheid wissen, nur dann kann er sein Material richtig verbauen.

Man kann aber nicht verlangen, daß der gehetzte Baumeister aus den umfangreichen Büchern, die uns fleißige Chemiker bescherten, seine Kenntnisse sammelt. Die knappe Zeit beim Studium und Tagewerk läßt keine Frist zum Suchen. Noch weniger kann ein Studium der Chemie gefordert werden und sei es noch so abgekürzt. Was interessiert es den Baumenschen, daß es 92 Elemente gibt, daß man ein periodisches System kennt, daß es „schweres" Wasser und „allotrope Modifikationen" gibt. Er will nur über seine Baustoffe Bescheid wissen ihre Eigenschaften kennen, so weit, daß er sein Material richtig und mit Verständnis an der rechten Stelle verbauen kann. Formeln sind dem mit Mathematik übergenug geplagten ein Greuel und wissenschaftlicher Ballast und Fremdworte, die nur der Chemiker versteht, kann er nicht brauchen. Und dennoch muß er wissen, welche Eigenschaften seine Ziegel, sein Zement und sein Stahl haben, wie er sie verarbeiten muß, wie sie sich im Bau verhalten. Dies Wissen erwirbt er sich allein aus der Kenntnis der Chemie, die ihm seine Baustoffe schuf und aus der sich deren Eigenschaften ableiten. Denjenigen Teil der Chemie, der hier in Betracht kommt, gibt, ohne wissenschaftliche Probleme, ohne Abschweifung in die höhere Chemie und Physik, ohne imponierende und schwer verdauliche Formeln, aber mit dauernden Seitenblicken auf die Praxis, dieses Buch. Es ist ein Lehrbuch und ein Nachschlagewerk, vom Chemiker für den Bauingenieur geschrieben. Es will dem Architekten und Bauingenieur, die ja eigentlich eines sind, in ihrem schweren Beruf ein Ratgeber sein, beim Studenten aber Verständnis wecken für ein an unseren hohen Schulen oft stiefmütterlich behandeltes Gebiet, für die Baustoffkunde. Denn ohne Kenntnis der Baustoffe kann man nicht bauen, und nur der baut richtig, der weiß, mit was er baut.

Düsseldorf, im Mai 1939.   **Richard Grün.**

Inhaltsverzeichnis.

Einleitung.

Was ist Chemie? Die Lehre vom Aufbau der Stoffe in bezug auf ihre Zusammensetzung aus den verschiedenen Elementen. Diese Elemente haben in ihren Verbindungen bekanntlich gänzlich andere Eigenschaften als in freiem Zustand. So ist beispielsweise reines Eisen ein weiches silberglänzendes Metall, welches an der Luft sehr schnell unter Aufnahme des Elementes „Sauerstoff" in das rote Eisenoxyd übergeht. Es verliert dabei als Rost völlig seine Festigkeit, während der aufgenommene, ursprünglich gasförmige Sauerstoff „fest" wird. Durch Zufügung ganz geringer Mengen von anderen Elementen, beispielsweise Kohlenstoff oder Kupfer u. a., kann man die Eigenschaften des reinen Metalls in ganz verschiedener Weise verändern; man kann das Eisen härten, man kann es in Gußeisen verwandeln und ihm sogar seine Eigenschaft, schnell unter Sauerstoffaufnahme zu oxydieren, nehmen, man kann es rostfrei machen.

Noch typischer ist das Beispiel für den überaus vielseitigen Kohlenstoff, der ja in der Hauptsache die meisten unserer Nahrungsmittel und unseren Körper zusammensetzt. Reiner Kohlenstoff kommt zunächst in drei verschiedenen Formzuständen vor: amorph, also gestaltlos als Kohle, kleinkristallin als Graphit, der zur Herstellung unserer Bleistifte dient, und grobkristallin in einem anderen Kristallsystem kristallisiert als Diamant. Seine Eigenschaften in dieser reinen Form sind bekannt. Kohlenstoff ist vierwertig, d. h. er vermag vier weitere, einwertige Atome festzuhalten. Verbindet er sich mit vier Wasserstoff-Atomen, bildet er das Grubengas oder Methan (CH_4), das in Kohlenbergwerken bei Entzündung die „schlagenden Wetter" hervorruft und zum Antrieb unserer Automobile dient. Es entsteht beim Abbau organischer Substanzen, beispielsweise bei der Fäkalienverfaulung und wird auch künstlich hergestellt. Verbindet sich nun aber Kohlenstoff mit zwei Molekülen des zweiwertigen Sauerstoffs, so bildet er das Kohlendioxyd (CO_2) (meist kurz Kohlensäure genannt), das in der Luft in geringen Mengen (0,02 %) als Gas vorkommt und ebenso bei der Gärung entsteht (Bier, Sekt). Auch die Eigenschaften der Kohlensäure sind bekannt. Sie sind, trotzdem das Kohlenstoffatom die Grundlage sowohl für das Methan als auch für die Kohlensäure bildet, gänzlich andere als diejenigen des Methans. Der Kohlenstoff vermag sich in Ketten zu den „aliphatischen Verbindungen", beispielsweise Alkohol, oder in Ringe zu den „aromatischen Verbindungen"[1], beispielsweise Benzol unter Bindung von Wasserstoff, gegebenenfalls auch von Sauerstoff zusammenzuschließen. Fast unsere sämtlichen organischen Substanzen beruhen auf dieser Fähigkeit des Kohlenstoffs, Atomketten oder auch Atomringe zu bilden. Die überaus große Vielfältigkeit all dieser Verbindungen zeigt, wie stark die Eigenschaften eines Atoms sich ändern, wenn es sich mit anderen Atomen zu chemischen Verbindungen zusammenschließt.

Warum braucht man einige Grundkenntnisse von Chemie? Das Weltbild, das wir uns machen, muß heutzutage gegründet sein auf richtige Deutung beobachteter Tatsachen und auf Kenntnis der Naturgesetze. Wir können uns nicht mehr wie der primitive Mensch damit begnügen, Märchen zu glauben, wie sie in der Urzeit erfunden wurden, um rätselhafte Vorgänge zu erklären. Die Sonne ist für uns nicht mehr eine in einem Wagen über den Himmel fahrende Göttin, sondern ein gewaltiger Weltkörper, dessen chemische Zusammensetzung wir kennen. Wir lernten verstehen, daß der Blitz nicht ein von einem wütenden Gott geschleuderter Hammer, sondern ein großer elektrischer Funke ist, den wir sogar auffangen, also unschädlich machen können.

Neben dem Weltbild, das wir uns machen, sollen wir aber auch wissen, wie die Stoffe, die wir essen und trinken, mit denen wir bauen und arbeiten, zusammengesetzt sind, wir sollen ihre „Chemie" kennen, damit wir sie richtig verwenden und vor Rückschlägen geschützt sind.

Vom Bauingenieur, vom Architekten ist diese Kenntnis in erster Linie zu fordern, denn er ist derjenige, welcher alle die vielen Erzeugnisse der Natur und Industrietätigkeit gebraucht, der sie zu Bauwerken zusammenfügt, der aus Stein und Holz heimische Häuser, aus Stahl und Eisen weitgespannte Hallen, aus Ziegeln mächtige Pfeiler und Mauern, aus Beton riesige Talsperren und aus Eisenbeton kühne Brücken und ragende Türme errichtet. Vom Baumeister wird verlangt, daß er die verschiedenen Baustoffe jeweils ihrer Eigenart entsprechend heranzieht, daß er die durch sie gegebenen, noch vor 50 Jahren nicht einmal erträumten Möglichkeiten ausnutzt und schließlich, daß er seine Werke schützt vor Untergang durch Feuer und Wasser und durch den fast allmächtigen Faktor „Zeit", vor Fäulnis und Verwitterung.

Groß sind die hier gestellten Anforderungen an Wissen und Erfahrung und unmöglich ist es für den im hastenden Leben stehenden Mann vom Bau, in all den vielen guten, aber umfangreichen Einzelwerken nachzuschlagen, um zu erfahren, welche Eigenschaften die vielen heute vorhandenen Baustoffe haben. Der vielbeschäftigte Praktiker im Büro und auf der Baustelle kann nicht prüfen, was richtig oder übertrieben ist in all den Werbeschriften, mit welchen er dauernd überschwemmt wird.

---

[1] Die Bezeichnung „aromatische Verbindungen" ist ein alter, aber noch heute üblicher Ausdruck, der bei Entdeckung dieser Kohlenwasserstoffe diesen gegeben wurde, weil viele stark „aromatisch" rochen. Es gibt auch recht unangenehm riechende „aromatische Verbindungen" (Phenol = Karbolsäure).

Eine sachgemäße Anwendung der vielen uns durch die moderne Technik geschenkten Baustoffe ist aber nur möglich, wenn man sie kennt, und man kennt sie nur, wenn man weiß, aus was sie bestehen und wie sie zusammengesetzt sind, denn aus dieser Kenntnis allein erwächst weiter das Wissen über ihre Eigenschaften. Deshalb muß der Bauingenieur sich nicht bloß mit den Eigenschaften seiner Baustoffe beschäftigen, sondern auch mit ihrem Aufbau, also ihrer chemischen Zusammensetzung, denn diese bedingt in der Hauptsache die zu erwartenden Eigenschaften und das Verhalten bei Lagerung, Verarbeitung und Altern.

Ursprung und Zusammensetzung der Erdkruste.

Die Erdkruste in den uns zugänglichen Tiefen besteht in der Hauptsache aus Kieselsäure und Tonerde. Das sind diejenigen Stoffe, die für den Aufbau unserer Baustoffe am wichtigsten sind. Im Kern ist der Erdball selbst überaus dicht. Man nimmt an, daß er aus Nickeleisen zusammengesetzt ist, die Annahme ist aber nicht bestätigt, da es uns nicht möglich ist, mehr als 2—3000 m tief in die Erdkruste einzudringen. Sicher ist nur, daß unter dem ungeheuren Druck, der bestimmt im Erdinnern herrscht und bei der gewaltigen Temperatur, die wir annehmen, die Elemente im Erdkern selbst überaus stark zusammengepreßt sind und deshalb eine Dichte haben, die wir uns kaum vorstellen können. Von der äußeren Zone der Erdkruste nehmen wir an, daß sie in zweierlei Weise aufgebaut ist, und zwar gibt es eine äußere Zone, die man Sial-Zone nennt (SiO_2-Kieselsäure Al_2O_3-Aluminiumoxyd), weil in ihr hauptsächlich Kieselsäure (SiO_2) und Tonerde (Al_2O_3) vorhanden sind, und weiter eine etwas tieferliegende Zone, die wir Sima-Zone nennen, weil in ihr hauptsächlich Kieselsäure (Siliziumdioxyd $= SiO_2$) und Magnesiumoxyd (MgO) vorkommen. In diesen Zonen sind die Elemente, die auch unsere mineralischen Stoffe aufbauen, in ungeheuren Mengen vorhanden.

Unsere in der Bauindustrie verwandten Stoffe setzen sich, im Großen gesehen, wie folgt zusammen:

Feldspat, Granit u. dgl.: Natrium-, Kalium-, Calcium-, Aluminiumsilikate (Salze der Kieselsäure, deren „chemische Bezeichnung" Siliziumdioxyd (SiO_2) ist, heißen Silikate),

Sandstein: Kieselsäure (SiO_2), Quarzsand verkittet durch sehr geringe Mengen von Bindemittel, beispielsweise wieder Kieselsäure (Quarzit) oder Ton (toniger Sandstein),

Ton, gebrannt als Ziegelstein: Tonerde und Ton dürfen nicht verwechselt werden. Tonerde ist Aluminiumoxyd (Al_2O_3), Ton ist Aluminiumsilikat, also das kieselsaure Salz des Tones [$Al_2(SiO_2)_3$],

Portlandzement: Calciumsilikat $+$ Calciumaluminat,

Hochofenschlacke: Calciumaluminiumsilikat,

Kalkstein: Calciumcarbonat,

Magnesit: in gebranntem Zustand als gebrannte Magnesia zur Steinholzherstellung,

Steinholz: Magnesiumoxyd und Magnesiumchlorid mit Zusatz von Holzmehl; unter Verwendung von Holzschliff als Leichtbauplatte (Heraklith),

Seife: Schmierseife: Kaliumoleat, Feste Seife: Natriumoleat,

Papier und Pappe: Zellulose, Verbindung von Kohlenstoff mit Wasser (Kohlehydrate), in Faserform aus Holz, zu Papier verleimt,

Fensterglas: Natrium-Calciumsilikat,

Wasserglas: Natrium- oder Kaliumsilikat,

Holz: Wie Papier, außerdem Gehalt an Stärke, Harzen, Ölen,

Eisen: Metallisches Eisen mit geringen Beimengungen von Kohlenstoff ist Schmiedeeisen. Höherer Kohlenstoffgehalt verändert die Eigenschaften des Eisens, verwandelt es z. B. in das brüchige Gußeisen. Bei Zusatz von wenigen Prozent Kupfer und dgl. entsteht nichtrostendes Eisen, bei Wolframzusatz Schnelldrehstahl usw.

Magnesal, Elektron usw.: Legierungen von Magnesium mit anderen Leichtmetallen (Legierungen nennt man zusammengeschmolzene Metalle, die also wohl Mischkristalle, aber keine Verbindungen sind).

Geschichte der Baustoffe.

Unsere modernen Baustoffe verdanken ihre Entstehung ausnahmslos chemisch geleiteten Vorgängen, die von Menschenhand hervorgerufen sind. Eine Ausnahme bildet das Holz, aber auch dieses vermag

Abb. 1. Wohnhütte der Germanen (Deutsches Museum).
Erstes Stadium der Baustoffverwendung: Verwendung von unverändertem Baustoff (Flechtbau):
In ihrer Form unveränderte Äste sind verflochten und mit Gras und Lehm umkleidet.

ohne entsprechende Behandlung infolge seiner natürlichen Neigung zum Verfaulen unseren modernen Ansprüchen nicht mehr zu genügen, wenn es nicht in entsprechender Weise chemisch getränkt wird, ehe wir es den Atmosphärilien aussetzen.

Betrachten wir kurz die Geschichte der Baustoffe, so können wir leicht vier verschiedene Stadien ihrer Verwendung unterscheiden.

Im ersten Stadium nahm der Urmensch die Baustoffe unverändert, so wie sie ihm von der Natur dargeboten wurden. Er flocht sich beispielsweise Häuser aus Zweigen (Abb. 1) oder er schichtete Steinplatten aufeinander, um den Eingang einer Höhle zu verengern, oder sich an einer Felswand gegen den Schlagregen zu schützen. Auch die ersten gewaltigen Steinbauten, die wir kennen, die Hünengräber, gehören hierher.

Im zweiten Stadium lernte dann der Mensch, als er das Werkzeug erfunden hatte, welches den Schlag seiner Hand verstärkte, seine Baustoffe zu behauen, also mechanisch zu verändern. Er höhlte sich Bäume aus, schlug sich Steine in der gewünschten Form zurecht und machte sich Formsteine aus Lehm, die er an der Luft erhärten ließ.

Abb. 2. Blockhütte in Norwegen (Foto: Alfred Kunze).
Zweites Stadium der Baustoffverwendung: Verwendung von mechanisch verändertem Baustoff (Blockhaus): Der Fortschritt gegen Stadium I ist deutlich erkennbar, das Holz ist behauen.

Das dritte Stadium ist weitaus das wichtigste. Denn in diesem Stadium lernte der Mensch die von der Natur gegebenen Baustoffe chemisch zu verändern:

Er erhitzte den früher nur getrockneten Lehm und Ton, der ja an der Luft und im Wasser wieder erweichte, auf hohe Temperaturen und erreichte dadurch ein Entweichen des chemisch gebundenen Wassers aus dem Ton und damit eine Erhärtung, ja sogar eine Frittung und Schmelzung: Der Backstein war erfunden.

Er brannte den Kalkstein, verjagte auf diese Weise Kohlensäure und erreichte, daß das zurückbleibende Calciumoxyd nach dem Löschen mit Wasser einen Mörtel bildete, welcher durch Aufnahme von Kohlensäure aus der Luft wieder erhärtete (Abb. 3). Ja, er fügte sogar diesem Kalk Puzzolane, die er in der Natur fand, zu, um auf diese Weise seinen Baustoff wasserbeständig zu machen.[1] Auf gleicher Grundlage erzeugte er den Gipsmörtel, welcher im Harz durch Jahrhunderte ein beim Baumeister beliebtes Mörtelmaterial darstellte.

Dann gelang es dem erfinderischen Geist des Menschen, die Erze, in welchen das Eisen in oxydierter Form, z. B. als Eisenkarbonat, also kohlensaures Eisen, oder gebunden an andere Säuren oder an Sauerstoff, vorhanden war, so zu behandeln, daß das Eisen aus dem oxydierten in den reduzierten Zustand überging, also aus Eisenoxyd (Fe_2O_3 = Rost) in metallisches Eisen, und er gewann dann dieses Eisen zunächst in Rennfeuern in geringem Umfange, später in unseren bekannten Hochöfen in Massen.[2] Auch hier spielen die chemischen Vorgänge eine ausschlaggebende Rolle: Das Erz, welches Kieselsäure und andere „Gangarten" enthält, wird mit Kalkstein gemischt und reduzierend gebrannt, d.h. mit einem Überschuß von Kohle erhitzt. Die Kohle (C) reißt hierbei Sauerstoff (O) aus dem Oxyd des Eisens (Fe_2O_3) an sich, der Sauerstoffanteil des Eisens verwandelt sich in Kohlensäure (CO_2), die entweicht, das Metall aber schmilzt zu metallischem Eisen (Fe). Die Gangart, die störend wirken würde, tritt als „Säure" (Kieselsäure) zusammen mit der zugefügten

Abb. 3. Palast von Ktesiphon.
Drittes Stadium der Baustoffverwendung: Verarbeitung von chemisch verändertem und geformtem Baustoff (Ziegelbau): Lehm ist zu Ziegel gebrannt, also chemisch verändert. Die Ziegel sind vermauert mit gebranntem Kalk, also durch chemische Veränderung entstandenem Mörtel.

„Base" Kalk, und die neben der Eisenschmelze entstehende mineralische Schmelze verläßt den Ofen, um dann, auch ihrerseits als „Hochofenschlacke" ein beliebtes Baumaterial zu bilden.

Wie groß die Neigung des Eisens ist, sich rückläufig wieder mit dem Sauerstoff der Luft zu verbinden, zu oxydieren, zu rosten, also

---

[1] Solacolu: Zur Zement- und Betontechnik der alten Römer, Toni 1937, S. 167. — Müller: Antike Kalkmörtelkunst und ihre Lehre für die Verbesserung unserer Mörteltechnik, Toni 1939, S. 824. — Foerster: Mathias Koenen, der geistige Vater des Eisenbetonbaues, Bauing. 1929, S. 853. — Müller-Skjold: Über antike Wandputze, Ang. Chemie 1940, S. 139. — Gronow: Bemerkungen zur Mörteltechnik beim Bau der Chinesischen Mauer, Zement 1942, S. 495.

[2] Die Entziehung von Sauerstoff (O = Oxygenium) aus einer chemischen Verbindung (Oxyd) nennt man „Reduktion", das Gegenteil, die Zuführung von Sauerstoff „Oxydation" (Verbrennung).

wieder in Eisenoxyd überzugehen, ist jedem bekannt und hat jedem wegen der Unbeständigkeit seiner Bauwerke schon Sorge gemacht. Wegen der „Umkehrbarkeit" der Reaktion muß das Eisenbauwerk, wenn es Bestand haben soll, mit Farbanstrich gedeckt werden.

Als viertes und letztes Stadium, in dem wir uns heute neben dem Stadium 3 befinden, kennen wir eine Vereinigung dieses Stadiums mit dem ursprünglichen Stadium 1, bei welchem ja unveränderte, also weder behauene noch chemisch beeinflußte Baustoffe verwendet worden waren: Im Beton lernten wir nämlich unbehauene und chemisch unveränderte Baustoffe, den Zuschlag, der als Kies oder Steinsplitt verwendet wird, mit Zement zu einem einheitlichen Baustoff zu verkitten. Der Beton war schon den Römern bekannt, die ihn entweder als Schwerbeton unter Verwendung von Kies, als Zuschlag, oder als Leichtbeton unter Verwendung von Backsteinkleinschlag oder leichter Vulkanschlacke herstellten. Als Bindemittel verwandten sie hydrau-

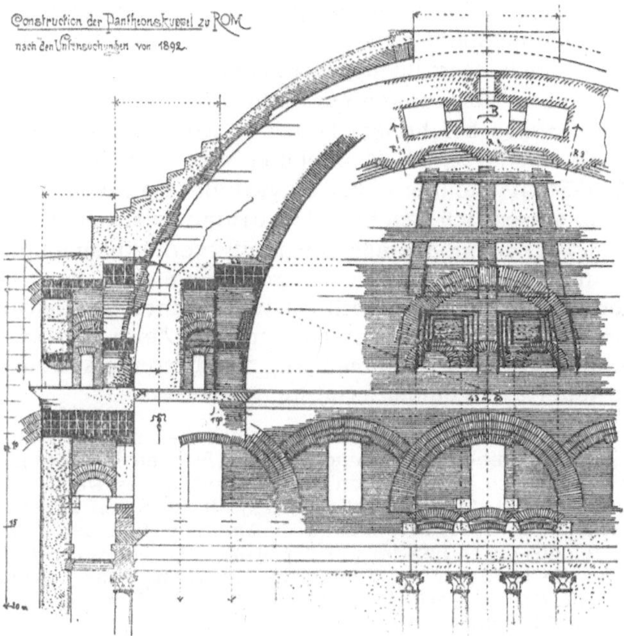

Abb. 4. Pantheon in Rom, erbaut 27 v. Chr. erneuert 202 n. Chr.:
Viertes Stadium der Baustoffverwendung. Verfestigung ungeformter Baustoffe (Kies) mit Zement zu Beton an Stelle der Verwendung behauener Steine.

lischen Kalk; dieser erreichte allerdings beim Abbinden und Erhärten nicht diejenigen Festigkeiten wie unsere modernen Zemente, aber ergibt dennoch Bauwerke, die durchaus wetterbeständig sind und denen man schon vor zweitausend Jahren recht beträchtliche Abmessungen gab. So ist beispielsweise die Kuppel des Pantheons in Rom aus derartigem Beton hergestellt (vgl. Abb. 4) und große Molenanlagen in der Nähe von Neapel sind noch heute in

Betrieb. In der Vereinigung des Eisenstadiums 3 und des Betons
hat das Stadium 4 im Eisenbeton vorläufig seinen Gipfelpunkt gefunden. Denn im Stahlbeton wird die hohe Zugfestigkeit des
Eisens verbunden mit der hohen Druckfestigkeit des Betons: Das
Eisen übernimmt in dem beim Abbinden und Erhärten des Betons
entstehenden Gestein die Zugspannung und es entsteht so ein Baustoff, der dem Naturstein weit überlegen ist, weil er die Überbrückung
von Weiten gestattet, die der Naturstein niemals zu überspannen vermag. Die enge Säulenstellung der griechischen und ägyptischen Tem-
pel ist Zeuge für die geringe Biegezugfestigkeit der auf Säulen auf-
gelagerten Steinplatten. Der Stahlbeton bedarf keiner engen Säulenstellung, sondern schwingt sich als weit gespannter Balken oder als
kühner Bogen raumbezwingend über früher unüberbrückbare große
Entfernungen. Seine vorläufige Vollendung findet der Stahlbeton im
Beton mit vorgespannten Stahleinlagen. Dieser wird in der Weise hergestellt, daß man Eisen, bevor man betoniert, in Spannung versetzt, so
daß sie im erhärtenden Beton unter Spannung bleiben, gleichsam also
wie gespannte Gummibänder den Beton zusammenziehen. Derartiger
Beton vermag viel höhere Beanspruchungen auszuhalten als solcher
Beton, der mit nicht vorgespanntem Stahl bewehrt ist und Risse, die
in ihm beispielsweise bei hohem Druck in Rohrleitungen entstehen,
schließen sich wieder nach Aufhebung des Druckes (Beton von
Frayssinet und Stahlsaitenbeton von Hoyer). Bauwerke aus derartigem
Beton können wesentlich leichter konstruiert werden als normale
Eisenbetonbauwerke und Gefäße auch mit verhältnismäßig dünnen
Wandungen halten sehr große Beanspruchung aus. Auch auf den
Schalenbeton, der in Form verhältnismäßig dünner Schalen die Herstellung von Gewölben nach Berechnung von Zeiss und Dischinger
gestattet, sei in diesem Zusammenhang als besonders formwilliges,
leichtes und feuerfestes Baumaterial hingewiesen.

Die außerordentliche Wendigkeit des Betons bei der Herstellung von
Bauwerken führt neuerdings zu ganz ungewohnten Formen. Die Formen unserer
Häuser sind immer noch übernommen aus der Zeit, als es weder Stahl noch
Beton gab. Als Beispiel für die Möglichkeiten, die im Beton liegen, sei verwiesen auf ein neues Geschäftsgebäude in Amerika (vgl. Beton und Eisen
1938, S. 350), welches durch Fenster mit der Straße überhaupt nicht mehr verbunden ist, um die Geräuschbelästigung der Einwohner durch Autos, elektrische Bahnen u. dgl. zu verhindern. Licht erhält das Haus von der Straße
nur durch dünne Glasbänder, die Schauseite liegt im Hof.

Wenn uns auch das Abweichen der Bauweise von der bisher üblichen
zunächst überraschend erscheint, sind doch die neuen Gedanken, selbst wenn
wir sie kritisch ablehnen, bemerkenswert.

Einteilung des Buches.

Bei der engen Verbundenheit unserer ganzen Baustoffe, sowohl bei
ihrer Herstellung, als auch bei ihrer Verarbeitung und schließlich bei
ihrem Bestand, mit chemischen Vorgängen ist es unbedingt notwendig,
daß der Bauingenieur mehr als dies meist geschieht, mit der Chemie
dieser Baustoffe sich beschäftigt. Denn, nur wenn er in großen Zügen

die chemischen Reaktionen kennt, die zur Entstehung, Erhärtung oder zur Verwitterung seiner Baustoffe führen, vermag er sein Material richtig zu verarbeiten und vor dem Untergang zu schützen.

Es ist natürlich nicht zu verlangen, daß der Leser nach Art eines Schülers ein Buch wie das vorliegende von A bis Z durcharbeitet, aber er muß sich doch von Fall zu Fall über die einzelnen Fragen unterrichten, um besonders dann, wenn er Entscheidungen zu treffen hat, den richtigen Baustoff und die zweckmäßige Behandlungsart für diesen wählen zu können. Auf diese Weise wird er sich allmählich ein chemisches Wissen, welches zur Allgemeinbildung des Bauingenieurs gehört, aneignen, und von Fall zu Fall auch Einzelheiten lernen, die ihm nützlich sind.

Neben dem Konstrukteur wird auch der Architekt wertvolle Aufklärung finden, die er bei Ausführung seiner Bauwerke brauchen kann. Gerade in Architektenkreisen ist häufig eine krasse Unkenntnis über Baustoffe vorhanden, die sich so auswirkt, daß entweder die Baustoffe falsch angewendet oder aber daß ungeeignete Baustoffe herangezogen werden mit dem Erfolg, daß alle möglichen Nachteile eintreten, wie schnelle Zerstörung, Feuchtwerden der Häuser u. dgl. Schlimmer noch ist es, daß unsichere Kenntnis unserer Baustoffe zu einer gewissen Scheu vor deren Anwendung führt und die großen Möglichkeiten, die in ihnen stecken, so nicht ausgenutzt werden. Viele Architekten bauen noch in Methoden, die durch Jahrtausende und mehr die Menschheit beherrscht haben, nutzen also den weiten Spielraum, welcher ihnen durch die Entwicklung unserer modernen Baustoffe seit der Jahrhundertwende gegeben ist, nicht annähernd aus. Dem Architekten sind durch unsere Stähle und Eisen, durch unseren Stahlbeton und durch unsere anderen modernen Baustoffe Mittel geboten, die dem griechischen oder römischen Architekten oder gar dem mittelalterlichen Baukünstler versagt waren: Es ist zu fordern, daß der moderne Baukünstler in viel größerem Umfang als bisher erkennt, welche gewaltigen Möglichkeiten ihm die moderne Technik für seinen Form- und Gestaltungswillen gegeben hat. Zu dieser Erkenntnis wird auch die Beschäftigung mit der Chemie der Baustoffe beitragen.

Um das Nachschlagen zu erleichtern, ist ein Stichwortverzeichnis zur raschen Unterrichtung über die einzelnen Erzeugnisse der Technik, von denen viele häufig unter verschiedenen Namen bei gleicher Ursubstanz vorkommen, angefügt (S. 200). Weiter sind die einzelnen chemischen Verbindungen in einem besonderen Verzeichnis zusammengefaßt, in welchem sie unter den verschiedenen Namen, die jeweils die gleiche Verbindung bezeichnen, aufgeführt sind (S. 200).

Bei der Einzelbesprechung sind zunächst in Teil A die anorganischen Baustoffe vorweggenommen unter Voraussetzung der Natursteine (I), die ja die ersten Baustoffe unserer Vorfahren gewesen sind. Anschließend sind unter II die Bindemittel erläutert, die einerseits aus solchen Natursteinen erbrannt werden, andererseits dazu dienen, sie als Mörtel oder Beton zusammenzufügen, und zwar sowohl die nicht

hydraulisch erhärtenden, also die Luftbindemittel, als auch anschließend die wichtigeren hydraulisch erhärtenden, die Zemente. Die Zusätze, welche häufig üblich sind (Traß), sind gleichfalls besprochen.

Die Bindemittel verwendet nicht nur der Bauingenieur, sondern
auch der Fabrikant, der in seinem Werk aus diesen Kunststeine
herstellt, die dann fertig auf den Bauplatz kommen. Diese einzelnen
Kunststeinarten sind anschließend abgehandelt (III), wobei jeweils
eine kurze Beschreibung mit wenigen Zeilen über das Herstellungsverfahren vorausgeschickt ist, um den Bauingenieur in die Lage zu
versetzen, mit größerem Verständnis, als dies bisweilen üblich ist,
seine Kunststeine zu beurteilen und zu verbauen. Im Kapitel III sind
auch noch kurz erwähnt die gegossenen Steine, zu deren Herstellung
entweder Hochofenschlacke oder Kupferhüttenschlacke dient (Hoch-
ofenschlackenpflastersteine, Mansfelder Steine). Obwohl die aus Ton
gebrannten Ziegelsteine auch Kunststeine sind, weil man sie künstlich
formt und brennt, sind sie nicht im Kapitel „Kunststeine" behandelt,
weil sich dieser Name mehr für die hauptsächlich aus Zement aufbe-
reiteten Steine eingebürgert hat. Dem Ziegelstein (von lat. tegula oder
Backstein), welcher den allerersten „Kunststein" darstellt, den die
Menschheit verwandte, ist ein besonderes Kapitel gewidmet (IV).

Das Kennzeichen unseres Zeitalters ist die Herstellungsmöglich-
keit von Eisen und Stahl in ungeheuren Mengen. Dadurch unterscheidet sich unser Jahrhundert endgültig und grundsätzlich von allen
vorangegangenen. Es ist deshalb, wenn auch der Bauingenieur das
Eisen nicht herzustellen braucht, wie beispielsweise den Beton, dem
Eisen und dem Stahl ein kurzes Kapitel gewidmet (V). Es gewinnt
ganz den Anschein, als ob wir allmählich uns aus dem Eisenzeitalter
bis zu einem gewissen Grade entfernten und in ein Leichtmetallzeitalter einträten. Es ist deshalb notwendig, daß der Bauingenieur auch
das Wichtigste über die Leichtmetalle weiß. Die Leichtmetalle sind
deshalb auch auf einigen Seiten besprochen (VI).

Anschließend sind im Teil B die organischen Baustoffe abgehandelt, und zwar zunächst das Holz und vor allen Dingen sein Schutz,
weiter das Kunstharz und die Dachpappe und schließlich der Leim
und der Kitt. Dachpappe, Leim und Kitt, sowie die Abdichtung, die
man mit diesen genannten Stoffen durchführen kann, sind scheinbar nebensächliche Teile der Baustoffkunde; sie sind allerdings
wichtige Teile der Chemie, werden aber vom Bauingenieur häufig
wenig beachtet. Sie verdienen mehr Aufmerksamkeit, denn sie sind
es, welche die Lebensdauer unserer anorganischen und organischen
Baustoffe um ein Vielfaches verlängern und vor allen Dingen dem
Baufachmann manchen Ärger ersparen können, dem er ausgesetzt ist,
wenn es ihm nicht gelingt, seine Bauwerke auch dicht zu gestalten.
Das Wasser wird zum Feind des Bauingenieurs, denn es läuft nicht
nur von oben nach unten in die Gebäude, sondern es vermag auch
von unten nach oben aufzusteigen, und überall, wo es auftritt, ruft es
chemische oder physikalische Reaktionen und damit Zerstörungen
hervor, seien es Verwitterungen, Verfaulung oder auch nur Aus-

blühungen an Backsteinen und Betonwänden, die, wenn sie auch unschädlich sein mögen, um so häßlicher für das Aussehen des Bauwerkes sind.

Unter Weglassung alles unnötigen Ballastes sei nunmehr in die
Besprechung der einzelnen Baustoffe, besonders vom chemischen
Standpunkt eingegangen. Die wenigen wiedergegebenen Formeln sind
zum Verständnis notwendig. Chemische Formeln sind sehr viel einfacher als sie aussehen und bei geringer Aufmerksamkeit leicht zu
verstehen, zumal nur die einfachsten Formeln angeführt werden. Ihr
Verstehen trägt zum Verständnis des Buches bei, deshalb übergehe
man sie nicht, sondern nehme sie zur Kenntnis, zumal sie durch unter-
geschriebene Bezeichnungen erklärt und somit leicht erfaßbar sind.

Einiges über chemische Formeln.

In den chemischen Formeln ist stets jedes Element durch eine Abkürzung gekennzeichnet, die meistens von dem lateinischen Namen
genommen ist. So bedeutet Na: Natrium, O (Oxygenium: Sauerstoff,
H (Hydrogenium): Wasserstoff usw. In der Formel selbst steht nun an
Stelle jedes Atoms e i n m a l die betr. Abkürzung. Ist rechts unten von
dieser Abkürzung eine 2 angebracht, so bedeutet dies, daß die betr.
chemische Verbindung z w e i der betr. Atome enthält. Atome sind
die kleinsten Teile der Elemente. Treten mehrere zusammen, so nennt
man die entstehende Gruppe eine chemische Verbindung. Der kleinste
Teil einer chemischen Verbindung ist das Molekül. Es bedeutet demgemäß beispielsweise $CaCl_2$, daß 1 Atom Calcium zusammengetreten
ist mit 2 Atomen Chlor zu Calciumchlorid.

Im Mittelalter verstand man unter Elementen die 4: Feuer, Wasser, Erde,
Luft („denn die Elemente hassen das Gebild von Menschenhand"). Der moderne Chemiker kennt 92 Elemente und versteht unter Elementen die Grundstoffe, aus welchen die zusammengesetzten Körper bestehen, in die sie zer-
legt werden können, die aber selbst einer weiteren Zerlegung nicht mehr
fähig sind (Atome). (Die „Atomzertrümmerung" hat auch hier eine weitere
Aufspaltungsmöglichkeit eingeleitet, die aber hier nicht behandelt werden
kann). Die Elemente werden nach steigenden Gewichten im periodischen
System von M e n d e l e j e f f geordnet, das deshalb „periodisch" heißt, weil
sich bestimmte Eigenschaften (Wertigkeit, Reaktionsweise usw.) periodisch
wiederholen. (Siehe hierüber die Fachliteratur.)

Die chemischen Elemente verbinden sich immer in gleicher Weise,
je nach ihrer Wertigkeit, und in stets konstanten Gewichten, je nach
ihrem Atomgewicht. Da das Calcium das Atomgewicht 40 hat und das
Chlor das Atomgewicht 35, bedeutet also die Formel $CaCl_2$ (Calciumchlorid), daß 40 Gewichtsteile Calcium mit zweimal 35, also 70, Ge-
wichtsteilen Chlor zu Calciumchlorid mit dem Molekulargewicht 110
zusammengetreten sind.

Die Gewichtseinheit, welche in der Chemie verwendet wird, ist das
Gewicht des Sauerstoffatoms, das man gleich 16 setzt. Wasserstoff hat
so ein Atomgewicht von 1,0078. Es bedeutet also das Atomgewicht
von Calcium mit 40, daß ein Calciumatom rund vierzigmal so schwer

ist wie ein Wasserstoffatom. Man kann unter Zugrundelegung dieser stöchiometrischen Verhältnisse also ohne weiteres berechnen, wieviel von den einzelnen Verbindungen notwendig sind, um eine bestimmte Reaktion restlos durchzuführen. Will man also beispielsweise Kalk in der ganz genau notwendigen Wassermenge löschen, so kann man die Wassermenge ausrechnen auf folgende Weise:

Calciumoxyd (CaO, Branntkalk) hat folgendes Molekulargewicht: 40 (Ca) Calcium + 16 O (Sauerstoff) = 56.
Wasser (H_2O) hat folgendes Molekulargewicht: 2H + 16 O (Sauerstoff) = 18. Die Formel lautet:

CaO	+	H_2O	=	$Ca(OH)_2$
Branntkalk		Wasser		Löschkalk in Pulverform.
56		18		74

Man braucht also auf 56 Teile, beispielsweise kg Branntkalk 18 Teile, also Liter, Wasser und erhält 74 kg Löschkalk. In der Praxis werden natürlich Verluste in vorliegendem Falle auftreten durch Verdampfen eines Teils Wasser. Immerhin ist ein wichtiger Hinweis über die in Frage kommenden Gewichtsverhältnisse durch diese, von jedem durchführbare leichte Berechnung gegeben.

Die für den Baustoff-Chemiker wichtigsten Atomgewichte (abgerundet) sind im nachfolgenden wiedergegeben:

Aluminium	27	Magnesium (Mg)	24
Kohlenstoff (C)	12	Mangan (Mn)	55
Calcium (Ca)	40	Stickstoff (N)	14
Chlor (Cl)	36	Natrium (Na)	23
Kupfer (CU)	64	Sauerstoff (O)	16
Fluor (F)	19	Blei (Pb)	207
Eisen (Fe)	56	Radium (Ra)	226
Wasserstoff (H)	1	Schwefel (S)	32
Quecksilber (Hg)	201	Silicium (Si)	28
Kalium (K)	39	Zink (Zn)	65

Aus ihnen lassen sich die Molekulargewichte einfacher Verbindungen, wie CaO ohne weiteres berechnen. Die jedermann bekannte Erfahrung, daß Radium, Blei und Quecksilber die schwersten Elemente sind, ist durch die Zahlen bestätigt.

A. Anorganische Baustoffe.

Unter anorganische Baustoffe versteht man alle diejenigen Baustoffe, welche keine pflanzlichen oder tierischen Bestandteile enthalten, oder diese nur in geringerem Maße als Verunreinigungen aufweisen. Es gehören hierher:

I. Natursteine, die entstanden sind entweder aus dem glühendflüssigen Magma, das einst die Oberfläche der Erde bildete (Granit, Basalt), oder aus den Verwitterungsprodukten dieses Magmas durch mechanischen oder durch chemischen Aufbau, beispielsweise unter Druck verfestigter Tiefseeschlamm (Schiefer), durch Verkittung verfestigter Sand (Sandstein) oder durch tierische Tätigkeit entstandener Kalkstein (Muschelschalen). Dann sind weiter besprochen die

II. Bindemittel, welche auf chemischem Wege aus gewissen Natursteinen, wie Kalkstein, Gipsstein, Tonmergel usw. künstlich hergestellt werden,

III. Kunststeine, die aus dem Bindemittel nach II. oder unter Verwendung anderer Bindemittel hergestellt sind,

IV. die Ziegelsteine oder Backsteine, die man aus gebranntem Ton in der üblichen Weise aufbereitet, und schließlich

V. gegossene Steine aus Schlacke (Mansfelder Schlacke, Hochofenschlacke) oder aus Naturstein (Basalt),

VI. Eisen, Stahl und

VII. Leichtmetall.

I. Die Natursteine.

a) Die verschiedenen Arten von Steinen[1].

Die Natursteine sind neben dem Holz das erste Baumaterial, welches der Mensch zur Herstellung seiner Behausungen verwendete. Zunächst wurden diese Natursteine unbehauen verbaut oder aufeinandergeschichtet, später fand dann eine mehr oder weniger weitgehende Formgebung statt. Die Steine haben ja einem ganzen Zeitalter den Namen gegeben, während welcher der „Steinzeitmensch" seine Werkzeuge aus Feuerstein oder Flintstein anfangs plump, im Neolithikum in vollkommenster Form und Weise zurechtschlug und schliff. Die Widerstandsfähigkeit der Steine sowohl gegen chemische

---

[1] Mohr, S.: Der Hochbau. Eine Enzyklopädie der Baustoffe und der Baukonstruktionen, Wien 1936. — Graf: die Baustoffe, Stuttgart 1940.

Beanspruchung, wie Frost und Hitze, Wellenschlag und chemische
Verwitterung, ist außerordentlich verschieden. Sie hängt nicht allein
von den Steinen selbst ab, sondern auch von dem Klima, unter welchem sie verarbeitet werden, und von der Art und Weise, wie man
sie versetzt.[1] Gegen Witterungseinflüsse durch vorspringende Dächer
einigermaßen geschützte Steine werden selbstverständlich länger halten als ungeschützte; solche, die keinen Frost zu ertragen haben, wie
beispielsweise die Quader der Pyramiden, haben länger Bestand als
solche, die Frost, Hitze und Rauchgasen ausgesetzt sind. So zeigt sich
beispielsweise jetzt bei den nach London gebrachten ägyptischen Obe-
lisken, die viele Jahrtausende lang in Ägypten vollkommen unverändert geblieben sind, unter dem Einfluß des Frostes, der Feuchtigkeit
und der Rauchgase starke Verwitterung.

1. Tiefengesteine.

Die Entstehung der Erdkruste stellen wir uns ja so vor, daß auf
der Oberfläche des noch glühendflüssigen Erdballs Gesteinsschmelzen

Abb. 5. Dünnschliff von Tiefengestein (Granit): Die einzelnen, den Granit aufbauenden Mineralien, wie Feldspat, Glimmer, sind deutlich zu sehen. Sie sind bei der langsamen Erstarrung
gut auskristallisiert und fest verkittet.

schwammen wie im Hochofen die Schlacke auf dem noch glühendflüssigen Eisen schwimmt. Diese Gesteinsschmelzen erkalteten langsam, offenbar im Laufe von vielen Jahrtausenden, in den tieferen La-

---

[1] Vgl. auch Grengg: Bewertung und Prüfung natürlicher Gesteine,
Straßenbau 1939, S. 127.

gen unter dem sehr hohen Druck der aufliegenden Gesteinsmasse. Sie bildeten dabei Kristalle, die sich innig miteinander verfilzten und durch diese Verfilzung die guten Eigenschaften der Tiefengesteine hervorriefen. Dabei wurden die Kristalle um so größer, je langsamer die Abkühlung stattfand (Abb. 5). Als Kristallarten kommen in Frage: Feldspat, Glimmer u. dgl. Nach ihrer chemischen Zusammensetzung sind diese Gesteine überaus widerstandsfähig gegen Angriffe von Säuren. Das dichte Gewirr der eng verfilzten Kristalle macht sie sehr fest gegen Schlag, Stoß und Druck. Es gehören hierher der Granit, der Syenit, Gabbro usw. (Näheres siehe in der Tabelle, (S. 24). Den Tiefengesteinen nah verwandt sind die sog. Ergußgesteine, zu welchen Diabas, Basalt und Porphyr zählen. Sie sind wesentlich feinkristalliner als die Tiefengesteine, da sie infolge der schnellen Abkühlung nach dem Vulkanausbruch schneller erstarrten; auch sie sind außerordentlich widerstandsfähig gegen die Atmosphärilien. Infolge ihres feinkristallinen Aufbaus werden sie aber im Gebrauch, wie bei-

Abb. 6. Basaltbruch: Die Säulenformgestaltung des Basalts ist eingetreten bei der verhältnismäßig raschen Abkühlung nach der Vulkaneruption.

spielsweise Basalt, sehr leicht glatt. Die merkwürdige Säulenform, in der sie häufig auftreten, hat mit der Kristallbildung nichts zu tun, sondern ist eine Folge der Abkühlungsart. Diese Form macht aber den Säulenbasalt für manche Bauzwecke (Molenbau, Straßenbegrenzung)

besonders geeignet (Abb. 6). Es sei darauf verwiesen, daß es Basalte
gibt, die infolge innerer Umlagerungen an der Sonne zerfallen, die
sog. Sonnenbrenner.

Ähnlich aufgebaut wie die genannten Steine sind die künstlichen
Gesteinsschmelzen, welche entstanden sind aus Erzeugnissen der Industrie, wie Mansfelder Schlacke von der Kupfererzeugung, Hochofenschlacke von der Eisenerzeugung und Phosphorschlacke von der
Phosphorerzeugung. Alle eignen sich teilweise für Pflastersteine, bisweilen werden sie auch für Straßenbau als Kleinschlag und als Betonzuschlag verwendet. Zu verlangen von ihnen ist, daß sie an der Luft
nicht zerfallen, was bei falscher chemischer Zusammensetzung vorkommen kann.

2. Sedimentgesteine.

Die Tiefen- und Ergußgesteine, welche ursprünglich die einzigen
Gesteinsarten bildeten, welche an der Erdoberfläche vorkamen, wurden durch den Verwitterungsvorgang allmählich abgebaut. So löste

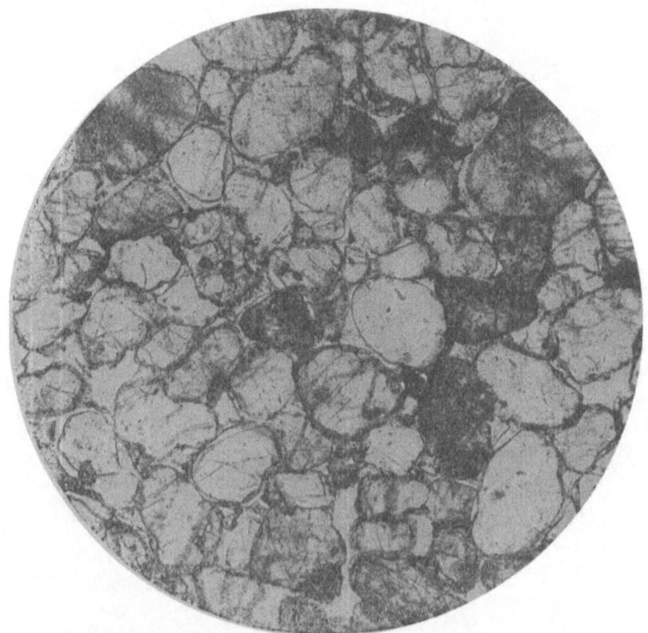

Abb. 7. Dünnschliff von Sandstein: Der Sandstein ist aufgebaut auf verkitteten Quarzkörnern,
die ursprünglich entstanden bei der Verwitterung von anderem Gestein. Die einzelnen Quarzkörner sowohl wie die Kittmasse sind deutlich zu sehen.

sich aus dem Feldspat das Kali, der Glimmer wurde weggeschwemmt,
der Quarzsand blieb liegen, und es entstanden unter dem Einfluß von
Wasser, Frost, Hitze, Wind und Kohlensäure der Luft und des Wassers Trümmergesteine, die wir heute noch als Sand und Kies u. dgl.

kennen. Die so aus dem Abbau einer Gesteinsart entstandenen und zu gewaltigen Bänken aufgehäuften Trümmergesteine wurden teilweise wieder zu sog. Sedimentgesteinen verfestigt. Auch auf chemischem Wege sind Sedimentgesteine entstanden, die heute teilweise ausgezeichnete Baustoffe darstellen (Kalkstein siehe S. 24).

Das bekannteste mechanische Sediment, das wir in noch nicht verfestigtem Zustand kennen, ist der Kies und Sand. Je nach dem Flußbett, aus dem er stammt, ist er naturgemäß aus denjenigen Trümmern aufgebaut, die aus dem Gebirge entstehen konnten, welche der Fluß durchströmte. Je weiter der Fluß vom Ursprung ab ist, desto widerstandsfähiger sind seine Kiese gegen Verwitterung; denn auf dem Wege vom Ursprungsort bis zum Lagerort sind naturgemäß die Kiese den starken mechanischen Beeinflussungen des strömenden Wassers, dessen lösender Wirkung sowie der Zersprengung durch Frost, oft durch Jahrtausende, ausgesetzt gewesen. Diese energischen Einflüsse vernichteten alle weichen, löslichen oder zerfrierbaren Steine, so daß bloß die widerstandsfähigsten übrig blieben.

Abb. 8. Nagelfluhfundament von der Frauenkirche in München. Die Nagelfluh ist entstanden aus Geröllen an Flüssen und Bächen, die später durch kohlensauren Kalk zu einem sehr widerstandsfähigen Stein verkittet wurden: Naturbeton.

Das bekannteste verkittete Trümmergestein ist der Sandstein, dessen Güte in erster Linie von seinem Gefüge und dann vor allem von dem Bindemittel, welches die einzelnen Sandkörner wieder verkittet, abhängt (Abb. 7). Sandsteine mit kalkigem Bindemittel sind weniger widerstandsfähig als solche mit quarzigem Bindemittel. Deshalb ist der Quarzit besonders widerstandsfähig; am wenigsten beständig sind die Sandsteine mit tonigem Bindemittel. Man erkennt sie sofort, wenn man sie anhaucht: sie riechen dann nach feuchtem Ton. Vor solchen Bausteinen hütet sich der erfahrene Baumeister, da sie sehr leicht verwittern und oft in wenigen Dutzend Jahren völlig zugrunde gehen. (Abb. 9.) (Über Verwitterung siehe S. 21.)

Abb. 9. Verwitterungserscheinungen an einer Soester Kirche: Sandstein ist verhältnismäßig porös und die einzelnen Quarzkörner durch ein wenig widerstandsfähiges Bindemittel verbunden. Das Bindemittel wird durch das Wasser gelöst, der Sand rieselt herab.

Die Grauwacke enthält neben Quarzkörnern, wie sie hauptsächlich den Sandstein aufbauen, auch noch andere Gesteinstrümmer und findet besondere Verwendung als Betonzuschlag.

Der Tonschiefer ist in der Hauptsache aus Tiefseeschlamm entstanden; er hat eine schieferige Beschaffenheit — die ihn für manche Bauwerke wenig, dagegen zur Dachschieferherstellung besser geeignet macht — erhalten unter dem überaus hohen Gebirgsdruck, dem er lange Zeit ausgesetzt war, da hoher Druck erfahrungsgemäß zu schieferigem Gefüge führt.

Schließlich sei noch die in Süddeutschland bekannte Nagelfluh genannt, welche aus Geröllen von kohlensaurem Kalk besteht, die wieder mit Kalk zusammengekittet sind (Abb. 8).

Alle kohlensauren Kalk enthaltende Gesteine sind naturgemäß
nicht säurebeständig, sie eignen sich aber dennoch ausgezeichnet für
gewöhnliche Bauwerke, hauptsächlich, wenn das Gefüge der Steine
dicht ist. Will man säurefeste Bauwerke herstellen, beispielsweise in
chemischen Fabriken, so muß man solche Steine heranziehen, die
säurebeständig sind, wie beispielsweise Quarzit.

Abb. 10. Verwitterung durch Salzbildung (Kölner Dom): Das auskristallisierte Salz zersprengt
den Stein. Die Auskristallisation tritt ein, wo starke Verdunstung stattfindet, also auch an
geschützten Stellen, weil hier das schädliche Salz nicht ausgewaschen wird. Vom Regen ge-
troffene Stellen blieben ohne Verwitterung, weil hier das Salz stets herausgelöst wird.

Neben dem auf die geschilderte Weise durch Zertrümmerung von
Urgesteinen und nachträgliches Zusammenbacken der Trümmer ent-
standenen „mechanischem" Sediment spielt noch eine große Rolle das
chemische Sediment, dessen Hauptvertreter der schon genannte
Kalkstein ist. Dieser besteht aus kohlensaurem Kalk (Calciumkarbo-
nat, $CaCO_3$) und kommt in ungeheuren Mengen gebirgsbildend vor.
Das ganze bayerische Vorgebirge vor den Alpen besteht aus Kalkstein.
Der Kalkstein ist entstanden in der Hauptsache aus Muschelschalen,
Schneckenhäusern und Korallen, also durch Lebewesen chemisch
aus dem Kalk des Wassers und der Kohlensäure der Luft aufgebautem
Kalkkarbonat. Dieses wurde durch den Wellenschlag fein zerrieben,
später hat sich dann der Schlamm verfestigt. Die Kalksteine sind in

ihrem Aufbau sehr verschieden: Wurde dem Meer, in dem der Prozeß
der Bildung der Tiergehäuse und deren Zerreibung vor sich ging,
gleichzeitig durch Flüsse Tonschlamm zugeführt, so sind die Kalksteine mehr oder weniger tonhaltig, man nennt sie, wenn der Kalk
vorherrscht, Kalkmergel, wenn der Ton vorherrscht, Tonmergel. Die
Mergel eignen sich infolge ihres Tongehaltes, der sie weich und wenig
widerstandsfähig macht, nicht als Bausteine, dagegen sind sie vorzügliche Rohmaterialien für die Zementfabrikation.

Abb. 11. Stalaktitenbildung in einem Betontunnel: Das Wasser mit einem hohen Gehalt an
aggressiver Kohlensäure hat den Kalk des Betons als kohlensauren Kalk gelöst. Aus der
Lösung schied sich wieder kohlensaurer Kalk unter Entweichung von Kohlensäure ab.

Ein reines chemisches Sedimentgestein ist der Dolomit, der gleichfalls die bekannten ungeheuren Gebirge bildet. Sowohl dem Dolomit
als dem Kalkstein ist gemeinsam, daß sie sich im Laufe der Zeit, allerdings in großen Zeiträumen, in kohlensäurehaltigem Wasser auflösen.
Der Kalk wird dann als wasserlöslicher doppelkohlensaurer Kalk
weggeführt und die zurückbleibenden Steine nehmen die bekannte
Form an, die den aus ihnen gebildeten Gebirgen die merkwürdigen
bizarren Formen gibt (Dolomiten). Da gleichzeitig gewaltige Aus-
waschungen und Löcher entstehen, vermögen sich größere Wassermengen auf solchen Gebirgen nicht zu halten, sie veröden deshalb
(Karstbildung). Aus dem Wasser scheidet sich bei entsprechend günstigen Verhältnissen der kohlensaure Kalk unter Entweichen der
Kohlensäure wieder ab in den berühmten Tropfsteinhöhlen. Die Kalkbildung in Tunneln, die häufig auch in der zapfenförmigen Form der
Stalaktiten auftritt, ist ein ähnlicher Vorgang, nur stammt der Kalk
hier meist aus dem Mörtel (Abb. 11). Gipsstein hat in roher Form als
Baumaterial eine geringe Bedeutung, dient aber in gebranntem Zu-

stand als Gips zur Mörtelbildung. Einen schnellen Überblick über die wichtigsten Eigenschaften der Gesteine gibt die Tab. 1 (s. S. 24 und 25).[1]

b) Die Verwitterung.

Die Verwitterung der Gesteine spielt eine viel größere Rolle als gemeinhin angenommen wird und tritt sehr viel schneller ein als bekannt ist. So sind z. B. die gewaltigen Wiederherstellungsarbeiten am Kölner Dom zu einem recht großen Teile an denjenigen Partien des Domes notwendig, welche erst vor 80 Jahren hergestellt sind. Außer

Abb. 12. Algenbildung an Gesteinen. Als erstes Stadium der Steinzerstörung tritt die Alge auf, welche imstande ist, freie Säure abzuscheiden und dadurch das Gestein aufzulösen: Rauhwerden von Marmor. Im zweiten Stadium herrscht die höhere Pflanze vor, beispielsweise Steinbrech, der mit seinen Wurzeln nicht nur lösend, sondern auch sprengend wirkt. Die Algenbildung wird begünstigt durch Feuchtigkeit. Daneben wirken Frost und Hitze, Sturm und Wasser.

dem Chor und einem Turmstumpf ist ja der Kölner Dom ein modernes Bauwerk, zu welchem leider teilweise recht ungeeignete Sandsteine verwendet worden sind.

Für die Verwitterung kommen in Frage zunächst Temperaturwechsel und Wind, weiter Wasser und in ihm gelöste Gase und schließlich Pflanzenwuchs.[2]

Verwitterung tritt schon bei gewöhnlicher Sonnenbestrahlung ein. Die in der Gesteinsmasse vorhandenen Kristalle haben verschiedene Ausdehnungskoeffizienten, sowohl unter sich als auch in den verschiedenen Achsen der einzelnen Kristalle. Bei dauernd wechselnder Erwärmung und Abkühlung findet durch die immer wiederholte Be-

---

[1] S t i n y , J.: Technische Gesteinkunde für Bauingenieure, Kulturtechniker, Land- und Forstwirte sowie für Steinbruchbesitzer und Steinbruchtechniker. Mit einem Beiheft: „Kurze Anleitung zum Bestimmen der technisch wichtigen Mineralien und Felsarten", Wien 1929. — S t i n y , J.: Die Auswahl und Beurteilung der Straßenbaugesteine, Wien 1935.

[2] G e i g e r : Über die Frostbeständigkeit natürlicher und künstlicher Steine, Ch. Zentr. 1942, I, S. 2054. — S c h m ö l z e r : DIN Vornorm 52 106. Prüfung von Naturstein auf Wetterbeständigkeit, Fofoba Reihe A, Heft 5.

wegung eine Lockerung des Gefüges statt, so daß der Stein schließlich
absandet oder zerbröckelt. Besonders schädlich wirken natürlich
plötzliche Erwärmungen und Abkühlungen, also beispielsweise starke
Sonnenbestrahlung mit nachfolgender Beschneiung, wie sie im Hoch-
gebirge häufig stattfindet. Deshalb verwittert das Gestein in Hoch-
gebirgen auch ohne Rauchgase viel schneller als in der milden Ebene
mit ihren geringen Klimagegensätzen (Abb. 12).

Wasser wirkt bei dauernder Strömung zunächst mechanisch zerstörend, besonders durch mitgeführten Sand. Wir kennen ja viele 100
und 1000 m tiefe Schluchten, die das Wasser in die Erdrinde selbst
durch härteste mächtige Urgesteinsschichten gefressen hat. Aber auch
bei Rohrleitungen, gleich ob sie aus Eisen oder Beton sind, können,
wenn das Wasser sandführend ist, starke mechanische Beschädigun-
gen durch einfachen Abrieb auftreten. Die gefürchteten Beschädigun-
gen an Flußwehren, Druckrohrleitungen von Talsperren u. dgl. gehören hierher. Viel schlimmer als diese Art der mechanischen Beschädigung ist die chemische, also zunächst die lösende Wirkung des Wassers an sich, dann die erweichende auf mergelige Bindemittel, wie beispielsweise im Sandstein, und schließlich die viel gefährlichere durch
den Gehalt des Wassers an freier Säure. Hier kommt vor allen Dingen
Kohlensäure in Betracht (vgl. Abb. 9, 10 u. 11). In Städten spielt daneben auch die schweflige Säure eine große Rolle, denn der Stadtatmosphäre werden aus der verbrennenden Kohle der Haushaltungen
täglich viele tausend Kubikmeter freie schweflige Säure zugeführt,
die sich in der Luft sofort zu Schwefelsäure oxydieren und gesteins-
zerstörend wirken. Wir konnten durch Analysierung von Wasser, das
aus verschiedenen hohen Schichten einer Stadtatmosphäre entnommen war, nachweisen, daß in ungefähr Dachhöhe weitaus die größten
Säuremengen in dem Regenwasser gelöst sind. Es wurden gefunden:[1]

Tabelle 1.

Entnahmestelle: Kirchturm der „Herz Jesu"-Kirche in Düsseldorf	Höhe m	SO_3 mg/l	aggr. CO_2 mg/l	ph-Wert
Ebene Erde	—	15,6	22,0	6,4
Fensterchen unter Turmuhr, Westseite	20	13,7	15,4	6,4
Balkon, Westseite	40	56,7	19,8	6,4
Balkon, Ostseite	40	144,0	22,0	6,4
Fiale, wo der Helm beginnt, Westseite	60	52,1	22,0	6,4

Das Wasser höchsten Säuregehaltes wirkt besonders nachteilig;
tatsächlich wurde ja auch bei vielen Domen in Dachhöhe die größte
Zerstörung erkannt.[2] Die „schwache" Kohlensäure ist ein viel größerer
Schädling in diesem Sinne als gemeinhin angenommen wird. Auf der
einen Seite ermöglicht sie allein unser organisches Leben, da sie den
Kohlenstoff zur Bildung der Kohlehydrate, die wir essen, den Pflanzen
darbietet, andererseits sorgt sie auch wieder dafür, daß alle Gesteine

---

[1] Grün: Die Verwitterung der Bausteine vom chemischen Standpunkt,
Chem.-Ztg. 1933, S. 401.

[2] Mitt. des Dombaumeisters Güldenpfennig, Köln.

gelöst werden und zerfallen. Sie wirkt infolgedessen einerseits befruchtend auf die Erde, dadurch daß sie Gesteine zertrümmert, andererseits vernichtet sie auch unsere Bauwerke.

c) Aggressivität von Wässern.

Die Reaktion eines Wassers wird im allgemeinen nur bestimmt durch Eintauchen von Lackmuspapier, wobei Säuren das Lackmuspapier rot, Basen es blau färben. Basisch reagierendes Wasser ist für die meisten Baustoffe verhältnismäßig harmlos, wenn die Reaktion nicht allzu stark ist. Sauer reagierendes Wasser dagegen greift die meisten, besonders Eisen und Beton, an.

Um ein Maß für den Grad der sauren oder basischen Reaktionen zu finden, hat man neuerdings die Bezeichnung nach pH-Wert (Wasserstoffionenkonzentration) eingeführt. Der pH-Wert wird bestimmt entweder auf kolorimetrischem Wege oder durch elektrische Messungen. Im Rahmen dieses Buches kann weder auf die Art der Messung noch auf das Wesen der Wasserstoffionen-Konzentration eingegangen werden. Die Messungen selbst müssen dem Chemiker oder Physiker überlassen bleiben. Soviel sei aber hier gesagt, um den Bauingenieur in die Lage zu versetzen, sich aus vorgelegten Analysenzahlen wenigstens eine annähernde Beurteilung zu schaffen.

Der pH-Wert 7 zeigt neutrale Reaktion an. In einem Wasser von pH-Wert 7 färbt sich ein rotes Lackmuspapier nicht blau und ein blaues nicht rot, sondern es bleibt unverändert. Wässer mit dem pH-Wert 7 sind also neutral und wenn sie nicht etwa Sulfate enthalten, die Beton zu schädigen vermögen, harmlos. Übersteigt der pH-Wert 7, so ist das Wasser basisch; es färbt also rotes Lackmuspapier blau und seine Schädlichkeit kann gering sein. Bei pH-Wert unter 7 ist Sauerreaktion vorhanden, die umso stärker ist, je weiter der pH-Wert sinkt. Schon bei einem pH-Wert von 6,5 ist Schädlichkeit zu erwarten. Bei einem pH-Wert von 5 oder 4 ist freie Säure in größeren Mengen vorhanden und Schutzmaßnahmen sind unbedingt notwendig. Über den Umfang dieser Schutzmaßnahmen vermag aber nur der Chemiker nach Durchführung entsprechender Analysen die nötigen Aufklärungen zu geben. Dem Bauingenieur genügt es, zu wissen, daß sein Bauwerk in Gefahr ist und Maßnahmen angeordnet werden müssen.

Granit und andere Urgesteine sind gegen diese Art der Verwitterung mit unserem menschlichen Zeitmaßstab gemessen verhältnismäßig beständig; es gibt aber Granite, die in vergangenen geologischen Zeiträumen schädlicher Wirkung ausgesetzt waren, deshalb heute schon recht stark geschädigt sind und darum sich für Bauzwecke nicht mehr eignen.

Kalkstein hat, besonders wenn er derb, dicht und fest ist, eine erhebliche Lebensdauer, ist aber schon leichter anzugreifen dadurch, daß er gelöst wird. Die Höhlenbildung in Kalksteingebirgen ist auf diese „Lösung" zurückzuführen; diese Art der Lösung nimmt aber so gewaltige Zeiträume in Anspruch, daß sie unseren Bauwerken wenig gefährlich wird. Nur das Rauhwerden von Marmor und das Angeätztwerden von Kalkstein (weiße Verfärbung von durch die Zeit nachgedunkelten Bauwerken) gehört hierher.

Sandstein verhält sich verschieden, je nach dem Bindemittel, das den Sand zusammenhält (vgl. S. 16). Löst sich dies heraus, so rieselt der Sand her-

 Tabelle 2. Die wichtigsten Eigenschaften der als Bausteine und für

Gesteinsart	Farbe	Bruch	Oberfläche	Aussehen	Mineralien	Eigen-Raumgewicht
						1. Eruptiv-
Granit	dunkelrot, hellrot, weiß, grau, grün und fleischfarben	kubisch	rauh	gekörnt, mit Einschlüssen von Glimmer	Feldspat, Quarz und Glimmer	2800
Syenit	grau und fleischfarben	kubisch	rauh	fein bis körnig	Feldspat und Hornblende	2800
Grünstein Diabas, Diorit, Gabbro	grünlich und bräunlich bis schwarz	kubisch	rauh	fein bis grobkörnig	Feldspat und Hornblende oder Augit	2900
Porphyr	rosa bis grau, häufig mit hellen Einsprengungen	kubisch	rauh	größere Kristalleinschlüsse in feinkörniger Grundmasse	Quarz und Feldspatkristalle in feinkörniger Grundmasse v. Feldspat u. Quarz	2900
Basalt	grauschwarz bis bläulich	muschelig, splitterig	wenig rauh	dicht, körnig Säulige Absonderung	Feldspat, Augit od. Hornblende, Olivin, Erze	3000
Trachyt und Andesit	grau und bräunlich	grob, splitterig	rauh	fein u. dicht, häufig mit Einsprengungen von großen Sanidinkristallen	Feldspat teilweise mit großen Sanidinkristallen	2700
						2. Verfestigte Sedi-
Kalkstein	schwarz, grau bis weiß, auch grünlich und gelb	kubisch	mehr oder weniger rauh	derb, dicht und fest, oft mit Mucheleinschlüssen, bisweilen kristallin (Marmor)	Kalkspat $CaCO_3$ Kohlensaurer Kalk	2600
Dolomit	schwarzgrau bis hellblau	kubisch	rauh	dicht und derb	Doppelkarbonat $CaCO_3 MgCO_3$	2200
Quarzit	hell bis weiß	kubisch	glatt	schwach glänzend	Quarz SiO_2	2500
Gipsstein	weißlich, rosa und marmoriert	kristallisch	rauh	durchscheinend	$CaSO_4 + 2 H_2O$	2300
Sandstein	Alle Farben möglich: weiß, grün, grau, rot, gelb	kubisch	rauh sandig	sandig mit Einsprengungen von Glimmer	Quarzsand, der verkittet ist durch Bindemittel aus Kieselsäure, kohlensaurem Kalk oder Ton	2400 bis 2700
Grauwacke	grau, sandsteinähnlich, auch rot	kubisch	rauh	fein bis grobkörnig	enthält neben Sand auch andere Gesteintrümmer	2700
Tonschiefer	dunkelgrau bis schwarz, auch grünlich, rötlich und bläulich	schieferig	rauh	schieferiger Bruch	Quarzsand mit Ton und Glimmer	2000
						3. Lockere Sedi-
Kies	gelb, weiß, grau rot	rundgerollt	glatt	rundlich, je nach den Steinen, aus denen sie entstanden sind	Für Rheinkies, Quarz und Feldspat, für alle anderen die f. alle and. d. bisher genannten Gesteine	1600
Kalksteinkies (Isarkies)	hellgrau bis schwarz	rundgerollt	glatt	rundgerollte Kalksteinbrocken	$CaCO_3$ Kohlensaurer Kalk = Calciumcarbonat	1800
Tuff	grau bis gelbbraun	muschelig	rauh	porös mit eingeschlossenen Gesteinsbrocken	je nach dem Eruptivgestein aus dem er entstanden ist	2000
Bimskies	gelb bis braun	rund körnig	rauh	körnig und leicht, bimssteinähnlich	wie Tuff	1100

schaften

Druck-festig-keit kg/cm²	Wasser-auf-nahme	Wetter-bestän-digkeit	Feuer-bestän-digkeit	Gütekennzeichen	Fehler	Brauch-barkeit	Bemerkungen
gesteine.							
über 1600	<0,5%	gut	gut	feines Korn, viel Quarz, wenig Glimmer	sehr grobkörnig, verwittert	gut brauchbar	Gneis hat fast d. Zusammensetz. u. Eigenschaften wie Granit, bricht ab. plattenförm.
über 1400	<0,5%	gut	gut	Faseriges Gefüge, viel Hornblende	viel Glimmer, Schwefelkies, angewitterter Feldspat	gut brauchbar	
1900 bis 2100	<0,5%	gut	gut	gleichmäßig kleinkörnig	angewitterter Feldspat, Schwefelkies, schiefriges Gefüge und Serpentingehalt	gut brauchbar	Die oft als schwarzschieferiger Granit o. Odenwälder Syenit bezeichn. Steine sind eigentlich Grünsteine
1800 bis 3000	1,5%	gut	gut	viel Quarz u. Hornblende oder Augit, feinkörnig, harte Grundmasse	Grundmasse ritzbar mit d. Messer, Tongeruch beim Anhauchen, Schwefelkies	gut brauchbar	Vorsicht vor Sonnenbrennern
5000	<1% gut	gut Sonnenbrenner erfallen	sehr gut	dicht, dunkel, feinsplittrig	hellgrau glasige Anteile, sternförmige Flecken: Sonnenbrenner	gut brauchbar	
700	4,7%	häufig schlecht	zieml. gut	gleichmäßige Struktur ohne Sanidinkristalle	große Sanidinkristalle, Glimmer, Porosität	brauchbar bei geringer Beanspruchung	
mentgesteine.							
1000 bis 1800 bei porigem Kalkstein 200—600	0,5 bis 4%	bei dichtem Stein sehr gut	bis 800° gut	derb. dichte Beschaffenheit	porige Beschaffenheit, hohe Wasseraufnahme	sehr verschieden	Braust in Säure stark auf
1000 bis 2000	2,5%	gut	wie Kalkst.	wie Kalkstein	wie Kalkstein	wie Kalkstein	Braust in Säure schwach auf
3000	<1%	sehr gut	zerspr.	dichtes Gefüge	schieferig	gut brauchb.	
gering	7,5%	schlecht	keine	kein Baustein		unbrauchbar	Als Zuschlagstoff unbrauchbar, da er Treiben verursacht
stark schwankend bis 1200	4 bis 10%	schlecht wenn porös	ziemlich gut	gleichmäßige Sandkörner, kieseliges Bindemittel	viel Glimmer toniges oder mergeliges Bindemittel, in Säure aufbrausend, erdiger Geruch	verwittert wenn porös, sehr bald	Als Zuschlagstoff f. Beton sind nur die allerdichtesten Sandsteine geeignet, die meisten sind unbrauchbar
1000 bis 3000	1—2%	mittel bis gut	gut	viel Quarz, kieseliges Bindemittel	viel Schiefer- oder Kalkbrocken, Schwefelkies	oft minderwertig	Grauwacken m. tonigem Bindemittel verwittern (erdiger Geruch)
600 bis 1700	0,5 bis 1%	meist gut	gut	grobe Schieferung nicht verblassend, hell klingend	im Wasser aufweichend, Kupfer und Schwefelkies, Bitumengeruch beim Erhitzen	oft minderwertig	Infolge seines schieferigen Bruches ist dieses Gestein als Betonzuschlag minder geeignet
mentsteine							
		wechselnd	wechselnd	festes Gerölle, gemischtes Korn	Verunreinigung (Wassertrübung) Sandsteingehalt	verschieden	
		gut	gut	wie Rheinkies	wie Rheinkies	gut	Nagelfluh ist ein in der Natur bereits verkittetes Trümmergestein aus kohlens. Kalk, sie ist meist sehr hart u. fest
200	20 bis 35%	schlecht	gut	dichtes Gefüge	toniges Bindemittel	für geringste Beansprchg. (vgl.Abb.15)	Tuff ist entstanden durch Erhärten von vulkanischen Schlammen
der fertigen Leichtsteine 20—30		gut	gut	festes Korn	verwittertes Korn Beimengung von Britzschichten	für Leichtbeton	

unter. Typisch für diese Art der Zerstörung ist die Tatache, daß sie nur da eintritt, wo das Regenwasser dauernd den Stein trifft (Abb. 13), daß aber da, wo Regenschutz besteht, die Zerstörung ausbleibt. Im Gegensatz hierzu tritt bei Zerstörung durch Auskristallisation von Salzen (Gips) die Verwitterung an regengeschützten Stellen ein, wo die Salze nicht ausgewaschen werden (vgl. Abb. 10)[1].

Hand in Hand mit dieser Zerstörung geht die Zerstörung durch Algen, die sich auf den Steinen ansiedeln, an ihren Wurzeln verhältnismäßig starke Säuren abscheiden und dadurch die Oberfläche der Gesteine zunächst aufrauhen, später zerstören. Sprengende Wirkung der Wurzeln höherer Pflanzen ist bekannt und spielt gegen die zerstörende Kleinarbeit der Milliarden von Algenwurzeln eine verhältnismäßig geringe Rolle.

Abb. 13. Verwitterung durch Lösungserscheinungen. Das Bindemittel des Sandsteins ist gelöst, der Sand des Sandsteins rieselt herab. Die Lösung tritt nur da ein, wo der Regen einwirken kann, an den geschützten Stellen oben im Torbogen keine Verwitterung.

Zur Verhinderung des Pflanzenwuchses ist es notwendig, das Bauwerk so zu gestalten, daß Algen möglichst wenig Wasser für ihr Leben bekommen. Bei völliger Trockenheit vermögen sie nämlich nicht zu gedeihen. Wenn völliger Wasserabschluß auch in unserem Klima nicht

[1] Prüfung und Auswahl von Naturstein, Baumarkt 1938, S. 983. — Dreyer: Faustregeln zur überschläglichen Beurteilung von Naturgesteinen, Baumarkt 1940, S. 603. — Seiffert: Nagelfluhmauerwerk, Siehe Straße 1940, S. 19. — Schmölzer: Prüfung von Naturstein auf Wetterbeständigkeit, Beton u. Stahlb. 1943, S. 138.

erreicht werden kann, so ist doch durch besondere Baugestaltung dazu beizutragen, daß nach Möglichkeit die Algenbildung unterbleibt. Wichtig ist natürlich auch die sofortige Beseitigung des Wassers durch Ableitung.

Auch Moorsäuren zerstören allmählich die Gesteine, kommen aber in der Natur nur in Mooren, moorigen Wäldern und im moorigen Untergrund vor, der allerdings häufiger ist als man annimmt.

Wichtig ist noch eine andere Säure, die schweflige Säure, welche in den Rauchgasen vorkommt. Sie führt überall da, wo Kalk vorhanden ist, zur Gipsbildung. Der Gips kristallisiert dann mit zwei Molekülen Wasser aus und zersprengt allmählich das Gefüge. Aber auch

Abb. 14. Zerstörungserscheinungen durch Rosten eingebetteter Eisen als Sprossen: In den Naturstein eines Kirchturmfensters in Köln eingebettete Eisen rosten und zersprengen den Stein.

da wo kein Kalk vorhanden ist, vermag die schweflige Säure, die eine verhältnismäßig starke Säure ist, Gesteine sehr schnell anzugreifen. Die in den letzten Jahrzehnten beobachtete schnell fortschreitende Zerstörung an Bauwerken, die früher durch Jahrhunderte beständig geblieben waren, ist zweifellos zurückzuführen auf die Anreicherung der Atmosphäre mit Kohlensäure aus den Rauchgasen und mit Schwefelsäure aus dem Schwefel, der hauptsächlich in der Braunkohle vorkommt (Abb. 10). Daß schließlich noch ungeeignete Mörtel, wie beispielsweise stark sulfathaltige Zementmörtel, zerstörend wirken können, sei hier ausdrücklich bemerkt.

Anormale Vorgänge, wie beispielsweise Feuer oder Rosten von einbetonierten und eingelegten Eisen, kommen auch bisweilen vor. So hat sich beispielsweise Quarzsand und Kies für Bauwerke, die wahrscheinlich einer Feuersbrunst oder einer sonstigen Erhitzung ausgesetzt werden, nicht bewährt, da bei der durch die Hitze ausgelösten Umwandlung des Quarzes in den raumgrößeren Tridymit Aussprengungen unter explosionsartigen Erscheinungen auftreten können. Wichtig ist noch, darauf hinzuweisen, daß Eisen unter gar keinen Umständen in Natursteine eingelegt werden darf, ohne genügenden Schutz (Abb. 14). Eine dünne Zementhaut genügt hier nicht, es muß unter allen Umständen zum Vergießen mit Blei gegriffen werden, wie sie diese unsere Vorfahren stets durchführten.[1]

d) Der Schutz[2].

Der beste Schutz der Natursteine ist hohe Widerstandsfähigkeit des Steines selbst. Es muß also zunächst die richtige Gesteinsart für jeden Zweck herangezogen werden. Frost zerstört besonders leicht

Abb. 15. Teil der großen Mauer in der Hadrians Villa in Tivoli bei Rom: Der als Vorsatz für Beton verwendete Tuffstein ist bis zu 10 cm Tiefe ausgewittert und völlig verschwunden. Nur die Mörtelstege sind zurückgeblieben und zeigen deutlich die bei den Römern so beliebte Vermauerungsart des Opus reticulatum. (Netzmauerwerk.)

poröse Gesteine. Aber auch ohne Frost können solche weitgehend vernichtet werden. So sind beispielsweise Tuffsteine, die zum Bau der großen Mauer in der Hadriansvilla verwendet wurden, bis zu einer Tiefe von 10 cm im Laufe von 1800 Jahren ausgewittert (vgl. Abb. 15), während das gleichzeitige Stehenbleiben des Mörtels zeigt, daß ein gut hergestellter Mörtel unter Umständen sehr viel widerstandsfähiger sein kann als ein Naturstein. Kalksteine sind in derbem und dichtem Zustand sehr widerstandsfähig; allerdings werden sie leicht auf der

---

[1] Grün: Der Beton, Berlin 1937. — Wendehorst: Baustoffkunde, Leipzig 1931, S. 27. — Behrend: Baustoffkunde, Leipzig 1933, S. 31. — Schmölzer: Prüfung von Natursteinen auf Wetterbeständigkeit, Beton- u. Stahlbetonbau 1943, S. 138.

[2] Merkblatt für Steinschutz (Besprechung in Fofoba, Heft 5, Reihe A).

Oberfläche angeätzt, wie beispielsweise polierter Marmor, so daß der Glanz yerschwindet. Ihre Beständigkeit ist aber meist sehr viel größer als diejenige poröser Sandsteine, Tuffsteine u. dgl.

Mechanisch kann zum Schutz viel getan werden durch zweckmäßige Verbauung. Wasser und Frost sind die größten Feinde jedes Natursteins und vermögen auf die Dauer alle zu vernichten. Frost allein schadet nicht, wohl aber abwechselnd Frost und Hitze. Sonnenbestrahlung kann schwer von dem Naturgestein ferngehalten werden, ebenso der Frost, dagegen ist es möglich, dem Wasser weitgehend den Zutritt zu verwehren, zumindest seinen Abfluß zu erleichtern. Die kleinen Dächer an den Strebepfeilern unter gotischen Domen, die vielen dort angebrachten Wasserspeier und die überaus zahlreichen Tropfnasen, die wir heute oft nur als schmückende Zutaten betrachten, sind dies keineswegs, sondern sie sind zweckmäßig erdachte Vorrichtungen, um das Wasser so schnell wie möglich wegzuführen. Trotzdem die Erkenntnis von dieser Schädlichkeit des Wassers oder auch lagernden Schnees durchaus vorhanden ist, legt doch häufig der moderne Baumeister nicht genügend Wert auf möglichst schnelle Beseitigung der schädlichen Einflüsse. Es ist notwendig, hier Wandel zu schaffen und sich stets auch bei modernen Bauausführungen Rechenschaft darüber zu geben, ob die Bauausführung auch dem Baustoff nicht zuviel zumutet. Wir sind zwar gewohnt, mit Beanspruchungszahlen in bezug auf Druckfestigkeit, Biegung usw. genau zu rechnen, wir haben aber vollkommen vergessen, daß nicht bloß Zug und Druck unsere Baustoffe beanspruchen, sondern auch die Zeit, und daß deren Einfluß auf die Dauer sehr viel größer ist, als wir allgemein anzunehmen gewohnt sind. Zweckmäßige Baugestaltung muß deshalb mehr als bisher in den Vordergrund gestellt werden, denn nicht nur unser Auge hat Anspruch auf schöne Baugestaltung, sondern auch unsere Kinder wollen nicht mit ungeheuren Wiederherstellungskosten belastet sein.

Die chemische Behandlung als Schutz gegen die Witterungseinflüsse tritt gegenüber der Baugestaltung stark zurück, immerhin ist auf diesem Gebiete manches zu erreichen. Als chemischer Schutz werden vielfach empfohlen Fluate oder Wasserglas, bisweilen auch in kombinierter Form, also beispielsweise Wasserglasbehandlung und nachträgliche Fluatierung.

Das Wasserglas ist Natriumsilikat und spaltet sich leicht in Kieselsäure und Natriumhydroxyd, welch letzteres an der Luft zu Natriumkarbonat (Soda) wird. Die Kieselsäure wirkt verdichtend, indem sie die Poren verstopft. Die Formel des Zerfalls des Wasserglases ist folgende:

$$Na_2SiO_3 = Na_2O + SiO_2.$$

Wasserglas   Natriumoxyd   Kieselsäurehydrid

Die Kieselsäure scheidet sich als Gallerte ab.

Das Natriumoxyd, welches wasserhaltig als Natriumhydroxyd vorliegt (die Formel für Wasser ist der Einfachheit halber weggelassen),

verbindet sich mit der Kohlensäure der Luft zu Natriumkarbonat, zu
Soda, man sagt, es karbonisiert sich.

$$Na_2O \quad + \quad CO_2 \quad = \quad Na_2CO_3.$$

Kohlensäure-   Natriumcarbonat
anhydrit   (Soda)

Die Soda führt zu unangenehmen weißen Ausblühungen, die allerdings durch den Regen bald wieder abgewaschen werden. Man nimmt
deshalb an Stelle des Natronwasserglases oft Kaliwasserglas. Es bildet sich dann an Stelle von Soda Pottasche (K_2CO_3). Diese Pottasche
ist hygroskopisch, d. h. sie zieht Wasser an aus der Luft und vermag
infolgedessen nicht zu kristallisieren, kann allerdings, bevor sie ausgewaschen ist, zu nassen Flecken führen; ihre Beseitigung ist deshalb
erwünscht (Abwaschen!).

Wasserglas wird hergestellt durch Zusammenschmelzen von Quarzsand
(Kieselsäure, SiO_2) mit Soda. Die Kohlensäure entweicht hierbei und es bleibt
Natriumsilikat zurück nach folgender Formel:

$$SiO_2 + Na_2CO_3 = Na_2SiO_3 + CO_2.$$

Das Wasserglas sieht vollkommen aus wie unser gewöhnliches Fensterglas,
d. h. es ist durchsichtig und amorph, aber es löst sich im Wasser. Das glasige
Aussehen und die Löslichkeit in Wasser haben ihm den Namen „Wasserglas"
gegeben. Die Löslichkeit ist allerdings zunächst gering, da der Scherben sehr
dicht ist. Die Lösung wird in Fabriken unter Druck vorgenommen. Das Wasserglas selbst kommt dann in den Handel als konzentrierte Lösung, deren Konzentration man nach Graden mißt. Die meisten in den Handel kommenden
Wasserglaslösungen haben ein Gewicht von ungefähr 30 ^{0}/Bé (sprich: Beaumé).
Bekannt ist seine Verwendung im Haushalt zur Eieraufbewahrung.

Die Fluate kommen unter sehr zahlreichen Decknamen in den
Handel, wie Lithurin, Keßlersche Fluate u. dgl. Im chemischen Sinne
sind sie Salze der Kieselfluorwasserstoffsäure, mit dem ungekürzten
chemischen Namen heißen sie Siliciumfloride. Das meist in den Handel
kommende Fluat ist das Magnesiumsiliciumfluorid, welches als Ab-
fallösung in der chemischen Industrie anfällt. Es werden aber auch
Bleisiliciumfluoride, hauptsächlich zum Schutz gegen Schwefelsäure,
Ammoniumsiliciumfluorid und Aluminiumsiliciumfluorid verwendet.
Diese Fluoride zerfallen gleichfalls in ähnlicher Form wie Wasserglas
nach folgender Formel:

$$Na_2SiF_6 \quad + \quad 3H_2O = \quad Na_2O \quad + \quad SiO_2 \quad + \quad 6HF.$$

Natriumsilicofluorid   Wasser   Natriumoxyd   Kieselsäure   Flußsäure

$$CaO \quad + \quad 2HF \quad = \quad CaF_2 \quad + \quad H_2O$$

Calciumoxyd   Fluorwasserstoffsäure (Flußsäure)   Calciumfluorid   Wasser.

Es bildet sich also aus der Fluorwasserstoffsäure und dem Kalk des
Gesteins Calciumfluorid, welches in Wasser unlöslich ist. Der Kalk des
Gesteins wird in ein unlösliches Salz übergeführt und die Wider-
standsfähigkeit des Gesteins dadurch erhöht. Naturgemäß eignen sich
deshalb die Fluate hauptsächlich zur Behandlung von kalkhaltigen
Gesteinen, als welches vor allen Dingen Beton genannt sei (vgl. S. 121 ff.).

Die Fluate reagieren stark sauer und kommen meist als Flüssigkeit in
den Handel, so das meist gebrauchte Magnesiumsiliciumfluorid. Infolge ihrer
sauren Reaktion zerfressen sie Eisenbehälter sehr schnell und müssen deshalb in Glasflaschen aufbewahrt werden. Bei ihrer Verarbeitung sind die

Hände der Arbeiter durch Gummihandschuhe zu schützen; wenn sie aufgespritzt werden, was häufig der Fall ist, sind Gasmasken notwendig, da der Nebel giftig wirkt.

Zusammenfassung: Zu I. Natursteine sind ein ausgezeichnetes Baumaterial, hauptsächlich zur Herstellung von schwer beanspruchten Bauten, da sie hohe Festigkeit mit erheblicher Dichte vereinigen. Für Wohnhäuser eignen sie sich wohl zur Verblendung, nicht aber zur Aufführung des ganzen Bauwerkes, da sie wenig wärmehaltend sind, weil sie keine Poren, die allein einen Baustoff wärmespendend machen, enthalten. Bei der Auswahl der Natursteine muß auf die Erfordernisse, denen das Bauwerk gerecht werden soll, Rücksicht genommen werden. Es ist keineswegs immer notwendig, nur hochdruckfeste Natursteine zu verwenden, auch weniger druckfeste Gesteine können für viele Zwecke Verwendung finden. Als das wärmehaltigste Gestein ist der Tuffstein anzusprechen, da er sehr viel Poren hat; er verwittert aber auch verhältnismäßig leicht.

Der Verwitterung unterliegen die Natursteine in völlig verschiedenem Maße. Auch bei dem gleichen Steinbruch können ganz verschiedenartig widerstandsfähige Steine gefunden werden. Die festesten Gesteine sind im allgemeinen die Urgesteine und die Ergußgesteine, da diese aus dem feuerflüssigen Zustand durch Abkühlung entstanden sind und deshalb ein besonders dichtes verfilztes Gefüge aufweisen. Wesentlich poröser sind die meisten Sedimentgesteine, die aus Trümmern durch Absetzen und Verkitten entstanden sind, wie Schiefer aus feinem Ton. Die meist verwendeten Gesteine sind verkittete Trümmergesteine, d. h. solche, die sich bildeten aus Trümmern, wie Sand, Kies oder Muschelschalen durch nachträgliche Verkittung, wie Sandstein, Nagelfluh, Muschelkalk.

Da die chemische Einwirkung auf die Gesteine, also die Verwitterung weitaus den gefährlichsten Feind darstellt, dem die Steine bei ihrem Leben im Bau zu erliegen drohen, so ist beim Einbau der Steine neben richtiger Auswahl auch auf richtige Versetzung und Schutz gegen Zutritt schädlicher Lösungen zu achten. Auch gewöhnliches Wasser, Regen, Schnee, vermögen Natursteine sehr schnell und sehr weitgehend zu schädigen, wenn sie ungehindert zutreten können, und wenn die Austrocknung erschwert wird. Frost abwechselnd mit Tauen zerstört, wenn Feuchtigkeit zugegen ist, auf die Dauer jedes Gestein. Schutz gegen dauerndes Beregnen, schnelle Abführung des Wassers und Ermöglichung schneller Austrocknung sind deshalb bei jedem Bauwerk schon in der Konstruktion vorzusehen.

II. Die Bindemittel.

Von den Bindemitteln Kalk, Gips und Zement ist in unserem Zeitalter des Betons der Zement das wichtigste. Zum Verständnis der Erhärtungsvorgänge bei Zement, in etwas geringerem Maße auch bei den anderen Bindemitteln, ist es unbedingt notwendig, sich klar zu sein über die verschiedenen Arten der chemischen Verbindungen, die es gibt, da nicht nur die Erhärtungsvorgänge selbst, sondern auch die Widerstandsfähigkeit der erhärteten Mörtel und Betone gegen agressive Flüssigkeiten dieses Verständnis voraussetzen.

Grundsätzliches über Einteilung und Aufbau der hier wichtigen chemischen Verbindungen.

Der Chemiker teilt alle in der Natur oder im Laboratorium vorkommenden Verbindungen ein in drei große Gruppen, nämlich in Basen, Säuren und das Vereinigungsprodukt der beiden: Salze.

Basen sind solche Verbindungen, welche alkalisch reagieren, also rotes Lackmuspapier blau färben und das Bestreben haben, sich mit einer Säure zu einem Salz zu vereinigen. Hierbei treten eine oder mehrere OH-Gruppen auf. Man nennt diese OH-Gruppe häufig: Hydroxyl-Gruppe. Basen wirken auf organische Substanzen zerstörend, sie „ätzen".

Säuren sind solche chemischen Verbindungen, welche sauer reagieren, d. h. blaues Lackmuspapier rot färben, und welche das Bestreben haben, sich mit Basen (unter Wasseraustritt) zu Salzen zu vereinigen. Alle Säuren enthalten ein oder mehrere Wasserstoff [H]-Ionen, die bei dieser Vereinigung mit den [OH]-Ionen der Base zusammen Wasser (H—OH, abgekürzt geschrieben H_2O) bilden. Folgendes Schema erklärt die Verhältnisse:

$$\underset{\substack{\text{sauer} \\ [H]^+ \\ \text{Wasserstoffion} \\ \text{der Säure}}}{} + \underset{\substack{\text{basisch} \\ [OH]^- \\ \text{Hydroxylion} \\ \text{der Base}}}{} = \underset{\substack{\text{neutral} \\ [H]^+ [OH]^- \\ (H_2O\,-)}}{}$$

Wasser kann demnach als Base und Säure „in einer Person" betrachtet werden; man nennt es amphoter.

Es gibt schwache und starke Säuren und Basen. So ist z. B. Salzsäure eine starke Säure, Milchsäure eine schwache Säure, Natronlauge eine starke Base, Kalk eine schwache Base. Schließlich gibt es noch Verbindungen, welche einer starken Base gegenüber als Säure, dagegen einer starken Säure gegenüber als Base auftreten. Als Beispiel sei genannt das Aluminium. Dieses ist im Aluminiumsulfat ($Al_2(SO_4)_3$) das „Metall", also die Base, im Natriumaluminat ($NaAlO_2$) als Oxyd, der „Säurerest" der Tonerdesäure.

Salze sind, wie aus obigem hervorgeht, Vereinigungsprodukte von Basen und Säuren, bei deren Bildung Wasser abgespalten wird.

Am besten verstehen wir diese Dreiteilung an einer einfachen Formel:

$$\underset{\substack{\text{Natriumhydroxyd} \\ \text{(Natronlauge)}}}{[Na]^+ \cdot [OH]^-} + \underset{\substack{\text{Salzsäure} \\ \text{(Chlorwasser-} \\ \text{stoffsäure)}}}{[H]^+ \cdot [Cl]^-} \rightleftharpoons \underset{\substack{\text{Natriumchlorid} \\ \text{(Kochsalz)}}}{[Na]^+ \cdot [Cl]^-} + \underset{\substack{[H]^+ \cdot [OH]^- \\ +\text{Wärme} \\ \text{Wasser}}}{}$$

Diese Formel bedeutet, daß die Base Natronlauge, die stark ätzend wirkt, sich mit der Säure HCl, der Salzsäure, die verbrennend auf die Haut zu wirken vermag, unter Wasseraustritt (HOH oder kurz H_2O) verbindet zu dem Salz Natriumchlorid, wobei gleichzeitig Reaktionswärme frei wird. Man nennt ein derartiges Freiwerden von Wärme einen exothermen Vorgang. Die Reaktion selbst nennt man eine Salzbildung aus Basen und Säuren. Sowohl die Base für sich als auch die Säure für sich haben ganz andere Eigenschaften als das sich bildende Kochsalz, welches ja als Nahrungsmittel dient, während die freien Säuren bzw. Basen organischen Stoffen und dem menschlichen Leben abträglich sind.

Die meisten Salze reagieren neutral, d. h. sie verändern weder die Farbe von rotem, noch von blauem Lackmuspapier, aber nur dann, wenn sie aus ungefähr gleichstarken Säuren und Basen gebildet sind. Salze, in welchen die Säure stärker ist als die Base, also z. B. Aluminiumsulfat (schwache Base: Aluminiumoxyd; starke Säure: Schwefelsäure) reagieren sauer, solche Salze dagegen, in welchen die Base stärker ist als die Säure, z. B. Soda (starke Base: Natriumhydroxyd, schwache Säure: Kohlensäure) reagieren alkalisch, ohne daß diese Salze als saure oder basische Salze bezeichnet werden.

Saure Salze sind solche, in welchen noch Wasserstoffatome übrig sind, die nicht mit Basen abgesättigt wurden. So ist Natriumbikarbonat ($NaHCO_3$) ein saures Salz, weil es noch freie Wasserstoffionen hat, die durch Metalle ersetzt werden können. Es ist also teilweise noch eine „Säure". Es wird durch weiteren Zusatz von Natronlauge in neutrales Natriumkarbonat (Na_2CO_3) verwandelt. Es ist nicht nötig, daß ein saures Salz auch sauer reagiert, so reagiert Natriumbikarbonat alkalisch, weil eben Natronlauge eine sehr starke Base, Kohlensäure dagegen eine schwache Säure ist.

Die Bindemittel.

Es gibt zwei große Gruppen von Bindemitteln, und zwar

1. die unhydraulischen, das sind Bindemittel, die an der Luft zu erhärten vermögen, aber keinen wasserbeständigen Mörtel ergeben, und

2. die hydraulischen Bindemittel, das sind solche Bindemittel, die auch unter Wasser erhärten und damit einen Mörtel oder Beton liefern, der dauernd wasserbeständig ist.

1. Zu den unhydraulischen Bindemitteln gehört der altbekannte Kalk, weiter der gleichfalls seit alten Zeiten als Bindemittel benutzte Gips und schließlich das Steinholz, das aus gebrannter Magnesia und Magnesiumchloridlauge besteht.

Den Übergang zu den hydraulischen Bindemitteln bilden die Mischungen, die aus Kalk einerseits und aus Hydrauliten oder Puzzolanen andererseits bestehen. Unter Puzzolanen versteht man Stoffe, die unter Einwirkung eines Anregers, z. B. Kalk, vermutlich unter Abspaltung von Kieselsäure, die sich mit dem Kalk zu Calciumsilikat verbindet, zu erhärten vermögen, die allein aber kein oder nur ganz geringes Erhärtungsvermögen besitzen. Treten diese Puzzolane zum Kalk, so machen sie aus diesem ein hydraulisches Bindemittel.

2. Die zur Zeit wichtigsten hydraulischen Bindemittel sind die verschiedenen Zemente, die in den Deutschen Normen zusammengefaßt sind, und deren Mischung mit Sand oder Kies man Mörtel oder Beton nennt. Der die einzelnen Körner des Zuschlages verkittende Zementstein selbst besteht einerseits aus der starken Base Kalk, andererseits aus den schwachen Säuren Kieselsäure und Tonerde. Zement ist also im chemischen Sinne ein Gemisch von Calciumsilikat und Calciumaluminat. Die Kieselsäure ist bei gewöhnlicher Temperatur eine überaus schwache Säure; aus diesem Grunde allein muß schon Beton alkalisch reagieren, da in ihm ja eine starke Base einer schwachen Säure gegenübersteht.

a) Gips.

Gips ist ein Calciumsulfat = schwefelsaurer Kalk und kommt in der Natur, z. B. im Harz, vor, häufig mit Steinsalz zusammen. Calcium-

sulfat tritt mit nur $^1/_4$ des normalen Wassergehaltes als Anhydrit auf.
Dieser kann aber nicht auf Stuckgips u. dgl. verarbeitet werden, da er
kaum Hydratwasser enthält. Um so wichtiger ist aber der hydratwasser-
haltige „Gipsstein", bei dessen „Brennen" je nach der angewendeten
Temperatur zwei ganz verschiedene Gipsarten entstehen, nämlich entweder der schnell festwerdende Stuckgips oder der langsam erhärtende Estrichgips.

Erhitzt man den gemahlenen Gipsstein auf nur 120^0, ein Verfahren,
welches man „Gipskochen" nennt, so entweicht nur ein Teil des Wassers und der Rückstand bindet bei Zusatz von Wasser verhältnismäßig
schnell zu einem weichen Erzeugnis ab, aus welchem die bekannten
Gipsdielen u. dgl. hergestellt werden. Wetterbeständig ist dieses Material nicht, es zerfriert leicht und „fault" bei dauernder Wassereinwirkung. Infolgedessen kann es nicht für Außenbauwerke Verwendung finden. Die Formel für den „Kochvorgang" lautet:

$$CaSO_4 \cdot 2\,H_2O \qquad\qquad\qquad = CaSO_4\,^1/_2\,H_2O. \qquad + \quad 1^1/_2 H_2O.$$
Gipsstein erwärmt auf 120^0 Stuckgips   entweichendes Wasser.

Erhitzt man den Gipsstein höher als 120^0, so wird er tot gebrannt, d. h.
er gibt mit Wasser eine schmierige Masse, die überhaupt nicht mehr
erhärtet; nur wenn man die Erhitzung über Rotglut (600^0) steigert, entweicht sämtliches gebundene Wasser und das so entstandene Erzeugnis, der Estrichgips vermag wieder mit Wasser zusammen, allerdings in sehr langer Zeit, abzubinden. Die Formel lautet:

$$CaSO_4 \cdot 2\,H_2O \qquad\qquad\qquad = \quad CaSO_4 \quad + \qquad 2\,H_2O$$
Gipsstein auf Rotglut erwärmt   Estrichgips   entweichendes Wasser.

Während Stuckgips bereits nach einer halben Stunde zu einem mit
dem Fingernagel ritzbaren Erzeugnis abbindet, wird Estrichgips erst
im Verlauf mehrerer Tage und Wochen vollkommen fest und hart, ist
aber dann wesentlich widerstandsfähiger gegen mechanische Beanspruchung als der Stuckgips, und vor allen Dingen, er wird fast völlig
wetterbeständig. So ist z. B. die aus vorgeschichtlicher Zeit stammende
Burg des Königs auf Kreta und manche Burg im Harz unter Verwendung von Estrichgips als Mörtelbildner erbaut. Allerdings sind in
unserem Klima neuerdings erhebliche Zerstörungen an Estrichgips-
arbeiten im Freien im Verlauf längerer Zeiträume festgestellt worden.

Die Mahlfeinheit des Stuckgipses wird im allgemeinen etwas weiter getrieben als die des Estrichgipses.

Besonders fein vermahlen werden muß Anhydrit-Binder[1]. Anhydrit
ist wasserfreies Calciumsulfat ($CaSO_4$), welches aus 41,2 % Kalk (CaO)
und 58,8 % Schwefelsäureanhydrit (SO_3) besteht.Die Fundstätte für
Anhydritstein ist meist in Begleitung von Salz-Lagerstätten, denn es
ist wie dies ein Ausscheidungssediment eingetrockneter Meeres-
becken oder großer Binnenseen. Im Laufe der Zeit sind die leicht löslichen Salze zum Teil aus den Fundstätten herausgelöst, so daß die

---

[1] Petter, B.: Anhydrit als Baustoff, Die Technik 1947, Bd. 2, Nr. 1, S. 41.
— Graf, O.: Über die Entwicklung der mineralischen Bindemittel für das Bauwesen, Die Technik 1946, Bd. 1, S. 281.

festen Bestandteile, zu denen auch der Anhydrit gehört, übrig blieben. Der Anhydrit ist als solcher in Wasser nur schwer löslich. Er verwandelt sich jedoch im Laufe langer Zeiträume allmählich unter Kristallwasseraufnahme in Gips. Dieser Vorgang, der in der Natur Jahrzehntausende benötigt, kann durch Feinstvermahlung des Anhydrits erheblich beschleunigt werden. Wird die Vermahlung soweit getrieben, daß die Korngrößen um 0,006 mm liegen, so vermag der Anhydrit ohne Zusatz eines Anregers innerhalb weniger Stunden als Gips auszukristallisieren ($CaSO_4 + 2H_2O$). Hierbei lassen sich erhebliche Festigkeiten erreichen. Der Mörtel als solcher ist durch die Feinvermahlung sehr zäh und schlecht zu verarbeiten. Die Feinstvermahlung kann in normalen Mühlen nicht durchgeführt werden. Hierzu sind Spezial-Vibrationsmühlen erforderlich, die naturgemäß einen relativ hohen Energieanspruch haben.

Wird fein vermahlenem Anhydrit in geringen Zusätzen gebrannter Kalk (CaO) beigemischt, so werden die Abbindezeiten weiterhin reguliert. Auch sind gute Erfolge mit Kaliumsulfat und Kaliumhydroxyd und Kaliumcarbonat zu verzeichnen gewesen. Bei Anwendung dieser Abbindebeschleuniger ist eine zu große Feinvermahlung nicht mehr erforderlich.

Der Wasseranspruch des Anhydrits ist geringer als der von Estrichgips und die erreichten Festigkeiten, sowie die Härte ist größer als beim Estrichgips. Es werden Festigkeiten von rund 200 kg/cm² nach 28 Tagen erreicht. Der Anhydritmörtel zeigt dem Estrichgips gegenüber in den meisten Fällen analoge Eigenarten. So ist nicht nur die Abbindezeit mit 5—25 Stunden ähnlich, sondern der Anhydrit läßt sich auch bei Frost bis zu 10° C Kälte verwenden. Er zeigt außerdem bis zu einem gewissen Grade hydraulische Eigenschaften und vermag den Atmosphärilien bis zu einem gewissen Grade zu widerstehen. Allerdings muß es vermieden werden, den Anhydritmörtel einer ständigen Feuchtigkeit, wie Bodenfeuchtigkeit, auszusetzen.

Die Raumbeständigkeit des Anhydrits ist wie diejenige des Estrichgipses vollkommen. Es treten keinerlei Schwund- oder Treibrisse auf. Für eine ganze Reihe von Bauarbeiten ist Anhydritbinder ausgezeichnet geeignet, so als Mörtel für Außenwände aus Ziegeln, Rohlehm, Kalksandstein und kalkgebundenen Schlackensteinen, während er als Mauermörtel für zementgebundene Steine und als Mörtel für Fundamente oder statisch stark beanspruchte Mauern oder tragende Bauelemente ungeeignet ist. Nicht - tragende Zwischenwände, so auch Monier- oder Rabitzwände, können durchaus mit Anhydritbinder hergestellt werden, während Außenputz, vor allem dort, wo Schlagregen in Frage kommt, zu stark von den Atmosphärilien angegriffen wird.

Innenputz sowie Estricharbeiten lassen sich vorzüglich mit Anhydritbinder durchführen.

Folgendes ist wichtig zu wissen:

1. Anhydritbinder soll mit möglichst geringster Wassermenge angesetzt werden.

2. Der Anhydrit muß in das Wasser eingeschüttet werden, ähnlich wie beim Ansetzen des Gipses.

3. Anhydrit bindet meist schneller als Estrichgips ab, muß daher auch nach spätestens $4^1/_2$—5 Stunden verarbeitet sein.

Bei der Verarbeitung ist es notwendig, den Stuckgips in das Wasser, das zu seiner Erhärtung notwendig ist, hinein zu gießen, also nicht etwa wie bei anderen Mörteln das Wasser dem Gips zuzusetzen. Dabei sind verhältnismäßig große Wassermengen notwendig. Der Stuckgips ist leicht, er hat nur ein Litergewicht von 12—1300 g, im erhärteten Zustand ist sein Raumgewicht entsprechend niedrig. Er ist demgemäß verhältnismäßig gut wärmehaltend. Er vermag Sand und ähnliche Zuschläge nur in geringem Maße zu binden, dagegen organische Substanzen, z. B. Schilfrohr und Kokosfasern. Wesentlich schwerer ist der Estrichgips, der an das Gewicht von Zement mit einem Litergewicht von 1500 g herankommt und im abgebundenen Zustand verhältnismäßig schwer ist. Sehr reiner Gips heißt Alabaster und das aus ihm erbrannte Erzeugnis demgemäß Alabastergips[1].

Man kann die nur etwa 10 Minuten betragende Abbindezeit des Stuckgipses dadurch hinauszögern und auf diese Weise seine Verarbeitbarkeit erhöhen, daß man als Anmachwasser Leimwasser nimmt, ebenso kann man die Festigkeit erheblich heraufsetzen dadurch, daß man dem Anmachwasser Alaun zusetzt oder den Gipsstein unter Alaunzusatz ein- oder zweimal brennt. Den so hergestellten, bei großer Bildsamkeit zu hoher Festigkeit erhärtenden Gips nennt man häufig Marmorzement. Mit Zement hat aber dieses Erzeugnis nichts zu tun. Man verwendet es zum Ausfugen von Platten und zur Herstellung künstlichen Marmors. Die in unseren Barockschlössern häufig anzutreffenden Marmorimitationen sind oft auf diese Art hergestellt. Auch nachträgliche Behandlung von bereits erhärteten Formstücken aus Gips mit Alaun führt zu einer gewissen Erhöhung der Oberflächenhärte. Gips eignet sich besonders zur Herstellung von Bildwerken in Formen, weil er bei der Wasseraufnahme eine geringe Raumvergrößerung von ungefähr 1 % zeigt; dadurch füllt er alle Fugen und Feinheiten der Form sehr gut aus und gibt ein genaues Abbild.

Eine besondere Anwendungsart des Gipssteins ist der Zusatz zum Portlandzement. Er hat bei dieser Verwendungsweise die Obliegenheit, die Abbindezeit zu verlängern, da frisch gebrannter Portlandzement nach dem Vermahlen meist Schnellbinder ist (s. Zement). Zu hohen Zusatz darf man nicht verwenden, da sonst Treiben eintritt. Deshalb ist in den Normen der Gipszusatz auf 3 % beschränkt. Häufig trifft man auf Baustellen die Gepflogenheit an, Gips und Portlandzement zusammenzumischen, um ein schnelleres Abbinden und Erhärten herbeizuführen. Diese Arbeitsweise ist durchaus unzweckmäßig

---

[1] S c h e e r : Ein neues, zeitsparendes Verfahren zur Untersuchung des Stuckgipses, Ch. Zentr. 1941, I, S. 1458. — P a l a g i n : Erhöhung der Luftbeständigkeit von Gipserzeugnissen, Ch. Zentr. 1942, II, S. 2073. — R o g o w o i : Über einige theoretische Grundlagen zur Gewinnung von Autoklavengips, Ch. Zentr. 1942, II, S. 1836. — S s e r d j u k o w : Über die Löslichkeit und die Hydratationsfähigkeit von Estrichgips, Ch. Zentr. 1942, II, S. 703. — P a l i : Apparat zur Bestimmung der hygroskopischen Feuchtigkeit in Baumaterialien, Ch. Zentr. 1942, II, S. 1838. — K u l e n o c k : Modifikation der Feuchtigkeitsbestimmung im Stuck, Ch. Zentr. 1942, II, S. 1938.

und muß unter allen Umständen verhindert werden, da der Zement durch den hohen Gipszusatz zum Treiben gebracht wird. Das Bauwerk erhält Risse und zerfällt schließlich, häufig unter Zersprengung der Steine, wenn das Gemisch als Fugenkitt verwendet wurde. Gips ist also stets für sich allein, niemals aber mit Zement gemischt zu verarbeiten, während die Verarbeitung von Kalk mit Gips oder von Kalk mit Zement als sog. verlängerter Zementmörtel bekannt, üblich und zulässig ist.

Porengips. Durch Zusatz von Wasserstoffsuperoxyd und Chlorkalk in das Anmachwasser läßt sich der Gips aufschäumen. Es lassen sich so Bauelemente herstellen, welche eine vorzügliche Wärme- und Schalldämmung aufweisen. Die Festigkeit sinkt natürlich um so mehr, je höher der Luftgehalt ist, so daß Porengipse im allgemeinen nur als Füllbaustoffe Anwendung finden können.

b) Kalk.

Da zwischen dem unverarbeiteten und dem verarbeiteten Kalk naturgemäß ganz wesentliche Unterschiede bestehen, ist es notwendig, den unverarbeiteten getrennt von dem verarbeiteten Kalk zu besprechen.

Abb. 16 Hier wird Kalkstein ($CaCO_3$) gebrannt und hierdurch die Kohlensäure ausgetrieben: Entstehung von Branntkalk (CaO).

1. Unverarbeiteter Kalk.

Das Rohmaterial für den Kalk ist der Kalkstein, der in ungeheuren Mengen, zum großen Teil gebirgsbildend, z. B. in den Voralpen (Zugspitze, Watzmann), im oberbayrischen Gebirge usw. vorkommt, und der in etwas anderer Form auf Rügen als Kreide ansteht. Der kohlensaure Kalk hat sich gebildet aus der Kohlensäure der Luft, welche dieser durch Lebewesen aller Art, wie Muscheln, Schnecken,

Kreidetierchen usw., deren Schalen aus kohlensaurem Kalk bestehen, entzogen wurde; die zu dieser Kalkbildung notwendige Base, der Kalk, wurde den Urgesteinen bzw. dem Wasser entnommen. Es liegt auf der Hand, daß ungeheure Mengen von Kohlensäure aus der Luft auf diese Weise gebunden und dem Kreislauf entzogen wurden, und man führt auf diese Entziehung auch das Sinken der Durchschnittstemperatur auf der Erde und das Zurückgehen des Pflanzenwachstums z. B. gegenüber der Steinkohlenzeit zurück, denn da die Pflanzen ihren Kohlenstoff (C) aus der Kohlensäure (CO_2) der Luft entnehmen, ist es klar, daß in einer kohlensäureärmeren Luft die Pflanzen schlechter wachsen werden als in einer kohlensäurereicheren. Man ist deshalb auch in letzter Zeit zur Kohlensäuredüngung übergegangen, und führt überhaupt einen Teil der Düngewirkung darauf zurück, daß sich die untersten Luftschichten mit der aus dem verfaulenden Dünger stammenden Kohlensäure anreichern, Kohlensäure ist schwerer als Luft und bleibt deshalb bei Windstille auf dem Boden „liegen".

Der Baukalk wird aus dem Kalkstein dadurch gewonnen, daß man diesen, oder auch Muschelschalen oder Kreide auf Rotglut erhitzt (Abb. 16). Es entweicht dann die Kohlensäure als Gas, zurück bleibt der gebrannte, ungelöschte Kalk (CaO). Die Formel, die diesen Vorgang übersichtlich darstellt, ist folgende:

$$\text{Endotherme Reaktion:} \quad \underset{\substack{\text{Kalkstein}}}{CaCO_3} \quad \overset{\text{Erhitzung}}{\underset{\substack{\text{auf Rotglut} \\ \text{(Wärmezufuhr)}}}{=}} \quad \underset{\substack{\text{Branntkalk}}}{CaO} \quad + \quad \underset{\substack{\text{Kohlensäure (anhydrid)} \\ \text{(entweicht als Gas)}}}{CO_2}$$

Eine derartige Reaktion, die unter Wärmezufuhr stattfindet, nennt man eine endotherme Reaktion. Gegensatz dazu: exotherme Reaktion, bei der Wärme frei wird, z. B. Löschen von Kalk oder Neutralisieren von Salzsäure durch Natronlauge, siehe S. 30. Der Branntkalk nimmt aus der Luft Wasser auf, ein Teil der beim Brennen gebundenen Wärme wird nun wieder frei (exotherme Reaktion) und der Kalk zerfällt unter lebhafter Wärmeentwicklung zu dem sehr leichten Pulver Calciumhydroxyd; Formel:

$$\text{Exotherme Reaktion:} \quad \underset{\substack{\text{Calciumoxyd} \\ \text{(Branntkalk)}}}{CaO} \quad + \quad \underset{\substack{\text{Wasser}}}{H_2O} \quad = \quad \underset{\substack{\text{Calciumhydroxyd} \\ \text{(Löschkalk)}}}{Ca(OH)_2} \quad + \quad \text{Wärme}$$

Man nennt diese Wasseraufnahme Ablöschen des Kalkes und das Endprodukt Löschkalk. Der Kalk bläht sich beim Löschen stark auf und vergrößert sein Volumen, er „gedeiht". Gutes Gedeihen ist wichtig, da es den Kalk ausgiebiger macht. Man kann das Löschen durchführen dadurch, daß man den Kalk entweder in Wasser taucht und dann an der Luft zerfallen läßt (Trockenlöschung) oder dadurch, daß man ihn mit Wasser übergießt und in Wasser wirft (Naßlöschung). Im ersteren Fall arbeitet man in der Weise, daß man den in Körben befindlichen Kalk in Wasser taucht, bis er sich vollgesaugt hat, und dann in Haufen liegen läßt. Unter starker Wärmeentwicklung zerfällt dann der Kalk zu trocken gelöschtem Kalk, wie er häufig in Säcken in den Handel kommt.

Die ältere Art des Kalklöschens ist die des Einsumpfens (Abb. 17).
Man überschüttet den trockenen Kalk mit einem großen Überschuß
von Wasser, wobei er dann unter starker Wärmeentwicklung zu dem
sog. Kalkteig ablöscht, der zweckmäßigerweise vor der Verarbeitung
durch ein Sieb gegeben wird, um ungelöschte Anteile zu entfernen.
Diese ungelöschten Anteile, die sog. „Krebse", sind entweder totge-
brannte, also beim Brennen zu hoch erhitzte Teile, die nur langsam
ablöschen, oder solche, die in ihrer chemischen Zusammensetzung
dem Zement nahestehen, die also die Kieselsäure und Kalk enthalten
und deshalb Wasser nur nach langen Zeiträumen annehmen. Die
„Krebse" führen im fertigen Bauwerk zu den bekannten unangenehmen Absprengungen, die man Kalkbläschen nennt. Diese entstehen

Abb. 17. Kalklöschen: Durch das Löschen des Kalkes (Übergießen des Branntkalks mit Wasser)
wird unter Wärmeentwicklung Kalkhydrat gebildet (Wasseranlagerung).

in der Weise, daß die beim Löschen fehlerhafterweise nicht mit ab-
gelöschten Kalkstückchen manchmal Monate, oft erst Jahre nach Erhärtung des Putzes ablöschen und infolge ihres nun größeren Raum-
bedarfes, der durch die Wasseraufnahme entsteht, die überliegende
Schicht mechanisch heraustreibt, meist in Form eines kleinen Kraters,
an dessen Grund dann das treibende Kalkstückchen liegt.

Auf der Baustelle ist es notwendig, einen Kalk stets auf seine Ablösch-
barkeit zu prüfen, d. h. festzustellen, wieviel Prozent von ihm ablöschen. Man
arbeitet in der Weise, daß man feststellt, wieviel ungelöschte Kalkanteile
nach einer gewissen Zeit, z. B. ein bis zwei Tagen, zurückbleiben, wenn man
den Kalk in der beschriebenen Weise naß oder trocken löscht und dann durch
ein feines Sieb gibt, auf dem die ungelöschten Steinchen zurückbleiben.

Der Dolomitkalk (Graukalk) wird in gleicher Weise erhalten wie der gewöhnliche Branntkalk aus Dolomit ([Ca, Mg] CO_3).Er besteht also aus CaO
+ MgO, wobei der Gehalt an MgO mehr als 5 % sein muß. Er löscht träger
als Branntkalk oder Weißkalk und ergibt kein weißes, sondern ein graues
Pulver.

Während das Nötige über das Löschen von Stückkalk oben schon gesagt
ist, muß noch bezüglich des Einsumpfens von in Säcken gelieferten gemahlenen Branntkalkes folgendes hinzugefügt werden:

Diese gemahlenen Branntkalke haben ganz verschiedene Eigenschaften
in bezug auf Ablöschdauer. Diese Ablöschdauer muß also vom Lieferwerk

angegeben werden, oder ist auf den Säcken aufzudrucken. Nach DIN 1060 sind die Kalke wie folgt eingeteilt:

„Im Anlieferungszustand ohne Einsumpfen oder Mörtelliegezeit zu verarbeiten,

nach 12 Stunden Einsumpfdauer oder Mörtelliegezeit zu verarbeiten,

nach 24 Stunden Einsumpfzeit oder Mörtelliegezeit zu verarbeiten,

nach 48 Stunden Einsumpfdauer oder Mörtelliegezeit zu verarbeiten".

Die Ergiebigkeit infolge des „Gedeihens", also infolge der Raumvergrößerung bei der Wasseraufnahme infolge des Löschvorganges beträgt durchschnittlich

bei Weißkalk 11 l Kalkteig,

bei Dolomitkalk 11 l Kalkpulver eingelaufen,

bei Wasserkalk 7 l Kalkpulver eingelaufen.

Zur Verarbeitung wird der Kalk mit Sand gemagert, da der Kalk allein ein viel zu dichtes Gefüge für den Mörtel abgeben würde und

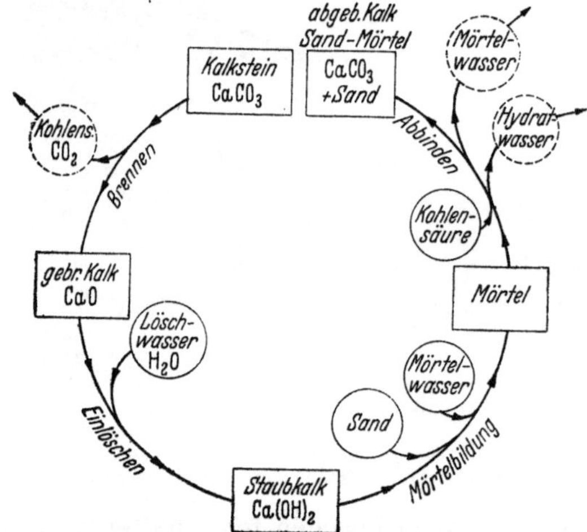

Abb. 18. Kreislauf des Kalkes. Kalkstein (CaCO₃) wird gebrannt, die Kohlensäure entweicht, der gebrannte Kalk wird gelöscht und hydratisiert sich zu Staubkalk (Kalkhydrat). Nach der Mörtelbildung tritt die Kohlensäure wieder hinzu. Das Hydratwasser und das Mörtelwasser entweichen und das Kalkhydrat wird in kohlensauren Kalk zurückverwandelt.

nicht erhärten könnte, und da er außerdem überaus stark schwindet, also sein Volumen verkleinert und dadurch Risse herbeiführt. Ein guter normaler Kalkmörtel soll 9—10% Calciumoxyd (CaO) enthalten und so hergestellt werden, daß er verhältnismäßig porös ist, um der Luft den Zutritt zu gestatten, da diese für die Austrocknung und Erhärtung notwendig ist. Das Verarbeitungsverfahren ist also ein ganz anderes als beim Zement, bei dem man auf dichte Mörtel hinzuarbeiten trachtet. Über den Kreislauf des Kalkes gibt Abb. 18 übersichtlichen Aufschluß. (Einteilung der Kalke, S. 47.)

2. Verarbeiteter Kalk.

Der in der beschriebenen Weise verarbeitete Kalk erhärtet langsam zu dem uns bekannten Kalkmörtel, der vor reinem Zementmörtel den Vorzug hat, daß er nagelbar und luftdurchlässig ist, wobei er natürlich aber die Festigkeit des Zementmörtels niemals zu erreichen

vermag. Die Erhärtung wird herbeigeführt[1] einerseits durch Austrocknung, andererseits durch Aufnahme von Kohlensäure aus der
Luft, wobei das Kalkhydrat unter Wasserabgabe sich wieder in kohlensauren Kalk, aus dem es entstanden ist, zurückverwandelt. Man kann
diesen Prozeß beschleunigen einerseits durch Herstellung eines recht
porösen Mörtels, durch den die Luft hindurchtreten kann, andererseits
durch Anreicherung der Luft mit Kohlensäure bei gleichzeitiger Wärmeentwicklung, wie sie herbeigeführt wird durch das Aufstellen von
Koksöfen in dem neuen Bauwerk. Die Formel der Karbonisierung des
Kalkes ist folgende:

$$Ca(OH)_2 \quad + \quad CO_2 \quad = \quad CaCO_3 \quad + \quad H_2O.$$

| Löschkalk | Kohlensäure (anhydrid) | Kohlensaurer Kalk | Wasser |
| (Calciumhydroxyd) | (aus der Luft) | (Calciumcarbonat) | |

Die Karbonisierung ist aber niemals vollständig, sondern teilweise und
nur oberflächlich. Man hat in alten mit Kalk gemauerten Bauwerken noch
nach Jahrhunderten nichtkarbonisierten Kalk nachgewiesen. Beim Trocknen
von Bauwerken mit Koksöfen ist sehr streng darauf zu achten, daß der Raum,
in dem sich brennende Koksöfen befinden, nicht vorzeitig vor guter Lüftung
von Menschen betreten wird. Es bildet sich nämlich bei der Verbrennung des
Kokses bei ungenügendem Luftzutritt das Kohlenmonoxyd als Vorstufe des
Kohlendioxyds. Kohlenmonoxyd verbrennt zu dem erwünschten Kohlendioxyd
mit blauer Flamme, tritt aber bei Luftmangel auch unverbrannt in die Wohnräume. Im Volksmund wird es „Kohlengas" genannt. Es ist völlig geruchlos
und ein überaus starkes Gift. Die Formeln der unvollständigen und vollständigen Verbrennung von Kohlenstoff, also Koks, sind folgende:

1. Unvollständige Verbrennung (Sauerstoffmangel):

$$C \quad + \quad O \quad = \quad CO$$

Kohlenstoff Sauerstoff Kohlenmonoxyd, giftiges mit blauer
Flamme zu Kohlensäure verbrennendes Gas

2. Vollständige Verbrennung:

$$C \quad + \quad 2O \quad = \quad CO_2$$

Kohlensäure (ungiftig).

Im menschlichen Körper verbindet sich beim Atmungsvorgang das bei unvollständiger Verbrennung entstehende Kohlenmonoxyd, ähnlich wie Sauerstoff mit den roten Blutkörperchen, ohne aber wie der Sauerstoff dessen Rolle
als Oxydationsmittel zu erfüllen; es vergiftet im Gegenteil die roten Blutkörperchen, die dann später zerfallen und weitere Vergiftungen des Organismus herbeiführen. Kohlenoxydvergiftungen sind sofort zu erkennen an dem
hellroten Blut der Vergifteten bei Blutentnahme. Sie kündigt sich an durch
starke Kopfschmerzen in der Stirngegend und ist überaus gefährlich, da sie
noch nach Tagen den Tod herbeizuführen vermag. Sie ist also nicht zu verwechseln mit einfachen Erstickungserscheinungen, wie sie bei Kohlendioxyd,
also Kohlensäure, oder beim Ertrinken eintreten, sondern es ist eine echte
Vergiftung, bei der das Blut zerstört wird. Beim Austrocknen von Bauwerken
mit offenem Feuer (Kokskörbe) ist diesem Umstand auf das sorgfältigste
Rechnung zu tragen.

Will man mit Kalk Bauwerke ausführen, die im Wasser Bestand
haben sollen, wie z. B. Talsperren, Ufermauern, so ist es notwendig,
dem Kalk Stoffe zuzufügen, die mit ihm in Wechselwirkung treten und

---

[1] Budnikoff u. Gulinova: Der Verlauf der Reaktion von Calciumoxyd
mit Wasser, Zement 1937, S. 634. — Holleck u. Nowotny: Basische Carbonate und Mörtelerhärtung, Ch. Zentr. 1940, I, 3837. — Ssumarokow: Erhärtung von Kalkbindemitteln, Ch. Zentr. 1940, I, 3837.

unlösliche Kalksilikate zu bilden vermögen, da Kalk allein ja wasserlöslich ist. Als solche Hydraulite oder Puzzolane, nach ihrer Entdeckung durch die Römer auf der Insel Pozzuoli genannten Stoffe,
kommen in Betracht zunächst die natürlichen, Puzzolanerde, ferner
Traß, also gemahlener Tuffstein, weiter die künstlichen: Ziegelmehl, Glasmehl, Hochofenschlacke u. ä. bei Hitzebehandlung
entstandene Materialien.

3. Puzzolane.

Puzzolane sind Verbindungen, die langsam erhärten, wenn ihnen
ein Anreger zugefügt wird. Dabei findet eine Bindung des freien Kalkes statt unter gleichzeitiger Kieselsäureabspaltung, die zur Dichtung
des Mörtels beiträgt. Puzzolane erhärten demgemäß nicht für sich
allein und können deshalb im offenen Wagen verschickt werden oder
im Regen liegen. Bei der Verarbeitung auf der Baustelle muß aber
unter allen Umständen Kalk- oder Zementzusatz erfolgen, um das Erhärtungsvermögen anzuregen. Traß, Ziegelmehl etc. erhärten nicht.

a) **Traß-Kalk-Mörtel.** In Deutschland ist die wichtigste natürliche
Puzzolane der Traß (DIN 1043/44), der aus einem im Nettetal und im
Brohltal, zwei Seitentäler des Rheins, und an verschiedenen anderen
Stellen vorkommenden Tuffsteins vulkanischen Ursprungs durch Vermahlen gewonnen wird. Dieser Traßtuffstein ist ein sogenannter
Brockentuff, der sich durch Verfestigung von Schlammströmen vul-
kanischer Aschen und ˙aus Trümmern des bei der Eruption durch-
brochenen devonischen Grundgesteins im Lauf langer Zeiträume gebildet hat. Der anstehende Traß in ungemahlenem Zustand bildete sich
durch Verfestigung eines heißen Schlammstromes aus Bimssteintuff
und Resten des im Brohl- und Nettetales vorkommenden Devongestei-
nes. Je nach der Lagerungsart der Tuffsteine durch die Jahrtausende
haben diese ganz verschieden starke hydraulische Eigenschaften angenommen. Als beste Qualität gilt der unter der Grundwasserlinie
entnommene Tuff, der grau aussieht, man nimmt an, daß im Lauf der
Zeit unter dem Einfluß des Grundwassers eine gewisse Hydratisierung
erfolgte, die den Traß besonders reaktionsfähig macht. Bei Normentraß ist deshalb ein bestimmter Glühverlust, der nicht unter 7 % be-

---

[1] Kayser: Si-Stoff zum Portlandzement, Bautenschutz 1942, S. 74. —
Steopoe: Betone mit hydraulischen Zuschlägen, Ch. Zentr. 1942, I, S. 2694. —
Budnikow: Untersuchung der Woronesherasche zwecks Verwendung in der
Zementindustrie, Ch. Zentr. 1942, II, S. 941. — Verwendung von Si-Stoff für
Beton, Betonwerk 1938, S. 525. — Fernando: Beitrag zur Untersuchung von
Puzzolanen, Zement 1941, S. 8. — Vittori: Die Kalkmörtel und Puzzolane
bei Arbeiten in Seewasser, Ch. Zentr. 1941, I, S. 685. — Parissi u. Cereseto:
Einige Betrachtungen über Kalkpuzzolanmörtel, Ch. Zentr. 1941, I, S. 425. —
Strätling u. zur Straßen: Die Reaktion zwischen gebranntem Kaolin und
Kalk in wäßriger Lösung, Zement 1941, S. 263. — Puzzolane und Puzzolan-
zement, Toni 1941, S. 219. — Awakow: Ziegelmehl als feingemahlener Zu-
schlagstoff zum Zement, Ch. Zentr. 1942, II, S. 1951. — W. Grün: „Steinmehle
als Grundstoffe für Mörtel", Betonsteinztg. 1947, I. — Wittekind, zur
Strassen: „Ziegelmehl: Zuschlag oder Bindemittel", Betonsteinztg. 1947, IV.

tragen soll, vorgeschrieben, da dieser die Höhe der Hydratbildung kennzeichnen soll. Weniger glühverlustreiche Trasse, wie Bergtraß, erhärten mit Kalk aber gleichfalls, wenn auch teilweise erheblich schwächer.

Der Traß-Kalkmörtel, der durch Vermischung von gelöschtem Kalk mit Traß (und Sand) hergestellt wird, erhärtet überaus langsam. Bei diesem Erhärtungsvorgang entsteht aus der Kieselsäure (SiO_2) des Trasses und der Base Kalk (CaO) eine in Wasser schwerlösliche Verbindung nämlich Kalksilikat, das den eingebrachten Kies und Sand zu einem dichten Gefüge verkittet (einige unwichtige Nebenreaktionen sind hier weggelassen, da es sich im Vorliegenden nur um eine Abhandlung zur Weckung des chemischen Verständnisses, nicht aber um ein wissenschaftliches Werk handelt). Der Traß-Kalkmörtel wurde von Intze in erheblichem Umfange zur Erbauung seiner schönen Talsperren verwendet. Er wird heute, da er zu langsam erhärtet, nur noch wenig gebraucht; meist arbeitet man jetzt unter Verwendung von Zement, Kies und Sand, welchem Gemisch man bisweilen noch Traß zur Erhöhung der Elastizität zufügt oder man zieht fabrikmäßig hergestellten Trasszement oder Traßkalk heran.

β) **Hochofenschlacke — Kalk-Mörtel.** Die Hochofenschlacke muß herangezogen werden in wassergranuliertem Zustand. Die Verwendung von Stückschlacke, das ist langsam erkaltete Schlacke, ist zwecklos. Der auf den Hütten erhältliche „Schlackensand" gibt bei Vermischung mit Kalk einen beliebten Mauermörtel, der deshalb besonders gut erhärtet, weil die hydraulischen Eigenschaften der Hochofenschlacke durch den Kalkzusatz „geweckt" werden und der Schlackensand in die Erhärtung eingreift, während ja gewöhnlicher Rheinsand, der nur aus reaktionsunfähiger Kieselsäure (Quarz) besteht, ohne diesbezügliche Wirkung bleibt. In weit höherem Maße reagiert aber die Hochofenschlacke, wenn sie vor dem Zusatz zum Kalk oder Zement fein gemahlen wird. Eine solche mit etwas Gipszusatz vermahlene Hochofenschlacke ist der Thurament, welcher allein für sich nicht erhärtet, bei dessen Anwendung also durch geeignete Silo- und Zuteilungsanlagen Sorge dafür zu tragen ist, daß nicht etwa versehentlich (Nachtarbeit, ungeeignete Belegschaft!) der Zementanteil wegbleibt. Wie alle Hochofenschlacken und wie der Traß benötigt der Thurament nämlich einen Anreger, um die Erhärtung zu erzwingen. Als solchen Anreger verwendet man stets Portlandzement, mit dem zusammen man den Thurament dem Beton zugibt. So entstehen, je nach dem gewählten Verhältnis „Thurament zu Zement" im Bauwerk Eisenportlandzement oder Hochofenzement (S. 51). Die Thuramentanwendung ist also eine auf die Baustelle verlegte Hüttenzementherstellung, wobei allerdings zu beachten ist, daß weder der Hochofenschlackenanteil noch die Portlandzementkomponente so fein gemahlen sind, wie wir dies von den Hüttenzementen kennen. Infolgedessen werden **Abbindewärmeentwicklung und Festigkeiten schwächer** sein. Bei Verwendung von Hochofenschlacke als Bindemittelbestandteil muß ihre chemische Zusammensetzung streng berücksichtigt werden, da nur solche Schlacke, die einen gewissen Gehalt an Kalk hat, gut hydraulisch erhärten kann. Allzu saure Schlacken, also allzu kieselsäurereiche Schlacken, sind reaktionsträge und erhärten deshalb langsam, teilweise so träge wie Traß. Über die Festigkeiten, die erzielt werden können, gibt nachfolgende Kurventafel einen klaren Überblick (Abb. 19).

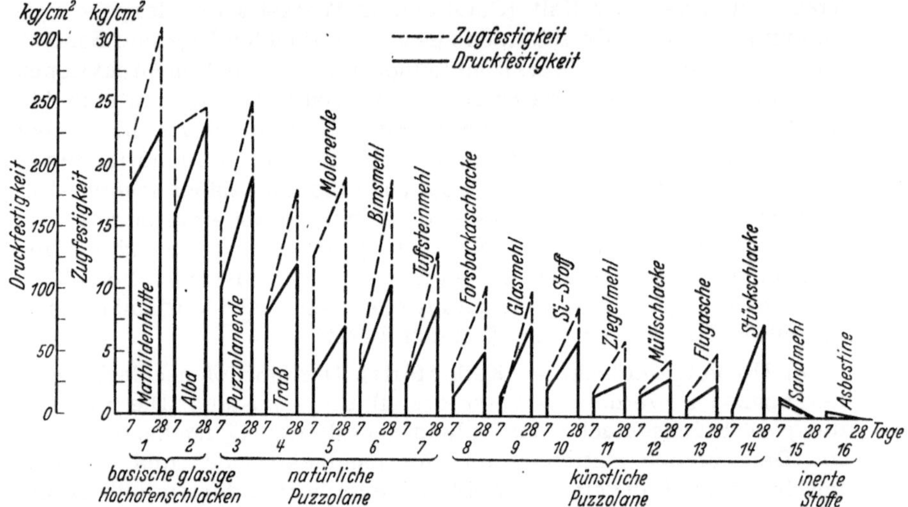

Abb. 19. In der Kurventafel sind die Zugfestigkeiten (punktiert) und in kleinerem Maßstab ($^1/_{10}$) die Druckfestigkeiten (ausgezogen) nach 7 und 28 Tagen eingezeichnet. Die Mörtel waren im Mischungsverhältnis 1 : 3 (Normensand) hergestellt, die Bindemittel aus der betreffenden eingeschriebenen Puzzolane und Kalk: 95 : 5.

Die Zahlen zeigen: Die Hochofenschlacken geben weitaus die höchsten Festigkeiten. Die natürlichen Puzzolane unterscheiden sich stark: Puzzolanerde und Traß erhärten am besten, dann kommt die in Dänemark viel verwendete Molererde, eine Kieselgurart, zuletzt Mehl aus Bimssand und Tuffstein. Wenig Erhärtungsfähigkeit hat die schwedische sehr „saure" Holzkohlenschlacke (Forsbacker) Glasmehl, Ziegelmehl usw. Zum Vergleich verwendete „inerte" Stoffe (Sandmehl, Asbest) erhärten gar nicht.

Es ist möglich, den Kalk und die Puzzolane bereits in der Fabrik zu vermahlen, das Verfahren hat aber für Kalk-Puzzolanzemente geringe Bedeutung. Seit dem Kriegsende hat man die sog. Schlackenzemente aus Hochofenschlacke und Kalk fabrikmäßig hergestellt, ein Verfahren, das aber zugunsten der Hochofenzemente und der Traßzemente, bei welchen nicht Kalk, sondern Portlandzementklinker der Anreger ist, wieder verlassen werden sollte, da die letzteren Zemente ungleich höhere Festigkeiten zu erreichen vermögen [1].

Lösung von Kalkmörtel in Wasser. Aus kalkhaltigem Mörtel vermag, hauptsächlich wenn er porös ist, ein Teil des Kalkes wieder gelöst zu werden, und zwar hauptsächlich von Wasser, welches entweder sehr weich ist, also gar keinen Kalk enthält und deshalb zur Kalkaufnahme neigt oder durch kohlensäurehaltiges Wasser. Der Kalk löst sich hierbei in dem Wasser, welches keine Kohlensäure enthält, zunächst auf, soweit er noch als freier Kalk

---

[1] Feret: Beitrag zum Studium der Schlacken für die Zementindustrie, Ch. Zentr. 1940, I, S. 2694. — Budnikow: Hydraulischer Schlackenanhydritzement, Ch. Zentr. 1942, I, S. 2693. — Lewitess: Die Gewinnung von Mörtel und Beton hoher Festigkeit aus aktivierten Schlacken, Ch. Zentr. 1942, II, S. 2835.

vorliegt, zu Kalkhydrat. Bei Kohlensäuregegenwart bildet sich doppeltkohlensaurer Kalk. Von dieser Bildung wird dann auch derjenige Kalk getroffen, der bereits als kohlensaurer Kalk vorliegt. Die Formel für diesen Vorgang ist folgende (abgekürzt, unter Weglassung des Wassers):

$$CaOCO_2 \quad + \quad CO_2 \quad = \quad CaO(CO_2)_2$$
kohlensaurer Kalk   Kohlensäure (anhydrid)   doppeltkohlensaurer Kalk

oder besser, geschrieben mit dem mitreagierenden Wasser

$$CaCO_3 \quad + \quad H_2CO_3 \quad = \quad Ca\,(HCO_3)_2$$
Kohlensaurer Kalk   Kohlensäure   doppelt kohlensaurer Kalk
(Calciumbarbonat)   (Calciumbicarbonat)

Der doppelkohlensaure Kalk ist in Wasser löslich, und zwar desto mehr, je höher der Druck ist, unter dem das Wasser steht. Bei Aufheben des Druckes zerfällt der doppelt kohlensaure Kalk unter Entweichen der Kohlensäure zu einfach kohlensaurem Kalk (vgl. S. 38). Der kohlensaure Kalk scheidet sich als weißer Belag, der erhebliche Dichte annehmen kann, auf der Mauer ab. Diese Ausblühungen, die häufig als Mauersalpeter bezeichnet werden, mit diesem Salz aber gar nichts zu tun haben, sind an anderer Stelle ausführlich beschrieben (Abb. 11).

4. Hydraulischer Kalk.

Hydraulische Kalke sind solche Kalke, die unter Wasser erhärten und ein Bauwerk geben, welches wasserbeständig ist; sie haben also zementartige Eigenschaften, ohne aber auch nur annähernd die hohe Festigkeit des Zementes zu erreichen. Andererseits stehen sie den Kalken nahe, da sie wesentlich träger erhärten als die Zemente. Es gibt sehr schwach hydraulische Kalke und stark hydraulische Kalke. Die letzteren hat man eine Zeitlang „Zementkalke" genannt. Man ist aber in letzter Zeit von diesem irreführenden Namen abgekommen, und zwar deshalb, weil die Erhärtung, die mit den hydraulischen Kalken erreicht wird, nur verhältnismäßig schwach ist, der Zusatz „Zement" dem Baufachmann aber vortäuscht, daß es sich um ein wie Zement erhärtendes Produkt handelt. Außerdem ist der Name „Zement-Kalk-Mörtel" oder „verlängerter Zementmörtel" schon vorbehalten den Erzeugnissen, die aus Kalk und Zement bestehen. Man verwendet die letzteren gern zum Mauern, da die Verarbeitung von Mauerwerk mit Kalkmörtel allein nur zu träger Erhärtung führt, das Mauerwerk mit verlängertem Zementmörtel aber sehr viel schneller belastet werden kann als Kalkmörtel-Mauerwerk[1].

Die normalen hydraulischen Kalke verdanken ihre Erhärtungsfähigkeit der Tatsache, daß in dem Rohmaterial, das zu ihrem Brennen herangezogen wird, neben dem Hauptbestandteil Kalk (CaO) Kieselsäure und Tonerde vorhanden sind. Man nennt Kieselsäure und Tonerde „Hydraule-Faktoren", d. h. also Faktoren, die das Bindemittel hydraulisch, d. h. für Wasserbauten geeignet machen. Je nach der Menge der Hydraule-Faktoren, die vorhanden sind, ist der Kalk mehr oder weniger stark hydraulisch, d. h. er hat verschieden hohe Widerstandsfähigkeit gegen Wassereinwirkung und gegen Druckbeanspruchung. Die besseren hydraulischen Kalke, die hohe Festigkeiten

---

[1] K n i b b s: Einige chemische Reaktionen und Verbindungen des Kalkes, Toni 1938, S. 125. — S p o h n: Schnellprüfung auf Raumbeständigkeit für hydraulischen Kalk, Toni 1938, S. 501.

erreichen und auch für den Wasserbau geeignet sind, haben demnach viel Kieselsäure und viel Tonerde. Sie stehen also in ihrer chemischen Zusammensetzung zwischen der Kalkecke des Dreistoffsystems (vgl. (S. 58) und zwischen dem Zementfeld. Es gibt auch hydraulische Kalke, die kalkärmer sind als die Portlandzemente, die also ganz besonders viel Hydraule-Faktoren enthalten, so daß der Kalkgehalt auf ungefähr 50 % herabgedrückt ist. Diese Kalke nennt man „Romankalke", früher „Romanzemente". Allen hydraulischen Kalken gemeinsam ist die Tatsache, daß sie beim Brennen nicht gesintert werden, sondern daß man sie bloß unter der Sintergrenze erhitzt; man brennt sie also viel schwächer als Portlandzement. Außerdem wird natürlich das Rohgut, also der Kalkstein, nicht wie bei Portlandzement gemahlen, sondern es wird in Stückform, wie es aus dem Bruch kommt, in den Ofen gebracht. Da in einem Kalksteinbruch naturgemäß je nach den Entstehungsbedingungen des Kalksteins vor Millionen Jahren der Tonerdegehalt und der Kieselsäuregehalt in den einzelnen Schichten oft wechselt, schwanken auch die hydraulischen Kalke meist stark in ihrer chemischen Zusammensetzung, da sie ja nicht durch die Aufbereitung gleichmäßig gemacht werden.

Das Brenngut verhält sich verschieden, je nach der chemischen Zusammensetzung. Solche Kalke, die nur wenig Kieselsäure und Tonerde enthalten, löschen ab, d. h. sie zerfallen bei Zufügung von Wasser unter Wärmeentwicklung, genau wie der gewöhnliche Branntkalk. Sie stehen also diesem nahe. Bei hohem Kieselsäure- und Tonerdegehalt findet nur ein teilweiser Zerfall statt, der meist dann auch langsam vor sich geht. Schwer löschende Kalke werden häufig in Löschsilos zum Zerfall gebracht, indem man das angefeuchtete Material in große Behälter bringt. Dabei entsteht starke Erhitzung, die einen weitergehenden Zerfall des Brenngutes erzwingt als wenn nur bei gewöhnlicher Temperatur gelöscht würde. Stark kieselsäurehaltige Kalke zerfallen mit Wasser überhaupt nicht und müssen nach dem Brennen gemahlen werden (Romankalk).

Außer den oben skizzierten reinen hydraulischen Kalken gibt es noch zahlreiche Mischprodukte von Kalk mit Traß, Hochofenschlacke und Ziegelmehl, oder Mischungen von hydraulischem Kalk mit den genannten Erzeugnissen, mit Rohmehl, also mit ungebranntem, gemahlenem Kalkstein, mit Basaltmehl u. dgl. Die auf diese Weise erzeugten Produkte sind so vielfältig, daß sie im Rahmen dieses Buches nicht besprochen werden können, zumal ungefähr jede Fabrik sich nach ihren Verhältnissen richtet, also bei der Herstellung die chemische Zusammensetzung ihrer Rohstoffe, ihre Brenneinrichtungen und Mühlen berücksichtigt. Wie überaus verschieden die Festigkeit solcher Erzeugnisse ist, geht aus umstehender Abb. 20 hervor[1], die beweist, daß die Festigkeiten von Zementfestigkeit bis herunter zur gewöhnlichen Kalkfestigkeit, also von 50 — 500 (kg/cm^2) Druckfestigkeit schwanken.

---

[1] G r ü n: Unfug mit der Bezeichnung Zementkalk, Toni 1937, Nr. 85.

Eine Einteilungsmöglichkeit geben die neuen, sehr umfangreichen Normen für Baukalk (DIN 1060), die in der Hauptsache folgendes besagen: Natürliche Baukalke (im folgenden Kalk genannt) sind Mörtelbindemittel, die entstehen, wenn kohlensaurer Kalk in seinen verschiedenen Abarten unterhalb der Sintergrenze gebrannt wird.

Kalke werden nach ihrem Gehalt an artbestimmenden Bestandteilen, wozu Erdalkalien (Kalziumoxyd, Magnesiumoxyd) und lösliche saure Bestandteile (Kieselsäure, Tonerde, Eisenoxyd) zu rechnen sind, eingeteilt.

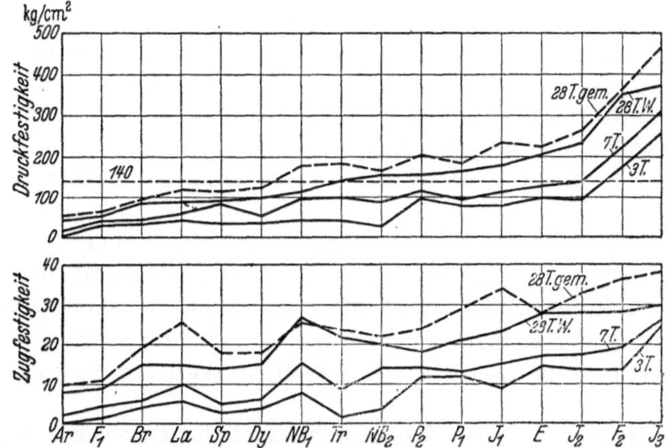

Abb. 20. Normenfestigkeiten verschiedener, unter dem Namen „Zementkalk" verkaufter Bindemittel. Die Kurventafel zeigt die überaus verschieden starke Erhärtungsfähigkeit der einzelnen Erzeugnisse, die von besten Festigkeiten bis zu ganz minderwertiger Qualität schwankt. (Entnahme der Produkte aus dem Handel innerhalb 6 Monaten.)

In erster Linie bedingt die Zusammensetzung der Kalke neben dem Gefüge den Grad des Zerfallens beim Benetzen mit Wasser und ihre Fähigkeit, unter Wasser beständig zu sein und zu erhärten. Hiernach unterscheidet man folgende Kalkarten:

a) Kalke, die an der Luft erhärten: 1. Weißkalk, 2. Dolomitkalk (Graukalk).

b) Kalke, die auch unter Wasser erhärten: 1. Wasserkalk, 2. hydraulischer Kalk (früher Zementkalk genannt), 3. hochhydraulischer Kalk (hydraulischer Kalk höherer Festigkeit und Romankalk).

Weißkalk ist ein Kalk, der, bezogen auf die Summe der artbestimmenden Bestandteile, mindestens 90% CaO enthält. Etwa vorhandener Gehalt an MgO darf 5% nicht überschreiten[1].

Weißkalk löscht je nach der Höhe seines Kalziumoxydgehaltes kräftig und zeigt nach dem Löschen zu Kalkteig weiße oder schwach getönte Färbung.

Dolomitkalk (Graukalk) ist ein Kalk, der, bezogen auf die Summe der artbestimmenden Bestandteile, mindestens 90% CaO + MgO enthält, wobei der Gehalt an MgO mehr als 5% sein muß. Dolomitkalk

---

[1] Hecht, Pulfrich, Hornke: Die Kohlensäure in der Kalkprüfung, Ch. Zentr. 1937, II, S. 2242.

zeigt gegenüber Weißkalk im allgemeinen trägeres Löschverhalten und nach dem Löschen seltener weiße, meist grauweiße oder dunklere Färbung.

Wasserkalk ist ein Kalk, der, bezogen auf die Summe der artbestimmenden Bestandteile, mehr als 10% lösliche saure Bestandteile enthält und eine Mindestfestigkeit von 15 kg/cm² nach 28 Tagen besitzt. Wasserkalk mit mehr als 5% MgO erhält den Zusatz „dolomitisch".

Wasserkalk löscht träge, zerfällt vollständig zu Pulver und ist bei sachgemäßer Behandlung wasserbeständig.

Hydraulischer Kalk ist ein Kalk, der, bezogen auf die Summe der artbestimmenden Bestandteile, mindestens 15% lösliche saure Bestandteile enthält, unter Wasser erhärtet und seine Mindestfestigkeit von 40 kg/cm² nach 28 Tagen hat.

Natürlicher hydraulischer Kalk zerfällt bei Zusatz von Wasser nur teilweise.

Künstlicher hydraulischer Kalk ist ein Erzeugnis auch anderer Entstehung, das in der Hauptsache aus unterhalb der Sintergrenze gebranntem Kalk besteht und ebenfalls unter Wasser erhärtet.

Hochhydraulischer Kalk unterscheidet sich vom hydraulischen Kalk lediglich durch die höhere Mindestfestigkeit von 80 kg/cm² nach 28 Tagen.

Zum hochhydraulischen Kalk rechnet auch der Romankalk mit gleicher Mindestfestigkeit. Romankalk ist ein Kalk, der aus silikatreichem Kalkstein gewonnen wird. Er zerfällt nicht bei Zusatz von Wasser und wird daher nur gemahlen geliefert.

Wichtig ist für den Verbraucher, daß der Sack die Bezeichnung „gelöscht" oder „ungelöscht" tragen muß.

Gekennzeichnet sind

Wasserkalke mit	1 schwarzen Streifen,
Hydraulische Kalke mit	2 schwarzen Streifen,
Romankalke mit	3 schwarzen Streifen.

Die Festigkeiten (1 Gewichtsteil Kalkpulver, 3 Teile Normensand) betragen bei Lagerung an feuchter Luft nach 28 Tagen:

	Zug	Druck	
Wasserkalk	3	15	kg/cm²
Hydraulischer Kalk	5	40	„
Hochhydraulischer Kalk	9	80	„
Normenzement	25	300	kg/cm²

Weit in der überwiegenden Mehrzahl sind diejenigen hydraulischen Kalke, die geringe Festigkeiten haben; hohe Festigkeiten hydraulischer Kalke sind verhältnismäßig selten.

5. Schlackenbinder.

Die hydraulischen Bindemittel werden je nach den nach 28 Tagen unter Wasserlagerung erreichten Festigkeiten eingeteilt und zwar in

1. Zemente, welche 225, 325 oder 425 kg/cm² Mindestdruckfestigkeit erreichen,

2. Mischbinder, welche 150 kg/cm² und

3. hydraulische Kalke, welche nur ungeordnete Festigkeiten wie die Kalke erreichen, die jedoch unter Wasser erhärten (80 kg/cm²).

Die Mischbinder[1] sollen die Lücke zwischen den Zementen und den Kalken schließen, denn nicht für alle Bauelemente sind hohe Druckfestigkeiten erforderlich oder auch nur erwünscht. Sie bestehen aus Hochofenschlacke, welcher nur etwa halb so viel Portlandzementklinker zugesetzt ist, wie zur Herstellung des Hochofenzementes verwendet wird.

Als Anreger lassen sich auch Portlandzementklinker, Weißkalk und Gips oder Gemische aus diesen Stoffen verwenden. Der Klinkergehalt sowie der Gehalt an Weißkalk oder Dolomitkalk soll 30 % und der an Gips 6 % nicht überschreiten.

Die Anregung von Hochofenschlacke zur hydraulischen Erhärtung durch Zusatz von Kalk in gelöschter oder ungelöschter Form ist weniger günstig als die Anregung mit Portlandzementklinker, denn der Kalk greift an sich nicht wesentlich in die Erhärtung ein, während Portlandzementklinker den zur Anregung notwendigen Kalk abspaltet und selbst noch eine wesentliche hydraulische Erhärtung eingeht. Außerdem fördert der Portlandzementklinker wesentlich die Anfangserhärtung. Aggressiven Wässern gegenüber sind die Klinkerschlackenzemente wesentlich beständiger als Kalkschlackenzemente und außerdem zeigen die Klinkerschlackenzemente größere Lagerbeständigkeit, da der Kalk in den Kalkschlackenzementen beim Lagern sich mit der Kohlensäure der Luft umsetzt und dadurch keinerlei Anregung der Hochofenschlacke mehr hervorrufen kann. Der Mischbinder ist nach der DIN-Vornorm 4207 genormt und darf zur Herstellung von unbewehrtem Beton verwendet werden. Es läßt sich ohne weiteres aus ihm ein B 120, also ein Beton, welcher 120 kg/cm² nach 28 Tagen aufweist, herstellen. Ein Nachteil des Mischbinders ist die längere Abbindezeit. Im Gegensatz zu den Mischbindern ist der Schlackenbinder nicht genormt. Dieser wird aus glasiger Hochofenschlacke, wie Hüttenzement und Mischbinder hergestellt und erhält einen alkalischen Anreger. Wird dem Schlackensand gebrannter oder gelöschter Kalk als Anreger zugemahlen, so zeigt sich, daß das hergestellte Bindemittel Festigkeiten von rund 100 kg/cm² nach 28 Tagen Wasserlagerung erreicht. Da bei Zusatz von ungelöschtem Kalk als Anreger leicht Treibneigung offensichtlich wird, ist die Herstellung eines hydraulischen Bindemittels, also eines Schlackenbinders, unter Zusatz von gelöschtem Kalk vorteilhafter. Es empfiehlt sich, gleichzeitig Calciumsulfat oder Natriumsulfat bis zu 1 % zuzusetzen, bei einem Kalkgehalt von

---

[1] Graf O.: Versuche mit Mischbindern (Fortschritte und Forschung im Bauwesen) 1942, Reihe A, Seite 15/31. — Graf O.: Die Baustoffe, ihre Eigenschaften und ihre Beurteilung, Verlag Wittwer, Stuttgart 1947. — Grün R.: Über Mischbinder, Zement 31, 1942, S. 1—8. — Keil F.: Alte und neue Bindemittel aus Hochofenschlacke, Stahl u. Eisen 66/67, 1947.

10—20 %. Verwendet man einen hydraulischen Kalk zur Anregung, so geht man zweckmäßigerweise mit dem Zusatz bis zu 30 %. Da sich die Hochofenschlacken den Kalkzusätzen gegenüber nie einheitlich zeigen, sind auch die Schlackenbinder ein relativ ungleichmäßiges Erzeugnis. Außerdem werden die Schlackenbinder im allgemeinen in Anlagen hergestellt, die zur Gewährleistung eines regelmäßigen Erzeugnisses unzureichend sind.

Damit die Schlackenbinder, welche meist in losem Zustand in den Handel kommen, nicht mit Zement verwechselt werden können, färbt man sie rot. Ihre Verwendung zu Stahlbetonbauten ist verboten. Ohne Färbung ist Schlackenbinder auch vom Fachmann nicht ohne weiteres vom Zement zu unterscheiden. Während Mischbinder, wird er zu Stahlbetonbau verwendet, im allgemeinen noch so hohe Druckfestigkeiten aufweist, daß nicht gerade Bauunglücke passieren, wird Schlackenbinder nur zu leicht erhebliche Bauschäden herbeiführen.

6. Mischbinder [1].

Eine Zwischenstufe zwischen hydraulischem Kalk und den Normenzementen stellen die Mischbinder dar. Wie der Name andeutet, handelt es sich bei ihnen um aus verschiedenen Komponenten gemischte Erzeugnisse, die geschaffen wurden, um einerseits die hohen hydraulischen Eigenschaften mancher Puzzolane, besonders der Hochofenschlacke, auszunutzen, andererseits zementähnliche Bindemittel zu schaffen, die bei geringstem Kohleaufwand bei der Herstellung doch noch als Mörtel und Betonbestandteil verwendbar sind.

In der Festigkeit bleiben die Mischbinder hinter den Normenzementen zurück (Tab. 3), übertreffen aber die meisten hydraulischen Kalke. Folgende Zusammenstellung gibt einen Anhalt darüber, was von den einzelnen Bindemitteln zu erwarten ist.

Tabelle 3.

	Biegefestigkeit Tg			Prismendruckfestigkeit Tg			
	3	7	28	3	7	·28	
Mischbinder		15	35		75	150	
Normenzemente:							
Z 225	(18)	25	50	(90)	110	225	
hochw. Z 325	30	40	60	150	225	325	
höchstw. Z 425	50	60	70	300	360	425	

Die eingeklammerten Zahlen sind bei einem guten Erzeugnis im besten Falle zu erwartende Werte und haben keine maßgebliche Bedeutung. In den Normen sind sie nicht enthalten.

---

[1] M a u n e: Kalk statt Zement, Toni 1938, S. 985. — B a r t a: Künstliche hydraulische Kalke, Ch. Zentr. 1938, II, S. 3443. — K r o n s b e i n: Hydraulischer Kalk als Bindemittel für Beton, Toni 1941, S. 445. — H a e g e r m a n n: Über den Einfluß der Lagerungsverhältnisse auf die Festigkeit bei Kalkmörtel, Ch. Zentr. 1942, I, S. 324. — G o s l i c h: Vorlöschen bei der Baukalkprüfung, Ch. Zentr. 1942, I, S. 2813. — G r a f: Über Versuche mit Mischbindern, Fofoba Reihe A, Heft 2. — Richtlinien für die Verwendung von Mischbindern, Zement 1943, S. 116.

c) Herstellung von Zement[1].

Auch hier wieder sei zunächst der Rohstoff, also der verarbeitete Zement besprochen und später die Besprechung des verarbeiteten Zements, des Mörtels und Betons angefügt.

Chemisch gesehen sind alle Zemente Salze der Kieselsäure und Tonerde mit Kalk, also Calciumaluminate und Calciumsilikate, in welchen noch Eisenoxyd und andere Oxyde vorhanden sind, die wohl die Eigenschaften beeinflussen können, aber für den chemischen Aufbau im großen gesehen nicht von ausschlaggebender Wichtigkeit sind. Manchen Zementen, wie Traßzement oder Hüttenzement, sind noch Puzzolane zugemahlen, welche die Aufgabe haben, den aus dem Portlandzement beim Zusatz des Anmachwassers abgespaltenen Kalk aufzunehmen und gleichzeitig, wie beispielsweise Hochofenschlacke, selbst zu erhärten und so bei gleichzeitiger Herabsetzung des Kalkgehalts zur Erreichung der gewünschten Festigkeit beizutragen. Diese Festigkeit, also das Erstarren und Erhärten, wird dadurch hervorgerufen, daß die feingemahlenen Silikate Wasser aufnehmen, sich also hydratisieren, wobei sich neue Salze bilden, die während der Bildung gesteinsartig erhärten. Neben diesen Hauptreaktionen her laufen noch andere Nebenreaktionen, wie z. B. die Abspaltung von Kalkhydrat („freier Kalk"), die aber für den Erhärtungsvorgang selbst bedeutungslos sind. Beim Tonerdezement entstehen die gegen Wärme empfindlichen, aber sulfatbeständigen Aluminate, bei den Normenzementen mehr die wärmeunempfindlichen Silikate.

Normenzemente[2]. Die wichtigsten Zemente sind die Normenzemente. Vor dem Kriege wurden in Deutschland jährlich ungefähr 18 Mill. t Normenzement erzeugt, von welchem ungefähr 15 Mill. auf Portlandzement, die restlichen 3 Mill. auf Hüttenzement entfielen. Außerdem wurden noch geringe Mengen Traßzement und Tonerdezement hergestellt. Für die Beurteilung der Normenzemente maßgebend sind die deutschen Normen, die zusammengefaßt sind für Portlandzement, Eisenportlandzement und Hochofenzement. Für Tonerdezement bestehen keine Normen. Die für Traßzement eingeführten Normen verlangen für dieses, hauptsächlich für Wasserbauten geeignete Bindemittel, gleiche Festigkeiten wie diejenigen, die für die Normenzemente vorgeschrieben sind und beschränken den Traßzusatz für Regeltraßzement auf 30 %.

Der Name Portlandzement stammt daher, daß der erste Erfinder des Zementes, ein Maurer Aspdin in Südengland, in seiner Patentschrift aussagt, er habe ein Bindemittel erfunden, welches zu einer solchen Festigkeit erhärtet, wie der Portlandstein sie aufweist. Dieser Portlandstein, der in der Heimat Aspdins vorkommt und dort als

---

[1] Platzmann: Fortschritte der Zementforschung. — Dorsch, E.: Chemie der Zemente. (Chemie der hydraulischen Bindemittel.)

[2] Dreyer: Grundsätzliche Fragen zur Aufstellung und Nutzanwendung von Prüfnormen, Zement 1940, S. 223. — Grün u. Obenauer: Über die Eigenschaften von Deckenzementen und Beziehungen zwischen alten und neuen Normen, Zement 1943, S. 101.

Bruchstein zur Errichtung von Mauern u. dgl. Verwendung findet, hat chemisch mit dem Portlandzement nichts zu tun. Aspdin wollte in seiner Namengebung bloß zum Ausdruck bringen, daß sein Erzeugnis zu einer solchen Festigkeit erhärtet, wie sie der als Baumaterial jedem in seiner Heimat bekannte Stein aufweist. In Deutschland hat man den Namen von dem ursprünglich nur aus England importierten, aber sehr begehrten Zement übernommen, um damit die Gleichartigkeit des Inlanderzeugnisses mit der beliebten Importware darzutun. Portlandzemente bestehen aus feingemahlenem Portlandzementklinker (über Portlandzementklinker siehe Seite 53 u. f.).

Die Hüttenzemente verdanken ihren Namen dem Umstand, daß sie aus Mischungen von Portlandzement mit Hochofenschlacke, die bei der Verhüttung von Eisenerz entfällt, bestehen. Es gibt zwei Arten von Hüttenzement, nämlich: Eisenportlandzement und Hochofenzement. Eisenportlandzement enthält mindestens 70% Portlandzementklinker, einige Prozent Gips, Rest Hochofenschlacke, er steht also dem Portlandzement nahe. Bei Hochofenzement ist der Hochofenschlackenanteil überwiegend, denn für diesen ist ein Mindestgehalt von 15% Klinker vorgeschrieben, die Klinkerhöhe aber dadurch nach oben begrenzt, daß in den Normen ein Kalkgehalt von höchstens 55% gestattet ist. Diese Beschränkung ist gegeben, um zu erreichen, daß der Hochofenzement ein kalkarmer Zement mit allen Eigenschaften dieser Zemente — hohe Salzwasserbeständigkeit und geringe Abbindewärme — bleibt.

Die Rohstoffe. Die Rohstoffe für den Portlandzement sind Kalkmergel oder andere Gesteinsarten, die Kalk, Kieselsäure und Tonerde gleichzeitig enthalten, beispielsweise Kalkstein und Ton. In allen diesen genannten kalkhaltigen Rohstoffen ist der Kalk stets gebunden an Kohlensäure als kohlensaurer Kalk. Beim Brennvorgang entweicht diese Kohlensäure. Eine untergeordnete Herstellungsweise ist diejenige aus Gips (schwefelsaurem Kalk), welche zu einem ausgezeichneten Portlandzement führt, die aber infolge ihrer Kostspieligkeit geringe Bedeutung hat. Naturgemäß entweicht bei dieser Herstellungsweise — an Stelle der Kohlensäure, die beim normalen Verfahren ausgetrieben wird — die Schwefelsäure des Gipses, die dann in der chemischen Industrie verwendet wird.

Die Kalkmergel kommen in der Natur bisweilen in derjenigen chemischen Zusammensetzung vor, die notwendig ist zur Erzeugung des fertigen Portlandzementes. Man kann sie dann ohne Zerkleinerung brennen, das Erzeugnis heißt Naturzement. Meist sind aber die Mergel nicht so zusammengesetzt, wie man dies für den fertigen Zement wünscht, sondern sie sind je nach den Bedingungen, unter denen sie entstanden sind, mehr oder weniger tonhaltig, ihre Zusammensetzung in bezug auf Kalk-, Tonerde- und Kieselsäureanteil schwankt also oft in weiten Grenzen. Um die richtige, stets gleichmäßige Zusammensetzung zu bekommen, muß man dann Mergel verschiedener Zusammensetzung mahlen und mischen, so daß das „Rohmehl" vor dem Brennen diejenige Zusammensetzung hat, welche man für das fertige Erzeugnis wünscht. Aus diesem Grunde ist auch in der Begriffserklärung für Portlandzement verlangt, daß die Rohstoffe, also die Mergel und Kalksteine, vor dem Brennen fein zerkleinert und innig gemischt werden. Bei guter Aufbereitung sind die Portlandzemente infolge dieser Mischung, durch die man jedes Schwanken des Rohmaterials in bezug auf seine chemische Zusammensetzung auszugleichen vermag, sehr gleichmäßig in ihrer chemischen Analyse.

Der Brennvorgang wird soweit getrieben, daß das Brennerzeugnis stark gesintert ist. Dieses stark gesinterte Erzeugnis nennt man Klinker. Er besteht, wenn er im Drehofen gebrannt wurde, aus kugeligen Gebilden, welche sehr hart sind und bei guter Zusammensetzung viele Jahre an der Luft lagern können, ohne zu zerfallen. Der eigentliche Grundbestandteil des Klinkers ist das Tricalciumsilikat (3 CaO SiO$_2$). Daneben sind aber auch noch Bicalciumsilikat (2 CaO · SiO$_2$), Brownmillerit und Aluminate in der glasigen Grundmasse vorhanden. Am schnellsten hydratisieren sich beim Anmachen mit Wasser die Aluminate. Aus diesem Grunde haben hoch tonerdehaltige Portlandzemente meist eine kürzere Abbindezeit. Den erbrannten Klinker mahlt man dann unter Zusatz von 2—3 % Gips, der regulierend auf die Abbindezeit wirkt, zum fertigen „Portlandzement". Für die Herstellung der „Hüttenzemente" nimmt man an Stelle des aus dem Boden gewonnenen Kalkmergels die bei der Eisenerzeugung gewonnene Hochofenschlacke, da diese ja die gleichen wichtigen Oxyde wie Kalkmergel, nämlich Kalk, Kieselsäure und Tonerde enthält, und vermahlt sie mit Kalkstein zu Rohmehl, das zu Klinker gebrannt wird. Der so entstandene Portlandzementanteil wird dann mit Hochofenschlacke, die schnell gekühlt sein muß (da sie sonst nicht hydraulisch erhärtet), in wechselnden Prozentverhältnissen fein vermahlen.

		Klinker	Hochofenschlacke
	Portlandzement	100 %	0 %
Es bestehen:	Eisenportlandzement aus etwa	70 %	30 %
	Hochofenzement aus etwa	30 %	70 %

Dazu kommen jeweils etwa 3 % Gipsstein in jedem Zement zur Regelung der Abbindezeit[1].

Eine Abart der Normenzemente sind die Erzzemente, die gleichfalls als Normenzemente anzusehen sind. In ihnen wird die Tonerde völlig durch Eisenoxyd ersetzt und dadurch die Salzwasserbeständigkeit erhöht, da nach Untersuchungen von Michaelis die Tonerde den Ausgangspunkt für die Sulfatzerstörung bildet. Die Erzzemente haben trotz hoher Salzwasserbeständigkeit einen Nachteil, sie erhärten nur sehr langsam und haben geringe Anfangsfestigkeiten, obgleich ihre Endfestigkeiten befriedigend sind. Um diesen Nachteil auszugleichen, mischt man sie häufig mit Portlandzement. Kühl hat ein Zwischending zwischen Erzzement und Portlandzement geschaffen. Diese sogenannten „Kühl-Zemente", das sind Zemente mit sehr hohem Eisengehalt, die aber noch Tonerde enthalten. Der aus ihnen hergestellte Klinker sintert bei verhältnismäßig niedrigen Temperaturen, bietet also dem Hersteller gewisse Vorteile, aber auch dem Verbraucher, da seine Salzwasserbeständigkeit beträchtlich ist.

Traßzement ist eine durch fabrikmäßige Vermahlung hergestellte Mischung von Portlandzementklinker und Normentraß, und zwar gibt es Mischungen von 30 % Traß und 70 % Portlandzement und 40 % Traß und 60 % Portlandzement. Der meist hergestellte Traß-

---

[1] Merz: Schnellverfahren für Silikatanalysen, Zement 1942, S. 197. — Gille: Verfahren zur Bestimmung des Alkaligehaltes im Zement, Zement 1942, S. 207. — Illiminskaja: Schnellbestimmung von Aluminiumoxyd in Tonerde und Aluminiumsilikatzementen, Ch. Zentr. 1942, I, S. 915. — Steopoe: Über die Schnellbestimmung der Kieselsäure im Portlandzement, Ch. Zentr. 1942, I, S. 527. — Williams: Bestimmung von Schwefeltrioxyd im Zement, Zement 1937, S. 75. — Rudy: Die Bestimmung des SO$_3$-Gehaltes im Portlandzement mit einem Trübungsmesser, Zement 1937, S. 317. — Watanabe: Volumetrische Bestimmung von SO$_3$ in Portlandzement, Zement 1939, S. 417.

zement ist der mit 30 % Traß, den man „Regeltraßzement" nennt. Der Traß ist bekanntlich eine Puzzolane, die allein nicht erhärtet (vgl. auch unter Puzzolane, (S. 42).

Tonerdezement hat seinen Namen wegen seines verhältnismäßig hohen Tongehalts von ungefähr 40 %. Er wird in gleicher Weise wie Hochofenschlacke im Hochofen erschmolzen, wobei als Nebenprodukt Eisen entsteht. Während der Portlandzement auf Bildung wasserreicher, also hydratisierter Kalksilikate beruht, sind beim Tonerdezement Kalkaluminate die Träger der Erhärtung.

Tonerdezement zeichnet sich durch sehr hohe Anfangsfestigkeit, starke Wärmeentwicklung beim Abbinden und erhebliche Beständigkeit in manchen (nicht in allen) Salzwässern aus. Die Salzwasserbeständigkeit von Tonerdezement ist schon angezweifelt worden, vor allen Dingen anhand eines Falles, bei welchem ein Großbauwerk im Industriegebiet in angeblich aggressivem Wasser nach wenigen Monaten starke Zerstörungserscheinungen zeigte und teilweise zugrundeging[1]. Die in der genannten Veröffentlichung berichteten Zerstörungserscheinungen wurden im Laboratorium in Stuttgart nachgeprüft und auch dort festgestellt, daß aus dem betreffenden Tonerdezement hergestellte Prismen sehr schnell durch Rißbildung und Abblätterung zerstört wurden. Die gefundenen Zahlen sind übersichtlich zusammengestellt in folgender Tabelle:

Tabelle 4.

	Vor Einlagerung	Baustellenwasser	
		4 Monate unterer Teil	oberer Teil
Tonerdezement Alca	247	71	81
Portlandzement Dyckerhoff-Doppel	120	262	178
Hochofenzement	75	183	173

Im Baustellenwasser zeigen die Normalzemente Nacherhärtung. Starke Abfälle dagegen der Tonerdezement. In Kontroll-Lösungen (Tab. 5) nämlich in Leitungswasser, Magnesiumsulfat und Grundwasser geht im Mischungsverhältnis 1 : 10 der Tonerdezement völlig zugrunde, während er im Mischungsverhältnis 1 : 3 aushält.

Tabelle 5.

	Mischungsverhältnis	Vor dem Einsetzen	Leitungswasser nach 5 Monaten	Mg SO₄	Grundwasser
Alca-Zement	1 : 3	726	878 gut	212	183 kg/cm²
	1 : 6	253	221 Risse	102 weißes Aussehen	84 „
	1 x : 10	82	52 Risse	98 weich	42 Auflockerung

---

[1] Väth: Schutz von Eisenbetonbauwerken gegen aggressive Wässer, Toni 1936, S. 1010 ff.

Aus dieser Tatsache ergibt sich, daß es sich nicht um eine Salzwasserzerstörung handelt, sondern um ein Zugrundegehen des Betons als solchen ohne spezielle Einwirkung des Wassers. Entweder ist der Zuschlag oder der Zement ein Fehlerzeugnis gewesen. Leider fehlen bei der Untersuchung die chemischen und mineralogischen Angaben (Analyse und mikroskopische Untersuchung des Zementes und der Betone), sodaß der Fall als ungeklärt betrachtet werden muß, zweifellos aber nicht als ein nachgewiesenes Versagen eines Tonerdezementes infolge Aggressivität des Wassers betrachtet werden kann. Nicht die unbekannten aggressiven Bestandteile des Wassers haben die Zerstörung herbeigeführt, sondern der Beton als solcher ging infolge falschen chemischen oder physikalischen Aufbaues zugrunde.

Gipsschlackenzement [1] wird, wie der Name sagt, aus Gips und Hochofenschlacke hergestellt. Man macht sich hier die sulfatische Anregung zunutze und zwar entweder Stuckgips, Estrichgips oder Anhydrit. Als günstigste Zusätze scheinen 12—14 % Calciumsulfat ($CaSO_4$) bei gleichzeitigem Zusatz von etwa 1 % gelöschtem oder ungelöschtem Kalk bzw. 2 % Portlandzementklinker. Der Zusatz von Kalk kann entfallen, wenn der Gips hochgebrannt war, denn durch höhere Temperaturen gehen schon geringe Teile des Gipses ($CaSO_4$) zu Calciumoxyd (CaO) unter Abspaltung von Schwefeltrioxyd (SO_3) über. Es ist eine große Anzahl von Brennverfahren zur Herstellung des Gipses, der zu Gipsschlackenzement verwendet werden soll, bekannt. Auch der Brand von Anydrit unter Zusatz von gebranntem Kalk Dolomit ist mit viel Erfolg angewandt worden. Vielfach wird der Zement mit der Schlacke gemeinsam vermahlen, wie bei den belgischen Zementen „Sealithor" und „Bellor" oder die französischen Gipsschlackenzemente „Supercilor" und „Cilor". Nach den anderen Verfahren wird getrennte Vermahlung empfohlen. Es ist notwendig, tonerdereiche Schlacken zur Herstellung von Gipsschlackenzementen zu verwenden. Diese tonerdereichen Schlacken aber gibt es nur dort, wo tonerdereiche Minette verhüttet wird. Dieses ist der Grund dafür, daß Gipsschlackenzement sich vor allem in Belgien und Frankreich durchgesetzt hat, denn hier kommt Minette in großen Lagern in der Natur

---

[1] Supercimar S. A. in Genf (Schweiz): Verfahren zur Herstellung eines schnell erhärtenden Schlackenzementes. DRP 498 202 (1926). — Einfluß verschiedener Gipsmodifikationen auf Schlackenportlandzement. Zement (russisch) 1936, Heft 7, S. 34/40. — Werner, H.: Verfahren zur Herstellung von Gipsschlackenzementen. Patentanmeldung G 101245, Kl. 80 bm Gr. 5/03, vom 30. Januar 1940. — Gehler, W.: Die Bedeutung des Lossierschen Expansiv-(Quell-)Zements. Technik 1 (1946), S. 87/89. — Hummel, A., u. Charisius, K.: Bindemittel im Bauwesen. Neue Bauwelt 1 (1946), S. 225/37. — Grün, R.: Herstellung von Schlackenzement. Zement 1926, Nr. 52, S. 952. — Grün, R.: Einfluß des Tonerdegehaltes auf die hydraulischen Eigenschaften der Hochofenschlacke. Ausschuß für die Verwertung von Hochofenschlacke 1926. — Grün, R.: Gips als Anreger in Hochofenschlackenzementen. Tonindustriegtg. 1939, Nr. 91/92.

vor. Neuerdings sind aber auch tonerdearme Schlacken bekannt geworden, die sulfatischer Anregung zugängig waren.

Die Herstellung von Gipsschlackenzement ist noch nicht in die letzten Einzelheiten ausgearbeitet, so daß noch mit relativ vielen Unsicherheitsfaktoren gerechnet werden muß. Ein Nachteil des Betons, der mit Gipsschlackenzement als Bindemittel hergestellt worden ist, erscheint in der Neigung abzusanden, vor allem dort, wo auch nur die geringste Austrocknung an der Oberfläche erfolgt. Durch Zusatz von sehr geringen Mengen Klinker läßt sich ein sogenannter Quell- oder Schwellzement herstellen. Der Klinkergehalt muß bloß so niedrig gehalten werden, daß der Beton nicht zertrieben wird. Durch die gleichzeitige Anwesenheit von größeren Mengen Gips und geringen Mengen Portlandzementklinker dehnt sich der Zement aus, eine Tatsache, welche auf eingebrachte Stahlbewehrung streckend wirkt, womit eine Vorspannung des Stahles einhergeht. Die Herstellung dieser Schwellzemente stößt auf sehr große Schwierigkeiten, da die genauen inneren Zusammenhänge der Erhärtung des Gipsschlackenzementes noch nicht bekannt sind. Es besteht also bei den Schwellzementen immer die Gefahr von Treibungen und weiterhin die Möglichkeit, daß die Haftfestigkeit zwischen Beton und Eisen nicht ausreicht, vor allem deshalb, da der Beton bei der Quellung noch relativ frisch ist.

Der wesentlichste Vorteil der Gipsschlackenzemente ist der geringe Energiebedarf bei seiner Herstellung, denn bei Zumahlung von Anhydrit, welcher nur gemahlen werden braucht, ist keine Brennenergie notwendig und man bedarf nur der Kraft zum Antreiben von Mühlen. Ein weiterer Vorteil ist die Widerstandsfähigkeit gegen aggressive Einflüsse und die geringe Abbindewärme zur Herstellung von Massenbetonbauten. Die Festigkeiten, welche mit Gipsschlackenzementen erreicht werden, sind zum Teil außerordentlich groß (siehe Zahlentafel 6).

Tabelle 6. Festigkeiten von Gipsschlackenzementen.

| | Rückstand auf dem 10000 Maschen-Sieb % | Alte Normendruckfestigkeit | | | | Neue Normenprüfung | | | |
| | | | | | | Biege-festigkeit | | Druck-festigkeit | |
		3 W	7 W	28 W	28 gem.	7 W	28 W	7 W	28 W
Sealithor 14238	2,0	489	658	784	848	34	92	428	561
Sealithor 22238	2,2	443	670	863	913	—	—	—	—
Sealithor 9138	1,5	294	590	803	897	55	71	331	487
Unterwellenborn	(1-5)+)	325	419	551	—	66	68	333	418
Cim. mét 19138	15,9	228	348	454	502	51	75	228	401
Königsmachern hw.	20,9	197	290	471	407	—	—	—	—
Königsmachern	20,8	279	391	497	538	—	—	—	—

1. Chemische Zusammensetzung.

Das Dreistoffsystem Kalk — Kieselsäure — Tonerde.

Die chemische Verschiedenheit der einzelnen hydraulisch erhärtenden Stoffe und sonstigen Baumaterialien ist sehr schwer zu über-

Tabelle 7.

Chemische Zusammensetzung von Portlandzement, Hochofenzement, Traß, Kalk usw. nach dem Kalkgehalt geordnet.

	Hydr. Kalk	PZ	Erz. Zt	EPZ	HOZ	Rom. Zt.	HOS bas.	TOZ	HOS- sauer	Rhein. Traß
Unlösliches	3,5	—	—	—	—	7,2	—	—	—	40,3
Kieselsäure SiO₂ .	12,1	22,0	22,7	24,5	26,4	24,4	31,6	9,6	45,3	30,1
Tonerde Al₂O₃ . .	4,4	7,3	4,4	7,0	11,4	9,7	15,8	47,6	18,7	13 7
Eisenoxyd Fe₂O₃ . .	2,5	3,3	6,2	2,3	—	3,9	—	1,2	—	4,2
Eisenoxydul FeO .	—	—	—	—	1,8	—	0,8	—	1,8	—
Manganoxyd MnO .	Sp.	0,1	0,1	0,4	0,3	Sp.	0,5	0,3	0,7	0,2
Kalkerde CaO . .	75,7	64,0	62,5	59,0	51,1	49,1	43,7	37,7	27,8	3,9
Magnesia MgO . .	1,2	1,4	1,0	2,0	3,1	3,3	3,3	0,9	3,6	1,3
Calciumsulfid CaS .	0,2	—	—	1,4	2,6	—	4,1	1,8	1,0	—
Gips CaSO₄	0,4	1,9	3,1	3,4	3,3	3,4	0,2	0,9	Sp.	0,2
Rest	—	—	—	—	—	—	—	—	1,1	6,1
Summe	100,0	100,0	100,0	100,0	100,0	100,0	100,0	100,0	100,0	100,0

sehen, da sehr viel Analysen in Betracht kommen. Die chemische Zusammensetzung einiger Bindemittel, wie hydraulischer Kalk, Portlandzement, Tonerdezement, Traß usw. ist in Tab. 7 zusammengestellt. Diese kleine Zusammentsellung zeigt die überaus große Verschiedenheit, die bei den einzelnen Zementen und Puzzolanen im Kalkgehalt von ungefähr 4 bis 75⁰/₀ schwankt. Eine einigermaßen sichere Orientierung und ein tiefergehendes Verständnis ist deshalb nur mit der graphischen Darstellung der Analysen in der Ebene möglich, mit der sich auch der Nichtchemiker etwas beschäftigen muß, wenn er einen schnellen und klaren Überblick über die chemischen Verhältnisse bekommen will. Diese graphische Darstellung — das Dreistoffsystem (vgl. Abb. 21), so genannt, weil man stets nur die drei Hauptstoffe Kalk, Kieselsäure, Tonerde (CaO, SiO₂, Al₂O₃) darstellt — wird gebildet von einem gleichseitigen Dreieck. Die Seiten dieses Dreiecks sind in 100 unterteilt, da man ja eine Analyse auf 100 berechnet. An den Ecken liegen nun die Punkte für diejenigen Stoffe, die aus 100⁰/₀ einer der drei Komponenten zusammengesetzt sind, also Kalk, Kieselsäure und Tonerde. Man hat die Gewohnheit, Kalk an die linke Ecke, Kieselsäure an die obere Spitze und Tonerde an die rechte Ecke zu setzen. Auf diese Weise entstehen zunächst drei Zweistoffsysteme, nämlich die 3 Seiten des Dreiecks: die Zweistoffsysteme „Kalk — Kieselsäure", „Kalk — Tonerde" und „Tonerde — Kieselsäure[1]. Es liegen nun auf diesen drei Seiten des Dreiecks jeweils die Kalksilikate, die Kalkaluminate und die Aluminiumsilikate. Im Dreistoffsystem, also im Innern

---

[1] Schnellverfahren zur Bestimmung des freien Kalkes im Zementklinker, Toni 1939, S. 184. — Alexandrow: Die Bedeutung der Flußmittel beim Brennen der Gemische zur Gewinnung von PZ-Klinker, Ch. Zentr. 1937, II, S. 2053. — Schwiete u. z. Strassen: Über die Eigenschaften magnesiareicher Zemente, Zement 1936, S. 843. — Yamauchi, T.: Meta-Alit, Zement 1937, S. 778. — Hay R. (Ref., White J. u. Caulfield Th.: Das Dreistoffsystem FeO-Al₂O₃-SiO₂, Zement 1938, S. 367. — Milton, D., Burdick: Untersuchungen im System Kalk-Eisenoxyd-Kieselsäure, Ch. Zentr. 1942, I, S. 791.

des Dreiecks, befinden sich die Punkte für diejenigen Verbindungen,
welche aus drei Stoffen bestehen; benachbart sind miteinander ver-

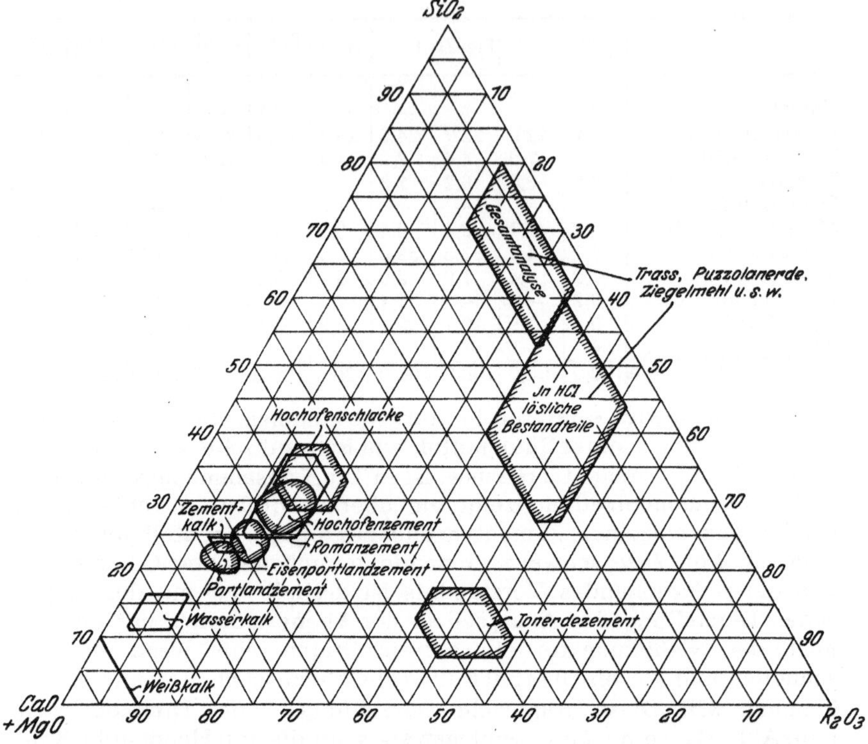

Abb. 21. Das Dreistoffsystem: Kalk—Kieselsäure—Tonerde. In das gleichseitige Dreieck können alle Stoffe eingetragen werden, die aus Kalk, Kieselsäure und Tonerde bestehen. Also
auch alle Bindemittel und Baustoffe. Die Summe muß 100 betragen, die stets vorhandenen
akzessorischen Bestandteile werden den verwandten Oxyden zugerechnet, also z. B. die
Magnesia dem Kalk usw.

SiO_2 = Kieselsäure, CaO = gebrannter Kalk, MgO = gebrannte Magnesia, CaO + MgO =
Basen, R_2O_3 = Al_2O_3 Tonerde + Eisenoxyd (Fe_2O_3), Erden SiO_2 = Kieselsäure.

wandte Verbindungen, die auch ähnliche Eigenschaften haben, voneinander entfernt liegen diejenigen, die wenig miteinander gemein
haben. Gegen die Kieselsäureecke zu, liegen die kieselsäurereichen,
gegen die Kalkecke die kalkreichen Verbindungen oder Gemische.

Aus dem Dreistoffsystem läßt sich ablesen

1. welche prozentuale chemische Zusammensetzung eine Verbindung hat, welche in das Dreistoffsystem eingezeichnet ist,

2. welche Eigenschaften sie voraussichtlich aufweist (gleiche physikalische Aufbereitung vorausgesetzt).

In das Dreistoffsystem kann man für jede chemische Verbindung, deren Zusammensetzung bekannt ist, einen Punkt eintragen.
Fallen die Punkte verschiedener Erzeugnisse zusammen oder in die
Nähe, so sind diese verwandt. Die Punkte verwandter Verbindungen
bedecken, da sie ja alle benachbart liegen, Flächen, so daß für jede

Verbindungsart (Portlandzement, Traß usw.) begrenzte Räume entstehen, in welche jeweils alle Portlandzemente, Trasse, Ziegelmehle, Hochofenschlacken usw. fallen. Für diese Eintragung muß man die Gesamtanalysen immer auf drei Stoffe umrechnen, da man mehr Stoffe als drei nicht graphisch darstellen kann. Um diese Reduktion durchzuführen, vereint man als Basen Kalk und Magnesia, als Erden Tonerde und Eisenoxyd, als Säuren Kieselsäure, Titansäure und Manganoxyd. In der Abb. 21 sind die Flächen eingezeichnet. Man sieht aus der Fläche des Portlandzementes, daß er tatsächlich in der Hauptsache aus Kalk aber auch aus Tonerde und Kieselsäure besteht. Der Haupt- und wichtigste Bestandteil des Portlandzementes ist Tricalciumsilikat.

Eine Herstellung aus reinem Tricalciumsilikat auf technischem Wege ist nicht möglich, da dieses Erzeugnis einen zu hohen Schmelzpunkt hat. Man setzt deshalb diesen Schmelzpunkt durch Eisenoxydzusatz herab. Es entstehen dann beim Brennen Mischungen, die bei Weißglut halb flüssig sind („Sintern"!)[1].

Erzeugnisse, die außerhalb der derartig entstandenen Flächen liegen, gehören nicht zu Stoffen, die durch die Fläche bezeichnet sind. Aus den Flächen läßt sich ablesen, in welchen Graden beispielsweise der „Erden"-gehalt des Portlandzementes schwanken kann, daß er also zwischen 6—15% liegt, daß der Basengehalt zwischen 66—72%, der Kieselsäuregehalt zwischen 19—24% schwanken darf. (Die Zahlen für die chemischen Analysen sind etwas geringer, da ja im Kalkgehalt auch noch Magnesia enthalten ist.) Die Fläche für die Hochofenschlacke ist von der Kalkecke etwas entfernter als diejenige für Portlandzement, da die Hochofenschlacke weniger Kalk enthält, dafür aber mehr Tonerde und Kieselsäure. Die Tonerdezementflächen weisen einen nur sehr geringen Kieselsäuregehalt auf.

2. Das Brennen [1].

Das Brennen des Rohmehls, welches ein Gemenge der verschiedenen Oxyde, teilweise an Kohlensäure gebunden, darstellt, hat den Zweck, eine Vereinigung dieser Oxyde zu chemischen Verbindungen

[1] Shipman: Der Kalksättigungsgrad von Portlandzement, Zement 1937, S. 282. — Naito: Freies Calciumoxyd und freies Calciumhydroxyd im Portlandzement, Ch. Zentr. 1938, II, S. 3849. — Tavasci: Die Berechnung der chemischen Zusammensetzung der Bestandteile des Portlandzementes auf Grund der chemischen und mikroskopischen quantitativ-analytischen Daten des Klinkers, Ch. Zentr. 1939, I, S. 4824. — Haegermann: Was sagt die Zementanalyse? Fofoba Reihe A, Heft 4. — Gille: Erkennung der Klinkerbestandteile im durchfallenden und im auffallenden Licht, Zement 1943, S. 1. — Schäfer: Umwandlungserscheinungen im festen Aggregatzustand, Die Chemie 1943, S. 99. — Koya-Nagi: Beitrag zur Alitforschung, Zement 1937, S. 25. — Craddock: Der Einfluß von Zusätzen auf die Herstellung und Erhärtung hochwertiger Portlandzemente, Zement 1937, S. 26. — Eitel: Die Wirkung der Fluoride als Mineralisolatoren beim Klinkerbrand, Zement 1938, S. 469. — Hedvall: Reaktionen im festen Zustande zwischen Calciumoxyd und entwässertem Kaolin, Glimmer, Feldspat, Sillimanit oder Mullit, Zement 1941, S. 498. — Spohn: Die Bestimmung des freien Kalkes in der Betriebsüberwachung, Zement 1940, S. 205. — Yoshii: Untersuchungen über den Vorgang des Zementbrennens im Drehofen, Ch. Zentr. 1942, I, S. 1415.

herbeizuführen. Es wird bei möglichst hoher Temperatur in Schacht-
oder Drehöfen durchgeführt (Abb. 22). Die Schachtöfen sind einfach

Abb. 22. Drehofen zur Herstellung von Zement: Das Rohmehl (Mergel oder Mischung von
Hochofenschlacke und Kalkstein) wird am hochgelegenen Ende des Ofens aufgegeben und
durchläuft das sich langsam drehende Rohr. Am unteren Ende wird eine Flamme aus Kohlenstaub eingeblasen. Hierdurch wird zunächst die Kohlensäure ausgetrieben, danach sintert das
Rohmehl zu Klinker.

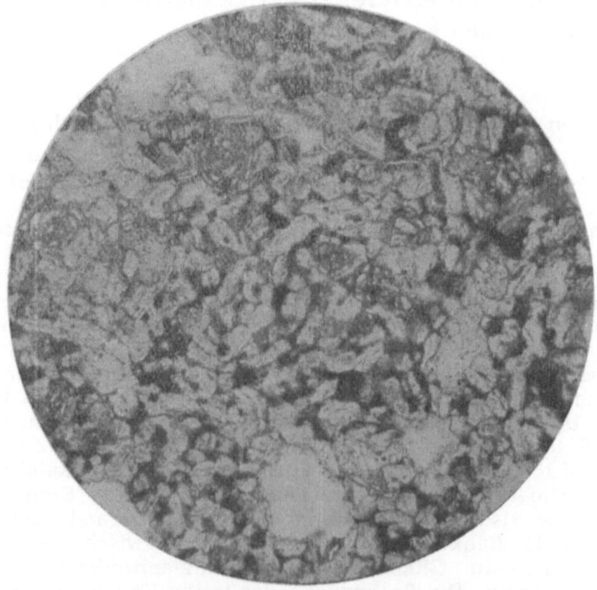

Abb. 23. Dünnschliff von Portlandzementklinker: In der Hauptsache besteht der Portlandzement
aus Tricalciumsilikat. Die prismatischen Kristalle sind deutlich zu sehen.

gemauerte Schächte, aus deren Grundflächen der entstandene Klinker durch mechanische Austragung ausgebrochen wird. Drehöfen sind schamotteausgepanzerte, schräg gelagerte Rohre, die sich langsam drehen. Am höher gelagerten Ende wird das Rohmehl einlaufen gelassen, am tieferen anderen Ende brennt eine von Kohlenstaub genährte Stichflamme, welcher das Rohmehl entgegenläuft (Gegenstromprinzip). Zuerst wird die Kohlensäure ausgetrieben, die mit den Rauchgasen entweicht. Dann sintert das Rohmehl in der (erweiterten) Sinterzone, zu harten rundlichen Knollen, den Klinkern, in welchen die für

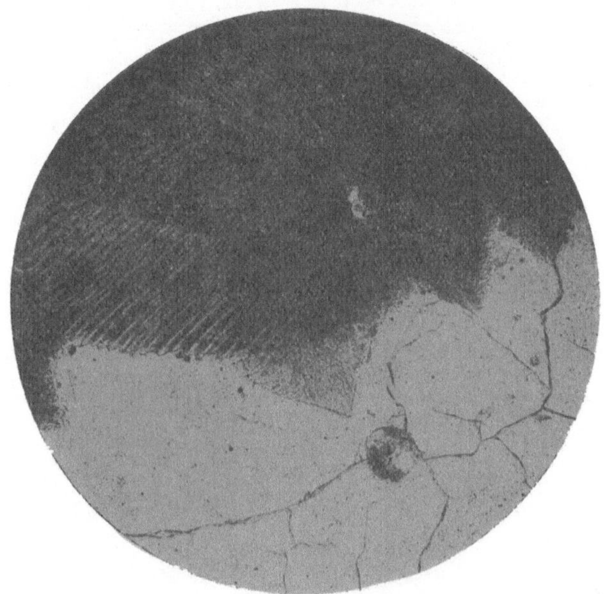

Abb. 24. Dünschliff von Hochofenschlacke: Hochofenschlacke muß in glasiger Form dem Zement zugemahlen werden, da sie sonst kein Erhärtungsvermögen hat. Entglaste, also kristallisierte Hochofenschlacke dient nur als Betonzuschlag. Eisenportlandzement enthält bis zu 30 % Schlacke, Hochofenzement bis zu 85 % Schlacke. Auf dem Bild ist eine durch partielle schnelle Abkühlung teilweise glasig gewordene (unterer Teil), teilweise kristallisierte (oberer Teil, Melilith-Bildung) Hochofenschlacke dargestellt.

die Herbeiführung der Erhärtung nötigen hochkalkigen Silikate vorhanden sind (Abb. 23)[1].

3. Die Kühlung.

Bei Portlandzement und besonders bei Hochofenschlacke ist, um

---

[1] Koyanagi: Beitrag zur Konstitutionsfrage von Portlandzement, Zement 1937, S 531. — Anselm: Ein Verfahren zur Bestimmung der Klinkergüte, Zement 1937, S. 546. — Swenson u. Flint: Der Gehalt der verschiedenen Korngrößen im Zement an den nach Bogue berechneten Mengen der Klinkermineralien, Zement 1937, S. 252. — Travasci: Untersuchungen über die Konstitution des Portlandzementklinkers, Toni 1937, S. 487. — Mußgnug: Das Litergewicht des Portlandzementklinkers als Gütemaßstab, Ch. Zentr. 1937, II, S. 2055. — Würzner: Ein Verfahren zur Bestimmung der Klinkergüte, Zement 1938, S. 59. — Anselm-Schindler: Verfahren zur Bestimmung der Klinkergüte, Zement 1938, S. 137.

hydraulische Eigenschaften herbeizuführen, eine schnelle Abkühlung erwünscht. Man erreicht diese dadurch, daß man den weißglühenden Klinker durch Kühltrommeln schickt oder die glühend-flüssige Hochofenschlacke in Wasser laufen läßt. Infolge einer derartig schnellen Abkühlung sind bei der Schlacke die einzelnen Oxyde aus Zeitmangel nicht imstande, zu festen Verbindungen zusammenzutreten und Kristalle zu bilden, sondern sie bleiben getrennt und erstarren zu amorphen Gesteinsschmelzen, die man wegen ihres glasigen Aussehens unter dem Mikroskop „Gläser" nennt (Abb. 24 u. 25). Die so erstarrten Hoch-

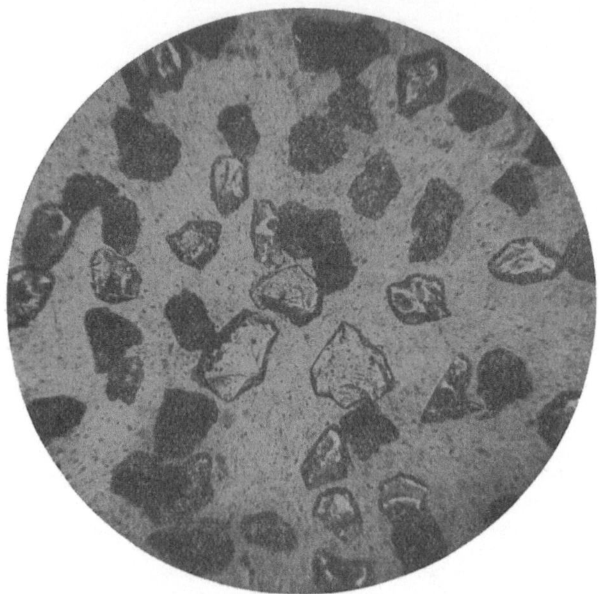

Abb. 25. Pulverpräparat von Hochofenzement: In dem mikroskopischen Präparat ist glasige Schlacke enthalten (durchsichtig), die deutlich neben den Klinkeranteilen (dunkel gefärbt) zu sehen ist.

Hüttenzemente sind also Mischungen von Portlandzementklinker u. glasiger Hochofenschlacke.

ofenschlacken sind reaktionsfähig, da in ihnen noch erhebliche Mengen von Energie aufgespeichert sind, die bei langsamer Abkühlung zur Bildung von Verbindungen und Kristallen verbraucht worden wären.

Wird die so erzeugte Hochofenschlacke nun fein gemahlen und mit etwas Kalk oder Portlandzement vermischt, so entstehen bei Wasserzusatz aus dem Mischprodukt Salze, es bilden sich also wasserhaltige Kalksilikate, die zu einer Erhärtung des mit Wasser angemachten Pulvers führen. Als Anreger kann neben gebranntem Kalk oder Klinker auch Gips dienen. Auf letztere Weise entstehen dann die Gips-Schlackenzemente, die hauptsächlich in Frankreich und Belgien unter dem Namen „Cilor" oder „Sealithor" in den Handel kommen und denen besonders Salzwasserbeständigkeit nachgerühmt wird.

4. Das Mahlen.

Das Mahlen erfolgt auf Mühlen, welche aus mit Stahl gepanzerten Eisenrohren beispielsweise von 2—3 m Durchmesser und 20 m Länge bestehen, die in mehrere Kammern eingeteilt sind (Abb. 26). In der ersten Kammer, in welche das Rohmaterial (Mergel oder Klinker) einläuft, befinden sich sehr große Kugeln, in den folgenden beiden, durch geschlitzte Panzerbleche voneinander abgetrennten Kammern, sind immer kleinere Mahlkörper. Der fertige Zement (oder das Rohmehl) verläßt die Mühle, nachdem es die letzte Kammer mit der Füllung kleinster Kugeln oder Zylinder durchwandert hat. Die Feinheit des Erzeugnisses ist so groß, daß auf dem Sieb mit 4900 Maschen je Quadrat-

Abb. 26. Stahlmühlen: Der Klinker wird in der Mühle entweder für sich zu Portlandzement oder mit Schlacke zu Hüttenzement vermahlen. Die Stahlmühlen bestehen aus gepanzerten Stahlrohren von beispielsweise 2 m Durchmesser und 20 m Länge, die in meist 3 Kammern geteilt und zu $1/3$ mit Stahlkugeln von Kammer zu Kammer in fallender Größe gefüllt sind. Sie werden in schnelle Umdrehung versetzt, der Fall der Kugeln zerkleinert durch seinen Schlag das Mahlgut.

zentimeter nur etwa 5—30% zurückbleiben. Solche zurückbleibende Teilchen haben einen Durchmesser von über etwa 0,09 mm. Der Hauptanteil des Zementes ist also wesentlich feiner, die Staubkörnchen haben Durchmesser von nur tausendstel Millimetern. Ein Kubikzentimeter eines derartigen Staubes hat demgemäß eine Oberfläche von mehreren Quadratmetern.

---

[1] Vaney u. Coghill: Sub-Sieve Sice Distribution, Rock Prod. 1937, S. 10, 58. — Lange u. Fellows: Anwendung des Wasserschlemmapparates als Ergänzung der Siebanalyse bei der Bestimmung der Korngrößenverteilung von Emailpulver, Ch. Zentr. 1938, II, S. 3443.

5. Die Zusätze.

Als Zusatz zum Portlandzement verwendet man außer Hochofenschlacke, die zu Hüttenzement, und Traß, der zu Traßzement führt, Gips. Dieser Gips hat in allen genannten Zementen die Bestimmung, die Abbindezeit zu regeln, d. h. den Zement so langsam bindend zu machen, daß die Erstarrung nach einer oder mehr Stunden einsetzt und daß so eine reibungslose Verarbeitung möglich ist. Ein zu hoher Gipszusatz muß vermieden werden, denn er führt zum Treiben. Auch Zusätze wurden schon versucht, um den Zement und den aus ihm gefertigten Beton wasserabweisend zu machen. Die diesbezügliche Fabrikation wurde aber wieder aufgegeben. Ebenso wird Glaspulverzusatz, der eine Zeitlang für die Straßenbauzemente gewisser Fertigung herangezogen wurde, nicht mehr durchgeführt.

Bei umfangreichen Versuchen mit verschiedenen Zementzusätzen hat Kronsbein folgendes festgestellt[1]:

Der Unsicherheitsfaktor bei der Wirkungsweise von Zusatzmitteln ist verhältnismäßig groß, da die einzelnen Zementmarken und -arten verschieden auf die Zusätze ansprechen, so daß „eine allgemeine zielsichere Anwendung solcher Zusatzmittel völlig unmöglich gemacht ist". Bei Betonplast wurde eine Ersparnis von Anmachwasser in Höhe von 12 % erzielt, bei Murasit eine solche von 8 % unter gleichzeitiger Erhöhung der Wasserdichtigkeit. Es ergab sich aber die Notwendigkeit, in jedem einzelnen Fall mit den gegebenen Baustoffen zu prüfen, ob durch Verwendung eines Zusatzmittels ein Vorteil erzielt wird. Kronsbein ist weiter der Ansicht, „daß es in den meisten Fällen zur Herstellung eines guten Betons solcher Zusatzmittel nicht bedarf". Dennoch haben sich auf vielen Baustellen die Zusatzmittel eingeführt, zumal sich herausgestellt hat, daß die so lästige Entstehung von Arbeitsfugen häufig verhindert wird." Der Ansicht von Kronsbein, daß von Fall zu Fall Versuche durchzuführen sind, ist beizustimmen.

6. Die Lagerung.

Bei sachgemäßer Lagerung hält sich Zement in Säcken mehrere Monate, in Silos jahrelang. Die chemische Ursache für die Schädigung der Festigkeit ist Kohlensäureanlagerung und Wasseraufnahme. Wird diese verhindert dadurch, daß in trockenen Schuppen zugfrei gelagert wird, so ist die Lagerbeständigkeit verhältnismäßig groß. Auch stark abgelagerter Zement kann, wenn er nicht allzu klumpig geworden ist, noch verwendet werden. Ein erheblicher Festigkeitsrückgang muß aber dann in Kauf genommen werden. Die Klumpen sind zu zerkleinern.

d) Die Verarbeitung von Zement.

1. Die Zementarten.

Weitaus die wichtigsten Zemente sind die Normenzemente und unter ihnen der Portlandzement. Zu gleichen Zwecken verwendet wer-

---

[1] Kronsbein: Versuche mit Zusatzmitteln zur Ersparung von Anmachwasser und zur Verbesserung der Verarbeitbarkeit des Betons, Zement 1943, S. 209.

den die Hüttenzemente. Eine Abart der Normenzemente ist der Erzzement (vgl. S. 53) und schließlich der Traßzement, welcher ein Portlandzement ist, dem man in der Fabrik bereits einen Traßzusatz gegeben hat (vgl. S. 53). Der Tonerdezement wird nur für solche Bauten
verwandt, von denen eine besonders schnelle Erhärtung verlangt wird,
beispielsweise bei Frost, oder die sehr hohe Salzwasserbeständigkeit
aufweisen müssen.

Die guten Erfahrungen in bezug auf Salzwasserbeständigkeit beim
Hüttenzement ließ die Traßzemente, also die Mischungen von Portlandzement mit Traß entstehen. Der Traß ist aber eine sehr viel reak-
tionsträgere Puzzolane als die Hochofenschlacke, erhärtet selbst nur
in verhältnismäßig geringem Maße und hat außerdem ein weiches
Korn. Infolgedessen setzt Traß die Festigkeit von Zementen sehr viel
stärker herab, wenn er als Zementersatz gebraucht wird, als Hochofenschlacke. Seine günstige Wirkung ist in der Hauptsache dichtend.
Da er als Zementersatz nicht dienen kann, muß deshalb bei seiner Verarbeitung, die auch auf der Baustelle durchgeführt werden kann, insofern vorsichtig vorgegangen werden, als man nicht zu große Zementmengen durch Traß ersetzen darf. In den Richtlinien für die Bauausführungen in Moor- und Meerwasser ist deshalb auch vorgeschrieben,

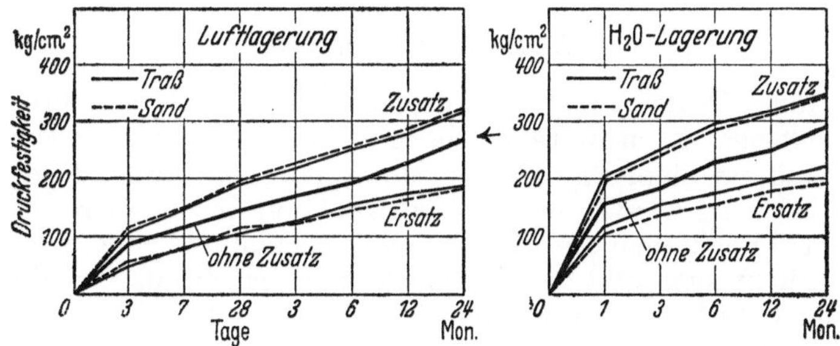

Abb. 27. Beim Vergleich der Festigkeiten von Sandmehl und Traß als Zusatz (15—20⁰/₀) oder
als Ersatz für Zement zeigt sich folgendes:
Zusatz erhöht die Festigkeit durch Erhöhung der Dichtigkeit für beide Mehle, Ersatz drückt
sie herab. Bei Wasserverlagerung wirkt Traß deutlich besser als das Sandmehl, bei Luft-
lagerung ist die Wirkung praktisch gleich. (Die mittlere Kurve ist jeweils der Portlandzement allein. H₂O-Lagerung heißt Wasserverlagerung.)[1]

---

[1] G r ü n : Traß und Sandmehl als Mörtelzusatz, Chemie der Erde 1930, Bd. 5
und 1931, Bd. 6. — N a l e t : Untersuchung des Einflusses von Kieselgur auf die
physikalischen und mechanischen Eigenschaften von Beton, Zement 1939,
S. 614. — W a h l s : Kieselgur, Baumarkt 1940, S. 19. — K o r i t n i g : Die Ver-
wertung der Kesselfeuerungs- und Gaserzeugerschlacke, Ch. Zentr. 1942, II,
S. 823. — T y s s k i : Die Herstellung von „angeregtem" Beton, Ch. Zentr. 1941,
II, S. 2985. — A l m a s o w : Zement - Asche - Mörtel, Ch. Zentr. 1942, II, S. 1731.
— R u d i n : Aktivierter Beton aus Torfschlacken von Elektrizitätswerken,
Ch. Zentr. 1942, II, S. 1507. — D a v i s : Die Eigenschaften von Zement und
Beton mit einem Gehalt an Flugasche, Zement 1938, S. 6. — K r o n s b e i n :
Flugaschen als hydraulische Zuschläge für die Herstellung von Bindemitteln
für Mörtel und Beton, Zement 1941, S. 518. — D a v i s : Flugasche als Puzzolan-
stoff, Zement 1942, S. 299. — J u d o w i t s c h : Verfahren zur Gewinnung eines
Bindemittels bei der Verbrennung von staubförmigen Brennstoffen in Elek-
trizitätswerken, Ch. Zentr. 1941, S. 2983.

daß Traß überhaupt nicht als Zementersatz gebraucht werden darf,
sondern lediglich als Zuschlag zu rechnen ist (Abb. 27), zumal hier der
Traß für das Bauwerk herangezogen wird, um den Beton zu verbessern,
nicht um Zement zu sparen.

Steinmehlzemente werden neuerdings auch bisweilen, hauptsächlich in Frankreich, in den Handel gebracht. Sie haben zwar scheinbar
einen geringeren Kalkgehalt als der Portlandzement, wenn man die
absolute Analyse betrachtet, stellen aber letzten Endes nichts anderes
dar, als Zemente, die schon mit einem Teil des feinen Zuschlags vermahlen sind. Sie haben in den Normenfestigkeiten meist die gleichen
Zahlen wie Traß- oder Hüttenzement, in stärkerer Verdünnung aber,
also bei Beton oder bei höherem Wasserzusatz, sinkt die Festigkeit
stärker ab als bei den genannten Zementen und beim Portlandzement,
weil sich natürlich dann in diesem stärker gemagerten Mischungsverhältnis die Verdünnung des Zements durch das Sandmehl schädlich
geltend macht. Im übrigen ist der Zusatz von Sandmehl, wenn er in
den Zuschlag gerechnet wird, bisweilen zu empfehlen, stets ist Bedacht zu nehmen darauf, daß Sandmehl kein Zement, auch keine Puzzolane, sondern ein inerter Stoff ist, welcher nur porenfüllend, also
dichtend wirken kann, in den Erhärtungsmechanismus dagegen nicht
eingreift.

2. Die Nomenklatur.

Den unter Wasserzugabe erhärteten Zement nennt man erhärteten
Purzement oder Zementleim. Er spielt im Bauwesen nur zum Vergießen und als Einpreßmittel eine untergeordnete Rolle, da der Purzement stark schwindet, wenn er austrocknet, und teuer ist.

Mörtel nennt man die Mischung von Zement und Sand, wie er zum
Mauern dient, man gibt dem Gemisch oft einen Zusatz von Kalk, um
es bei der Verarbeitung geschmeidiger zu machen und den Erstarrungsbeginn hinauszuschieben.

Beton (in Norddeutschland Betòn, in Süddeutschland Béton) ist
das Gemisch von Zement und Kies, also der selbständige Baustoff,
zur Errichtung von Talsperren (Massenbeton), stahlbewehrten
Bauteilen (Stahlbeton) und fertigen Balken, die an der Baustelle zusammengefügt werden (Betonwaren, Rohren, Fensterstürzen, Kanalteilen und Badewannen) dient.

Terrazzo ist ein Mörtel mit besonderen Zuschlägen (weißer und
schwarzer Kalksteinschiefer u. dgl.), deren Korn durch Anschleifen
nach der Erhärtung bloßgelegt wird.

Stahlbeton wurde früher Eisenbeton genannt. Es ist dies der von
Monier, einem Gärtner in Frankreich, der zuerst aus ihm Blumentöpfe herstellte, erfundene, mit Eisenstäben oder Drahtnetzen bewehrte
Beton.

Stahlsaitenbeton und vorgespannter Beton ist Stahlbeton mit
Stahleinlagen, die vor dem Einbetonieren in Spannung gebracht werden und die diese Spannung beibehalten, da sie sich infolge der Haftung des Betons an den Stahl und infolge des durch die Spannung her-

vorgerufenen kleineren Querschnittes nicht mehr auf die ursprüngliche geringere Länge zusammenzuziehen vermögen.

Verschleißfester Beton hat im Zuschlag einen Zusatz besonders harter Anteile (Korund, Eisengranalien).

Schwerbeton ist der normale Beton, der Kies oder gebrochenes Hartgestein als Zuschlag enthält.

Leichtbeton hat dagegen Bims oder Hochofenschlacke als Füllmaterial.

Porenbeton ist Zement, der aufgebläht ist durch chemische Reaktionen, die durch besondere Zusätze vor der Erhärtung Gasentwicklung hervorrufen.

Schaumbeton ist Beton mit einem schaumbildenden Zusatz, welcher vor seiner Einbringung in Formen durch geeignete schlagende Mischmaschinen schaumig geschlagen wird.

3. Mischung verschiedener Zementarten.

Wichtig zu wissen ist, daß der Tonerdezement durch beigemischten Portlandzement in seiner Erhärtung geschädigt wird, wie ebenso der Normenzement durch Zumischung von Tonerdezement. Es muß deshalb bei Verarbeitung der verschiedenen Zementsorten auf der gleichen Baustelle unter allen Umständen dafür gesorgt werden, daß ein zufälliges Mischen nicht vorkommt, da sonst ein Nichterhärten oder ungenügendes Erhärten des Betons die Folge dieses Versehens sein würde. Strengste Einteilung der Baustelle ist also in diesem Falle der Verarbeitung beider Zemente am gleichen Ort zu fordern.

Die Vermischung der Normenzemente unter sich ist ohne weiteres möglich, da ja bei ihnen der Erhärtungsvorgang auf gleicher Grundlage beruht.

4. Die Zementprüfung.

Diese erfolgt in weitaus den meisten Ländern an Mörtel, also nicht an Purzement, da der Zementleim als solcher sich etwas anders verhält als das Erzeugnis in Mischungen mit Sand. In Deutschland wurde früher mit gleichkörnigem Sand die Zug- und Druckfestigkeit geprüft. Vor wenigen Jahren wurde diese Prüfung ersetzt durch Prüfung an Mörtel mit gemischtkörnigem Sand, der auf Biegefestigkeit und nach Prüfung dieser an den Reststücken auf Druckfestigkeit geprüft wird (vgl. DIN 1164)[1].

5. Das Erstarren.

Ein gemahlener mit Wasser angemachter Portlandzementklinker erhärtet meist in wenigen Minuten. Eine derartig schnelle Erstarrung ist aber nicht erwünscht, da man ja an der Baustelle Zeit haben muß, um den Zement mit Wasser und Kies zu mischen, an Ort und Stelle zu

---

[1] Grün: Der Beton. Herstellung, Gefüge und Widerstandsfähigkeit gegen physikalische und chemische Einwirkungen, 2. Auflage 1937. — Würzner: Prüfungen von Zement ohne Sandzusatz, Zement 1941, S. 234. — Perfetti: Warum man die hydraulischen Bindemittel nicht nach den Versuchen an Zementpasten bewerten kann, 1943, I, S. 665.

bringen und zu verarbeiten. Man setzt deshalb dem Zement beim Vermahlen etwas Gips zu, da erfahrungsgemäß dieser Gips den Erstarrungsbeginn hinauszögert.

Bei sehr heißem Wetter kann diese Wirkung des Gipses aus noch nicht gänzlich aufgeklärten Gründen, glücklicherweise in sehr seltenen Fällen, bei Lagern des Zementes wieder verschwinden, d. h. der in der Fabrik normal bindende Zement, dessen Erstarrungsbeginn nach zwei bis drei Stunden lag, fängt plötzlich an, Schnellbinder zu werden, d. h. schnell zu erstarren. Derartige Zemente (Umschläger) sind natürlich unbrauchbar. Es ist deshalb zu empfehlen, auf jeder Baustelle, gemäß den Vorschriften der Normen, von jeder Sendung Zement einen kleinen Kuchen anzumachen und mit der Nagelprobe den Erstarrungsbeginn festzustellen, damit man sicher ist, nicht etwa in die Mischmaschine Zement zu bekommen, der ein Schnellbinder infolge Umschlagens ist. Die Gefahr, daß bereits ein Schnellbinder von der Fabrik gesandt wird, ist gering, da die Zemente sehr scharf kontrolliert werden.

Auf größeren Baustellen wird auch noch die Kochprobe durchgeführt, welche Kalktreiben anzeigt. Im allgemeinen halte ich die Durchführung dieser Kochprobe nicht für unbedingt notwendig, da bei dem heutigen Stand der Fabrikation, wenigstens bei Normenzement, Treiben nicht vorkommt, bei Naturzement ist die Kochprobe dagegen anzuraten.

Die Abbindereaktion geht um so schneller vor sich, je höher die Temperatur, bei der sie verläuft, und je feiner der Zement gemahlen ist. Sie kann noch weiter beschleunigt werden durch Zusatz gewisser Salze, wie beispielsweise Chlorcalcium.

Zunächst tritt eine Erstarrung ein, von der verlangt werden muß, daß sie nicht zu früh stattfindet, weil sonst der Zement sich nicht verarbeiten läßt, hauptsächlich bei Großbaustellen. Anschließend geht dann die Erstarrung über in das steinartige Erhärten. Bei allen Zementen ist die Zeit zwischen Erstarrung, wenn die Zemente also in einen puddingartigen Zustand übergegangen sind, und der Erhärtung, also der Steinwerdung, die gefährlichste. In dieser Zeit muß der Zement sorgfältig geschützt werden vor Austrocknung, Hitze, Frost und Erschütterung, da sonst Schwindung, also Reißen durch Austrocknen, Erfrieren durch Frost, dazu völlige mechanische Zerstörung des Betons oder schließlich Zerklüftung des Betons, also z. B. Abspringen von Kanten durch Erschütterung herbeigeführt werden kann.

6. Die Grundlagen der Erhärtung [1].

Der Klinker, der beim Brennen entsteht, ist eine Mischung von Kristallen, die in der Hauptsache aus Kalksilikaten mit sehr hohem Kalkanteil besteht, die in einer glasigen Grundmasse liegen. Ursprüng-

---

[1] Eiger: Ein neues Ferrit des Kalkhydrats, Zement 1938, S. 49. — Ferrari: Über Ferrari-Zement, Zement 1938, S. 1. — Kühl: Ferrari's „Universalzemente", Ch. Zentr. 1938, I, S. 1429. — Ashkenazi: Die Rolle des Eisens im Portlandzement, Zement 1940, S. 535. — Ferrari: Der Einfluß des Eisens in Portlandzement, Zement 1942, S. 141. — Ferrari: Die Gründe für die hohe chemische Widerstandsfähigkeit der Ferrari-Zemente, Ch. Zentr. 1942, I, S. 1671. — Ferrari: Einfluß des Eisens im Portlandzement, Ch. Zentr. 1942, I, S. 251. — Sanada: Die Einwirkung von Wasser auf Brownmillerit, Zement 1937, S. 348. — Yamauchi: Untersuchung des Celit-Anteils: Über Brownmillerit, Zement 1937, S. 830. — Assarsson: Die Entstehungsbedingungen der hydratischen Verbindungen im System $CaO-Al_2O_3-H_2O$ und die Hydratisierung der Anhydro-

lich nannte man um die Jahrhundertwende die einzelnen Kristalle, die man wohl unter dem Mikroskop sah, deren chemische Zusammensetzung man aber nicht kannte, nach dem Alphabet A-lit, Belit, Celit, Felit, Bezeichnungen, die man bisweilen noch in der Literatur findet.

Heute wissen wir die chemische Zusammensetzung, die im folgenden wiedergegeben sei:

1. A-lit, $3\,CaO \cdot SiO_2$ Tricalciumsilikat, stark erhärtend, Hauptbestandteil eines guten Klinkers (Abb. 23).

2. Belit, $2\,CaO \cdot SiO_2$ α Dicalciumsilikat   ⎫ zwei verschiedene Modifikationen α und β der Verbindungen gleicher Zusammensetzung

3. Felit, $2\,CaO \cdot SiO_2$ β Dicalciumsilikat   ⎬

4. Celit, $4\,CaO \cdot Al_2O_3 \cdot Fe_2O_3$ Brownmillerit.

5. — $3\,CaO \cdot Al_2O_3$ Tricalciumaluminat, gleichzeitig Bestandteil des Tonerdezementes (Abb. 28).

6. CaO freier Kalk.

7. — $12\,CaO\ 7\,Al_2O_3$ (früher Pentacalciumtrialuminat genannt), besonders wichtig im Tonerdezement.

1, 2 und 3 sind demnach Kalksalze der Kieselsäure, 5 und 7 sind Salze der Tonerdesäure, 6 ist die freie Base Kalk.

Das ganze Gemisch ist überaus kalkreich, denn die normale Verbindung zwischen Kalk und Kieselsäure ist das $CaOSiO_2$, das Monocalciumsilikat.

Bei der hohen Temperatur der Klinkerentstehung (1500^0) sind die hochkalkigen Verbindungen beständig. Man kann sich vorstellen, daß die Kieselsäure bei hohen Temperaturen eine „starke" Säure ist und dann große Kalkmengen zu den eben erwähnten Silikaten, besonders Tricalciumsilikat bindet. Bei der tiefen Temperatur der Zementverarbeitung sind diese Verbindungen nicht mehr beständig, sie zerfallen, wenn das Gemisch fein gemahlen und mit Wasser angemacht, wieder „reaktionsfähig" wird [2].

Das Erhärten des Portlandzements zerfällt in zwei Teile, und zwar erfolgt zunächst

das Erstarren, auch Abbinden genannt, weiter

das Erhärten, das Versteinern.

Das Erstarren wird hervorgerufen durch das Zerfallen der hochkalkigen Silikate (Salze der Kieselsäure [SiO_2] bis zur Bildung des „normalen" Monocalciumsilikates der höchstkalkigen Verbindung.

Calciumaluminate, Zement 1937, S. 56. — Bessey: Calciumaluminat und Calciumsilikathydrate, Ch. Zentr. 1939, II, S. 3466. — Mather u. Thorwaldson: Die Einwirkung von Wasserdampf auf Dicalciumferrit und Tetracalciumaluminatferrit, Zement 1938, S. 185. — Yamauchi: Eine Untersuchung über Celit, Zement 1938, S. 49. — Forét: Drucksynthese von Monocalciumsilikathydrat, Zement 1937, S. 348. — Gonell: Normung chemischer Prüfungen auf dem Gebiet der anorganischen Baustoffe, Die chemische Fabr. 1937, S. 469. — Korschunowa: Über das Dicalciumsilikat, Ch. Zentr. 1940, I, S. 2694.

[2] Steopoe: Über die Bestimmung der Kieselsäure im Portlandzement, Zement 1939, S. 725. — Steopoe: Über die Bestimmung der Kieselsäure im Portlandzement und in löslichen Silikaten nach dem Schnellverfahren, Zement 1940, S. 193. — Zur Ermittlung des Siliziumdioxyds im Portlandzement, Toni 1942, S. 380. — Methods for Determination of free Lime in Cement and Clinker, Concrete 1939, Aug., S. 212.

Die schematische Formel (analog auch für die anderen Silikate):

$$3\,CaO \cdot SiO_2 \quad + \quad 3\,H_2O \quad = \quad CaOSiO_2 \cdot H_2O \quad + \quad 2\,Ca(OH)_2$$

Tricalciumsilikat   Wasser   Monocalcium-   freies Kalk-
(Alit)   silikathydrat   hydrat

(Im allgemeinen erfolgt der Abbau nicht so weit, sondern nur bis zum $2\,^1/_2\,CaO \cdot SiO_2 \cdot H_2O$. Es bildet sich also weniger freier Kalk als nach der wiedergegebenen schematischen Formel.)

Das entsprechende Kalksilikat, das niedriger im Kalk ist als das Ausgangsprodukt Tricalciumsilikat, scheidet sich als „Gel"[1] ab, welches die Zement- und Sandkörner zu einer puddingartigen, nicht mehr formbaren, aber noch schneidbaren Masse verbindet[2].

Das Erhärten erfolgt dadurch, daß der von der Spaltungsreaktion unberührte Kern der einzelnen Klinkerteilchen nun allmählich sich auch hydratisiert und das von ihm gebrauchte Wasser, den im ersten Stadium gebildeten „Gelen" entzieht, die infolge dieses Entzugs durch „inneres Austrocknen" erhärten (K ü h l). Kurz zusammengefaßt heißt das:

Das Erstarren des Portlandzementes wird durch Gelbildung aus zerfallenden, kalkartigen Silikaten des Kalkes,

das Erhärten durch Austrocknung der Gele herbeigeführt.

Das Schrumpfen der Gele bei der Austrocknung hat Schwinden im Gefolge. Der freiwerdende Kalk scheidet sich in Kristallform ab; ist seine Bindung z. B. der Herstellung sulfatbeständigen Betons erwünscht, so sind kalkbindende Zusätze oder solche, die erhärten ohne Kalk abzuscheiden (Hochofenschlacke) nützlich.

Bei Luftbauten wird der freie Kalk an der Oberfläche sehr bald durch die Kohlensäure der Luft in Calciumkarbonat ($CaCO_3$) übergeführt, bei Wasserbauten kann er in der Oberfläche im Laufe der Zeit ausgelaugt werden, ohne daß eine Herabsetzung der Festigkeiten die Folge zu sein braucht. Wirkt stark kohlensäurehaltiges oder besonders salzarmes oder sulfathaltiges Wasser auf den Beton ein, so sucht der freie Kalk, der ja eine ungesättigte Verbindung, eine freie Base darstellt, sich abzusättigen, indem er sich mit der Kohlensäure, bzw. der Schwefelsäure verbindet, oder indem er sich in dem kalkarmen Wasser als leicht lösliche Verbindung auflöst. Bei Kohlensäureeinwirkung bildet sich in Wasser leicht löslicher doppeltkohlensaurer Kalk, bei Sulfateinwirkung dagegen entsteht Calciumsulfat (Gips). Die Folge ist eine Zerstörung des Betons entweder durch Zermürbung, weil einfach das Bindemittel verschwindet (denn die Aufspaltung des vorhandenen Calciumsilikates kann nach Verschwinden des freien Kalkes weitergehen) oder aber durch Treiben, wenn Gips auftritt, der zusammen mit der Tonerde des Zementes sich in das äußerst schädliche Calcium-Aluminat (Zementbazillus, s. unten) umwandelt.

Beim Hüttenzement ist der Erhärtungsvorgang ähnlich wie bei Portlandzement, zunächst natürlich für den Portlandzementanteil. Dabei findet eine Wechselwirkung zwischen diesem Portlandzementanteil und der zugesetzten Hochofenschlacke statt (Abb. 25). Denn der Portlandzementanteil ist ein hochkalkiges Silikat mit einem Kalk-

---

[1] Gele sind amorphe, d. h. gestaltlose, n i c h t kristalline, wasserhaltige Gebilde (Gelatine!). Der „feste Anteil" ist sehr locker ausgebildet, hat eine ungeheuer große Oberfläche und vermag deshalb viel Wasser „kapillar" festzuhalten. Solche Kapillaren haben Durchmesser von weit unter $^1/_{10\,000}$ mm.

[2] Gleichzeitig nimmt das vorhandene, oben unter 5. genannte Tricalciumaluminat auch Wasser auf, nach der Formel:

$$3\,CaO \cdot Al_2O_3 + 6\,H_2O = 3\,CaO \cdot Al_2O_3 \cdot 6\,H_2O.$$

Es wird also zu Hydrat, ohne zu zerfallen, und bildet winzige Kristalle; diese Reaktion ist aber für das Verständnis nebensächlich und sei deshalb vernachlässigt.

überschuß, während die Hochofenschlacke ein kalkarmes Silikat ist mit einem gewissen Kalkmangel. Bei dieser Wechselwirkung treten neben einer gewissen geringen Kalkbindung des Kalküberschusses des Portlandzementes gelartige Kieselsäureverbindungen auf, welche zu einer weitgehenden Verdichtung des Betongefüges bei seiner Erhärtung führen.

Abb. 28. Tonerdezement: Das Bindemittel unterscheidet sich wesentlich vom Portlandzement (Abb. 23). Tonerdezement besteht aus Calciumaluminiumsilikat, dessen Formel völlig anders ist als diejenige des Tricalciumsilikates aus dem Portlandzement.

Beim Anmachen des Mischproduktes mit Wasser findet nun neben der Selbsterhärtung des Portlandzementanteils eine Wechselwirkung zwischen dem freien Kalk und der Hochofenschlacke statt, durch welche nun auch die Hochofenschlacke zu erhärten beginnt. Die Folge ist, daß im Hüttenzement ein Teil der Festigkeit auf die erhärtende Hochofenschlacke zurückzuführen ist, die zwar langsamer erhärtet als der Portlandzementanteil, dafür aber auch weniger Wärme als „Abbindewärme" freisetzt. Daneben findet innere Dichtung des Gefüges durch Quellung (Abscheidung von Kieselsäure) und Kalkbindung statt. Entsprechend treten auch die Folgeerscheinungen des Vorhandenseins von freiem Kalk beim Hüttenzement mit steigendem Schlackengehalt zurück, d. h. die Hüttenzemente sind widerstandsfähiger gegen Sulfatwirkung und ähnliche Einflüsse als die Portlandzemente.

Bei der Erhärtung des Tonerdezementes bilden sich neben den für die Normenzementerhärtung so wichtigen Kalksilikaten vor allem Kalkaluminate (Abb. 28). Diese spielen im Portlandzement und im Hüttenzement nur eine untergeordnete Rolle. Gemäß des vollkommen anderen Erhärtungsvorgangs hat der Tonerdezement auch Eigenschaften, welche ihn grundlegend vom Portlandzement unterscheiden[1].

---

[1] Rodt: Zum Erhärtungsproblem der Silikatmörtel, Toni 1937, S. 371. — Schlaepfer: Mörteltechnische Studien an Silikaten und · Aluminaten des Kalkes, Toni 1937, S. 5. — Gonnermann: Versuche über die Volumen-

7. Abbindewärme[2].

Beim Abbinden jedes Zementes, sowie bei der Erhärtung werden erhebliche Wärmemengen frei. Am größten sind diese Wärmemengen beim Tonerdezement, etwas geringer beim Portlandzement und am geringsten bei den Hüttenzementen und beim Traßzement. Bei der Verarbeitung von Tonerdezement zu größeren Bauelementen kann dieses Auftreten von Wärme von Nachteil sein, da hierdurch Spannungen entstehen, welche im weiteren Verlauf zu Rißbildung führen können. Noch wichtiger als diese Nebenerscheinung ist die Tatsache, daß der Tonerdezement empfindlich ist gegen Wärme. Bei hoher Wärme vermag er überhaupt nicht abzubinden, bei längerer Einwirkung auf den bereits abgebundenen Zement wird er geschädigt. Wird nun in einem größeren Block aus Tonerdezementbeton nicht in geeigneter Weise für Abführung der Wärme gesorgt, so bleibt der Block im Innern, da wo die Wärme sich staut, und ein gewisses Maß übersteigt, weich. Es muß

beständigkeit von Portlandzement, Toni 1937, S. 15. — Boast: Abbinden und Erhärten· im Lichte der elektrischen Leitfähigkeitsmessung, Toni 1937, S. 203. — Tavasci: Struktur des hydratisierten Portlandzementes, Zement 1941, S. 43. — Maffei: Die Absorption von Kalk an Kieselsäuregelen, Zement 1937, S. 602. — Ashkenazi: Einige bedeutende Untersuchungen über die Rolle der Kieselsäure im Portlandzement, Ch. Zentr. 1938, I, S. 1428. — Duntze: Wissenschaftliche Grundlagen und technische Fortschritte der Verwendung von Kieselgel, Chem.-Ztg., 1942, S. 196. — Steopoe: Über die Schnellbestimmung der Kieselsäure im Portlandzement, Toni 1941, S. 527. — Nacken u. Buhmann: Über Volumenänderung, Wasserbindung und Dichte abbindender Zemente, Zement 1941, S. 385. — Maeda: Ein Verfahren zur Untersuchung der Hydratation von Zement, Zement 1941, S. 678. — Rodt: Die Erhärtung der Bindemittel, Zement 1942, S. 8. — Maeda: Eine Methode zur Untersuchung der Hydration von Zement, Ch. Zentr. 1941, II, S. 96. — Eiger: Zur Bestimmung des Hydratationsgrades der Zemente, Zement 1938, S. 367. — Brandenburg: Einige Versuche und Beobachtungen über „aktiven Kalk" und puzzolanartige Reaktionen in Portlandzementen, Ch. Zentr. 1937, II, S. 2417. — Young: Die praktische Bewährung von' Portlandzementen und die Raumbeständigkeitsprüfung mit gespanntem Dampf, Zement 1938, S. 661. — Eitel: Untersuchungen über das System $CaO-5\,CaO \cdot 3\,Al_2O_3\text{-}CaF_2$ und über die Stabilität des Tricalciumaluminats, Zement 1941, S. 29. — Franke: Ein neues Verfahren zur Bestimmung von Calciumoxyd und Calciumhydroxyd neben wasserfreiem und wasserhaltigem Calciumsilikat, Zement 1941, S. 401. — Naito: Free Calcium Oxide and Calcium Hydroxyde in Portland Cement, Concrete 1938, S. 232. — Dennis: Determination of free Lime, Rock Prod. 1938, XII, S. 43. — Kühl: Zementforschung in der Praxis, Zement 1938, S. 254.

[2] Petry: Untersuchungen über Abbindewärme und Spannungen bei Verwendung verschiedener Zemente, Ch. Zentr. 1943, I, S. 554. — Kratochvil: Temperaturmessungen an einer Schwergewichtsstaumauer aus Beton, Bautechn. 1943, S. 210. — Hampe: Temperaturschäden im Beton, Ch. Zentr. 1941, II, S. 2601. — Hellström: Sonderzemente in schwedischen und großen amerikanischen Talsperren, Ch. Zentr. 1941, II, S. 2366. — Würzner: Hydrationswärme, Zement 1942, S. 269. — Soto: Zement mit niedriger Hydratationswärme, Zement 1942, S. 480. — Keil: Die Bestimmung des Erstarrungsverlaufs, Zement 1939, S. 729. — Steopoe: Über den Abbindevorgang von Zementen in Gegenwart von Mineralpulvern, Zement 1941, S. 687. — Caravantes: Anormales Abbinden von künstlichem Portlandzement, Ch. Zentr. 1943, I, S. 76. — Betonieren im Winter. Neufassung des § 30 der „Anweisung f. Mörtel und Beton AMB", B. u. Stahlbetonbau 1943, S. 161.

demgemäß bei Verarbeitung von Tonerdezement auf diese starke Wärmeentwicklung beim Erstarren und Erhärten Rücksicht genommen werden. Diese Wärmeentwicklung kann aber auch an anderen Stellen von Vorteil sein, so z. B. bei Frost. Gegen Frost ist Tonerdezementbeton wesentlich weniger empfindlich als Portlandzement, Hüttenzement oder gar Traßzement.

Eine weitere Folge der chemischen Zusammensetzung des Tonerdezements ist seine höhere Beständigkeit gegen manche Wässer. Der Tonerdezementbeton enthält keinen freien Kalk und wird deshalb durch Sulfate nicht so leicht zerstört wie der Portlandzement. Auch Kohlensäure vermag ihm, wenn er einmal erhärtet ist, wenig anzuhaben. Trifft ihn dagegen Kohlensäure während der Erhärtung, so vermag diese in einer oberflächlichen Zerstörung ein Absanden des Zementes herbeizuführen, welches aber in weitaus den meisten Fällen ohne größere Bedeutung ist.

So nützlich die Abbindewärme ist, wenn kleine Bauteile bei Frost betoniert werden, da sie die Gefahr des Erfrierens des Betons vermindert, so schädlich kann sie bei Massenbauwerken sein. In diesen wirken zwei Faktoren zusammen, die gemeinsam zu einer unwillkommenen Erhöhung der Temperatur führen. Zunächst sind es die großen Mengen Zement, die verarbeitet werden, die eine Temperaturerhöhung erzwingen, dazu kommt die Unmöglichkeit des schnellen Abfließens der Wärme infolge der Massigkeit des Bauwerkes und schließlich hat die Überschreitung einer gewissen Betontemperatur eine Reaktionsbeschleunigung im Gefolge, also eine Zusammendrängung des Erhärtungsvorganges in eine kürzere Zeitspanne, die man praktisch benutzt bei der künstlichen Härtung von Betonwaren, die aber im Massenbauwerk zu einem sehr schnellen Freiwerden von Energien führt, die bei Vorhandensein normaler Verhältnisse Temperaturen sich über unverhältnismäßig viel größere Zeiträume ausgedehnt hätten. Als Abhilfemaßnahmen dienen drei Maßnahmen, die sicheren Erfolg verbürgen:

1. Heranziehung geeigneter Zemente. In Amerika wurden Spezialmarken entwickelt, die low heat Zemente, die sich bewährten. Sie sind aber teuer und geben geringe Festigkeiten. In Deutschland sind wir mit den Hochofenschlacken enthaltenden Hochofen- und Eisenportlandzementen (zusammengefaßt häufig Hüttenzemente genannt) besser daran, da bei ihrer Erhärtung geringere Abbindewärmemengen in Freiheit gesetzt werden und das Freiwerden sich auf längere Zeit erstreckt als bei den „rassischen" Portlandzementen mit ihrem hohen Kalkgehalt.

2. Vorkühlung der Rohsoffe also des Wassers, besonders des Zuschlags und auch Zumischung von Eissplitt zum Beton, besonders im Sommer. Schon einfaches Schützen der Rohstoffe vor Sonnenbestrahlung bringt wesentlichen Erfolg.

3. Kühlung des Betons durch einbetonierte Rohre, die man voll Kühlwasser schickt. Die Rohre gehen natürlich verloren, man preßt sie nach Abschluß des Baus mit Zementbrühe aus. Diese Maßnahme

ist die weitaus teuerste und glücklicherweise wird man meist ohne sie auskommen. Die Kosten beliefen sich bei verschiedenen Bauwerken auf 3,20 bis 3,90 RM je cbm Beton, das waren 2,5 bis 5% der Gesamtbaukosten einer Sperrmauer[1].

4. Die gefürchtete Rißbildung kann aber auch dadurch praktisch völlig verhindert werden, daß außerdem in geeigneten Abständen, die nicht über 15 m gehen sollen, Fugen angeordnet werden. Diese dichtete man früher mit einbetonierten Kupferstreifen, die man neuerdings durch geschützte Aluminiumstreifen mit Erfolg ersetzt hat. Ohne Fugen ist bei größeren Bauwerken nicht auszukommen, da nach Arp ein bei Sommerhitze (25°) hergestellter Betonblock von 15 m Länge bei Abkühlung nur auf die mittlere Jahrestemperatur von 10° um 2,7 mm zu schrumpfen versucht, und bei Verhinderung der Schrumpfung Risse auftreten, sobald die Schwindspannung die Zugfestigkeit übersteigt.

Bei Bauwerken, an denen starke Bewegungen zu erwarten sind, also zum Beispiel bei Talsperren, welche auf Flußsand und Schlamm gegründet sind und an denen man infolge des wechselnden Untergrundes verschieden starke Setzung der einzelnen Bauteile erwarten muß, die eine Verschiebung der Blöcke um mehrere Zoll erwarten lassen, hat man neuerdings Gummidichtungen, deren Auswechselung durch Notverschlüsse möglich ist, angewandt. Aus Untersuchungen alter Gummidichtungen an Rohrleitungen, die nach 65 Jahren noch gut waren, schließt man auf genügend lange Lebensdauer und erhofft sich sogar für künstlichen Gummi noch besseres Verhalten (nach zehnjährigen Versuchen der Gates Rubber Company).

8. Festigkeiten.

Von chemischem Standpunkt gesehen verläuft der Erhärtungsvorgang wie folgt: Die Zemente bestehen aus Kalksilikaten, das sind Salze der Base Kalk mit der Kieselsäure. Diese bilden sich in Weißglut bei beginnendem Schmelzen, wenn die feingemahlenen Rohstoffe (Kalkstein, Mergel u. dgl.) hoch erhitzt werden. Die Zusammensetzung der Kalksilikate wird so gewählt, daß ein Ungleichgewicht da ist und der Kalkgehalt höher ist, als die Kieselsäure dauernd zu binden vermag. Von den hochkalkhaltigen Silikaten wird deshalb ein Ausgleich angestrebt, das heißt, sie versuchen Kalk abzugeben. Gleichzeitig haben sie das Bestreben Wasser abzulagern, also Hydrate zu bilden. Diese Reaktionen werden ermöglicht, wenn zunächst die Oberfläche der Kalksilikate durch Feinmahlung vergrößert, weiter dem durch die Feinmahlung reaktionsfähig gemachten Erzeugnis Wasser zugegeben wird. Nach der Zugabe des Anmachwassers beginnt sofort die Reaktion: Die hochkalkigen Silikate Tricalciumsilikat, das aus drei Mole-

---

[1] Arp: Gründung und Betonierung von Großbauten, Bautechnik 1943, S. 272. — Hampe: Temperaturschäden im Beton, Berlin 1942, W. Ernst u. Sohn. — Eng. News-Rec. 124, 1940, S. 159, Heft v. 1. 2. S. 47. Referat Dr Kress, Die Bautechnik 1943, S. 287.

külen Kalk und nur einem Molekül Kieselsäure aufgebaut ist und die
analog aufgebauten Aluminate zerfallen. Kalk spaltet sich als Calciumoxyd ab und alle neu entstehenden Salze lagern Wasser an. Bei der
Ablöschung des Kalkes wird Wärme frei (Abbindewärme) und bei der
Entstehung der neu sich bildenden kalkärmeren Kalksilikate und
-hydrate findet eine Gelbildung statt, das heißt, es entstehen amorphe
gelartige wasserhaltige Gebilde, die wir uns geleeartig wie einen Pudding vorstellen müssen. Diese trocknen allmählich dadurch aus, daß
ihnen das Wasser von dem noch nicht hydratisierten Zementanteil im
Inneren der Zementkörner entzogen wird. Dadurch erhärten sie wie
Leim und werden steinartig hart so wie manche Halbedelsteine, die
z. B. wie Opal, der auch aus wasserhaltiger Kieselsäure besteht, außerordentlich hohe Widerstandskraft gegen chemische und physikalische
Angriffe besitzen.

Die beschriebenen Reaktionen sind hauptsächlich in den ersten
Tagen nach Wasserzugabe sehr stürmisch und werden durch Wärmezufuhr noch beschleunigt. Daneben klingen sie allmählich ab, laufen
aber noch jahrelang weiter, wie folgende Zahlen des Erhärtungsverlaufs von Mörtelprismen zeigen:[1]

	1 Monat	1 Jahr	2 Jahre	4 Jahre	
Biegefestigkeit	46	61	72	130	kg cm²
Prismendruckfestigkeit	464	515	628	784	„

9. Spezialzement.

Spezialzemente sind Zemente, die zu ganz besonderem Verwendungszwecke dienen, d. h. also mit meist einseitigen Eigenschaften, die
für einen besonderen Verwendungszweck zugeschnitten sind. Aus
diesem Grunde kommen sie auch nur für besondere Bauwerke in Frage.
Sie spielen im Bauwesen eine untergeordnete Rolle[2].

10. Beton und Mörtel.

Der Unterschied zwischen Mörtel und Beton ist zwar bekannt,
soll aber dennoch im Interesse einer klaren Unterscheidung noch einmal gesagt werden. Mörtel ist eine Mischung von Sand und Zement,
Beton dagegen eine Mischung von Zement und Kies. Die ersteren
sind also feinkörnige Konglomerate, wie sie zu Mauern oder zu
Putzen verwendet werden. Die letzteren sind selbständig erhärtende
Grobmörtel. Eine Ausnahme bildet der sogenannte Porenbeton, der

---

[1] Keil u. Gille: Verhalten von Zementen nach Behandlung mit kochendem Wasser, Zement 1940, S. 28. — Elsner u. Gronow: Darf das Verfahren DIN 1166 zur Feststellung der Biegefestigkeit der Höchstzemente nach
24 stündiger Erhärtungszeit benutzt werden? Zement 1941, S. 506.

[2] Wilimek: Fortschritte der Erzeugung von Spezialzementen in der italienischen Zementindustrie, Zement 1943, S. 120. — Platzmann: Sonderzemente für Erdölbohrungen, Ch. Zentr. 1943, I, S. 319.

auf chemischer Grundlage unter Aufblähung von Mörtel (vgl. S. 140) hergestellt wird und den man eigentlich Porenmörtel nennen müßte.

Beton ist ein verkittetes Trümmergestein. Die Maßgaben für sein physikalisches und chemisches Verhalten sind demnach

erstens die Eigenschaften des zu verkittenden Trümmergesteins,

zweitens die Eigenschaften des Bindemittels, das dieses Trümmergestein verkittet und

drittens der Formzustand, der durch die Verdichtung, Verarbeitung usw. hervorgehoben wird.

Die Hauptanforderung, die man an einen Beton stellt, ist Beständigkeit, und zwar nicht bloß in bezug auf Zug- und Druckbeanspruchung, sondern auch in bezug auf Einwirkung schädlicher Einflüsse wie Frost und Hitze, Erschütterungen, Sprengwirkung und vor allen Dingen chemische Beeinflussung. Die letztere ist besonders abträglich und besonders vielseitig in bezug auf die verschiedenen Möglichkeiten. Es sei ausdrücklich darauf hingewiesen, daß ein guter Beton, der nach den Regeln der Baukunst hergestellt ist, eine hohe Beständigkeit gegen alle möglichen aggressiven Lösungen aufweist, und daß selbst bei hoher Aggressivität oder Konzentration der Lösung Schutzmaßnahmen verhältnismäßig leicht und einfach durchzuführen sind. Dennoch war es notwendig, die chemischen Einwirkungen besonders eingehend zu besprechen, da sie sehr verschiedenartig sind, wenn sie auch verhältnismäßig selten auftreten. Das diesbezügliche Kapitel mußte also recht umfangreich werden und mehrere Seiten umfassen. Aus diesem Umfang kann aber nicht darauf geschlossen werden, daß jeder Beton allen möglichen Gefahren ausgesetzt wäre und daß ein Schutz immer angebracht sei. Die aus dem Umfang der entsprechenden Abhandlung über aggressive Wässer, die, wenn sie gründlich sein wollen, recht viel Platz einnehmen müssen[1], häufig gezogene Schlußfolgerung, jeder Beton sei gefährdet, ist falsch. Beton ist trotz der Gefahren, die ihm bisweilen drohen, nicht nur das billigste, sondern auch das beständigste Baumaterial, dessen Widerstandsfähigkeit am besten bewiesen wird durch die Tatsache, daß sehr viel Römerbauten, besonders in Italien, aus Beton noch heute, soweit sie nicht als Steinbrüche benutzt wurden, völlig intakt sind, trotzdem vor 1800 Jahren ein Zement verwendet worden ist, der sich mit der Güte unserer heutigen Zemente nicht annähernd messen kann.

α) Physik des Betons.

Für die physikalischen Eigenschaften des Betons, also für sein Gewicht, für seine Dichtigkeit, für sein Verhalten gegen Durchnässung und Austrocknung, gegen Wärme und Hitze sowie gegen Frost ist

---

[1] Grün: Der Beton. Berlin: Springer 1937. — Kleinlogel: Einflüsse auf Beton. Berlin: Ernst & Sohn 1930. — Vetter, H., u. Rissel, E.: Materialauswahl für Betonbauten, unter besonderer Berücksichtigung der Wasserdurchlässigkeit. Versuche und Erfahrungen 1933. — Iwanow u. Poluschkina: Physikalische Grundlagen der mechanischen Eigenschaften der Zemente, Ch. Zentr., I, S. 2368. — Rodt: Der Erhärtungsvorgang auf physikalischer Grundlage, Zement 1940, S. 271.

vor allen Dingen der Aufbau des Betons maßgebend. Deshalb sei dieser im Hinblick auf diese Einflüsse kurz besprochen:

Je nach den Eigenschaften, die ein Beton haben soll, wird das Gewicht gewählt und zwar wird man einen Schwerbeton, der hohe Beanspruchung, wie beispielsweise Explosionen (Festungsbau) oder Erschütterungen (Maschinenfundamente) oder schließlich Abnutzung (Straßenbau) ausgesetzt ist, besonders schwer machen. Einen Beton für bewohnbare Bauten dagegen wird man leicht herstellen, damit er die Wärme hält (Leichtbeton S. 93).

Schwerbeton. Für Schwerbeton ist hohe Dichtigkeit erforderlich, man verwendet möglichst schwere Zuschlagstoffe, also beispielsweise Granit oder Kies, nicht aber Sandstein und schließlich verdichtet man bei geringstem Wasserzusatz möglichst stark. Die Dichtigkeit wird also bestimmt einerseits von dem Zuschlag, andererseits von dem Zementgehalt und von der Art, wie der Zementleim, der die Zuschlagkörner zusammenbindet, beschaffen ist (vgl. auch Dichtigkeit des Betons, S. 88).

Für die Erkennung des inneren Aufbaus des Betons ist es zweckmäßig, diesen mit der Steinsäge zu zerschneiden, da nur bei dieser Arbeitsweise das Gefüge richtig sichtbar wird, Hohlräume in Erscheinung treten und das Korngrößenverhältnis der Zuschlagstoffe erkannt wird. Alleiniges „Betrachten" fertiger Betonwürfel ist zwecklos, da der stets sich bildende „Überzug" von Zementschlamm einen Einblick in das Gefüge verhindert. Wir schneiden deshalb bei wichtigen Feststellungen die zu prüfenden Betonkörper durch oder zwecks Ermittlung der Festigkeit von Bauwerksbeton aus diesem Würfel heraus. Das Verfahren ist teuer, aber gut. Allerdings gibt dies Verfahren etwas niedrigere Druckfestigkeitszahlen, als sie im Bauwerk vorhanden sind, da durch das Schneiden und das vorhergehende Ausstemmen der Beton immerhin schon etwas geschädigt wird[1].

Tabelle 8. Wasseraufnahme und Raumgewicht von Purzementen, die mit steigendem Wassergehalt angemacht wurden.

| Reihe | Wasserzusatz | | Hochofenzement | | Portlandzement | |
	Hochofenzement %	Portlandzement %	Wasseraufnahme %	Raumgewicht	Wasseraufnahme %	Raumgewicht
I erdfeucht	25	23	2,5	2,04	3,6	2,11
II plastisch	29	28	4,6	2,01	9,1	1,98
III flüssig	35	32	8,9	1,90	10,9	1,91

[1] Kosack: Zur Frage des Einflusses des Schneidens auf die Druckfestigkeit von Betonwürfeln, Bauing. 1938, S. 634. — Amerik. Verbd. Entnahme und Festigkeit von Beton verschiedener Größen, Mitt. d. Forschungsges. 1937, II, S. 99. — Gaede: Die Prüfung der Betonfestigkeit im Bauwerk, Bauing. 1941, S. 138. — Graf: Verarbeitbarkeit von Frischbeton, Dtsch. Ausschuß f. Eisenbeton 1938, S. Heft 91. — Gause u. Tucker: Verfahren zur Bestimmung der Feuchtigkeit in erhärtendem Beton, Ch. Zentr. 1942, I, S. 659. — Prüfung der Betonfestigkeit im Bauwerk, VDI 1941, S. 871.

So haben aus dem Beton herausgebohrte Kerne Minderwerte gegeben von 10—30 %, in der Richtung, daß an den Bohrkernen von
15 cm Durchmesser nur das 0,7—0,9 fache gefunden wurde gegenüber
den Würfeln (20 cm³), die durch normengemäßes Stampfen in Stahlformen erhalten waren. Bei Prüfung kleinerer Würfel werden höhere
Festigkeiten gefunden als bei größeren und zwar betragen bei kleinen
Würfeln mit 10 cm Kantenlänge die Festigkeitsunterschiede ungefähr
35—45 % gegenüber normalen Würfeln von 30 cm². Würfel mit ungefähr 50 cm Kantenlänge geben häufig ungefähr die Bauwerksfestigkeit, wobei allerdings noch die beim Herausstemmen entstehenden
Schädigungen zu berücksichtigen sind[1].

Die Festigkeit des Betons wird, wie gesagt, hervorgerufen durch
die Verkittung des Sandes, des Mörtels, des Kieses und des Betons
durch die beim Wasserzusatz zum Zement sich bildenden wasserhaltigen Kalksalze der Kieselsäure, die man Hydrocalciumsilikate oder
Calciumsilikathydrate nennt. Beim Tonerdezement, in geringerem
Maße auch bei den Normenzementen, bilden sich auch Calciumaluminathydrate. Je höher der Zementgehalt und geringer der Wassergehalt, desto höher die Festigkeit. Gute Verdichtung ist stets erforderlich. Die Reaktion des Zementes tritt nur bei Temperaturen über
$+ 5^0$ ein und zwar je schneller, desto höher die Temperatur ist. Man
vermag also durch die Erhöhung der Temperatur, gegebenenfalls bis
zur Siedetemperatur des Wassers den Festigkeitsanstieg zu beschleunigen. Letztere Methode findet bisweilen bei Herstellung von Betonwaren Anwendung.

Die Mischung. Ausschlaggebend für eine gute Aufschließung des
Zementpulvers durch das zugefügte Wasser und gleichzeitiger Verklebungsmöglichkeit des entstehenden Zementleims ist eine gute
Mischung. Die Handmischung muß besonders sorgfältig durchgeführt
werden (jeweils dreimaliges Umschaufeln erst des trockenen Gemisches Kies-Zement und dann des angefeuchteten Betons). Dennoch
ist sie der Maschinenmischung unterlegen. Die letztere wird meistens
so durchgeführt, daß einzelne Mischungen hergestellt und dann verarbeitet werden. Es gibt aber auch Maschinenmischung, die kontinuierlich arbeitet.

Das Wasser und die Höhe des Wasserzusatzes. Im allgemeinen
können weitaus die meisten Wässer, sogar Meerwasser, Teichwässer
und Grundwässer als Mischwasser verwendet werden. Geringe Schädlichkeit des Wassers wird von dem Zement ausgeglichen. Wenn auch

---

[1] Vgl. Betonkalender 1939, S. 200. — Merkle, G.: Wasserdurchlässigkeit
von Beton in Abhängigkeit von seinem Aufbau und vom Druckgefälle, 1927.
— Bethge, G.: Das Wesen des Gußbetons. Eine Studie mit Hilfe von Laboratoriumsversuchen, 1924. — Wartenberg: Die Festigkeit ungebrannter
keramischer Massen, Ang. Chemie 1937, S. 734. — Glanville: Festigkeitsbestimmungen für Zement, Zement 1937, S. 634. — Würtenberger: Der Einfluß der Temperatur auf die Festigkeit von Portlandzement, Toni 1938, S. 788.
— Vallette: Die Festigkeit des Betons, Zement 1941, S. 654. — Emperger:
Die Konsistenz der Betonmischung und die Vorausbestimmung ihrer Druckfestigkeit, Ch. Zentr. 1938, II, S. 1658.

bei dieser Ausgleichung Kornteile des Zements zugrundegehen, sind die hier in Betracht kommenden Mengen so gering, daß sie für den Bestand des Bauwerks keine Rolle spielen. Nur manche organische Substanzen, wie beispielsweise Zucker, sind überaus schädlich und verhindern das Abbinden. Bei verdächtigem Wasser sind stets Versuche zu machen.

Die Höhe des Wasserzusatzes ist von ausschlaggebender Bedeutung, da sie die Festigkeit und Dichtigkeit des Zementleims bestimmt. Wie stark diese Dichtigkeit des Zementleims, also des beim Abbinden und Erhärten entstandenen neuen Steins, durch den Wasserzusatz beeinflußt wird, geht aus vorstehender Tabelle 7 hervor.

Es ist deshalb für Bauwerke, die irgend einem aggressiven Wasser ausgesetzt werden, zu verlangen, daß sie nicht mit zu hohem Wasserzusatz hergestellt, dennoch aber ausgezeichnet verdichtet werden. Die höchsten Festigkeiten werden erreicht bei erdfeuchtem Beton. Dieser eignet sich aber häufig nicht für Schleusen oder Talsperren, da sein Gefüge zu undicht ist. Es muß also so gearbeitet werden, daß bei verhältnismäßig geringem Wasserzusatz doch größte Dichtigkeit des Betongefüges erreicht wird. Dabei kann man den Wasserzusatz gering halten, wenn für besonders gute Verdichtung, wie beispielsweise durch Rüttler, gesorgt ist. Auf die Gefahr der Entmischung bei zu trockenem oder zu nassem Beton sei nur nebenher hingewiesen. Gußbeton[1] erreicht nur geringe Festigkeit, da der Zementstein bei zu hohem Wasserzusatz zu porös und infolgedessen zu weich wird. Im Gußbeton dient ein Teil des Wassers ganz einfach als Transportmittel, es ist also überschüssig und wird, nachdem der Transport beendet ist, von dem Beton wieder abgestoßen oder es verdunstet später. Nach dem Entweichen des Wassers bleiben Poren zurück, besonders dann, wenn der Beton austrocknen kann. Gußbeton ist also stets mit der geringsten notwendigen Menge Wasser anzumachen. Empfehlenswert ist bei ihm die Heranziehung von Steinmehlen, wie Traß u. dgl. zwecks Dichtung. Die Verarbeitung von Hochofenzement mit Traß zusammen ist durchaus zulässig, ich halte sogar einen Hochofenzement, der geringe Traßanteile enthält, unbedingt in bezug auf Wasserdichtigkeit und auf Salzwasserbeständigkeit für ein gut brauchbares Bindemittel. Der dichteste Beton wird am sichersten erhalten bei plastischer Verarbeitung unter gutem Stochern und Erschüttern der Schalung. Dieses Stochern und Erschüttern muß unter allen Umständen systematisch und zweckmäßig durchgeführt werden entweder von Hand oder noch

---

[1] Kit: Neue Methode zur Schnellbestimmung der Aktivität der Zemente, Ch. Zentr. 1937, II, S. 2055. — Würzner: Die Auswirkungen der Kenntnis des Erhärtungsvorgangs auf die Zementforschung, Zement 1937, S. 181. — Rodt: Erhärtungsproblem, Toni 1938, S. 188. — Iltschenko u. Lafuma: Über die Theorie der hydraulischen Erhärtung, Zement 1938, S. 292. — Forsén: Die chemischen Reaktionen bei der Erhärtung hydraulischer Bindemittel unter besonderer Berücksichtigung von Verzögerern und Beschleunigern, Zement 1938, S. 719. — Nacken: Das Problem der Zementverfestigung, Zement 1937, S. 701. — Orth: Die Herstellung von Pumpbeton bei sehr kalter Witterung, Bauing. 1939, S. 154.

besser durch Rüttelmaschinen oder durch Beklopfen der Schalung von außen mit Lufthämmern. Ein Beton, der in dieser Weise, aus geeigneten, zweckmäßig gekörnten Zuschlagstoffen unter genügendem, aber nicht zu hohem Wasserzusatz hergestellt wurde, ist unter allen Umständen auch ohne Anstrich u. dgl. wasserdicht, besonders dann, wenn er nicht allzu stark auszutrocknen vermag. Verliert er seine Wasserdichtigkeit durch starkes Austrocknen, so gewinnt er diese bis zu einem gewissen Grade bei neuem Annässen wieder, denn im Innern des Betons treten beim Hinzukommen von Wasser ähnliche Quellungserscheinungen auf wie in Holz. Schließlich sei noch erwähnt die Höhe des Zementzusatzes und sein Einfluß sowie die Art des Zements.

Auf die überaus schädliche Wirkung der Arbeitsfugen in bezug auf Wasserdichtigkeit und Salzwasserbeständigkeit sei hier noch verwiesen. Beim Erhärten des unterhalb der Arbeitsfuge liegenden Betons hört die zur Erhärtung führende Kristall- bzw. Gelbildung auf. Sie setzt sich also in den später aufgebrachten neuen Beton hinein nicht fort. Ebenso vermag natürlich das im später aufgebrachten Beton neu entstehende Gel sich nicht fest mit dem alten Beton zu verbinden, besonders wenn dieser verschmutzt ist. Auch entstehen· in den Arbeitsfugen häufig dadurch Undichtigkeiten, daß bei Stampfbeton der neu aufgebrachte Beton im unteren Teil nicht genügend gestampft wird, besonders dann, wenn die Schicht zu dick gewählt wurde. Deshalb sind sehr häufig die Arbeitsfugen Ausgangspunkte für die Zerstörung und Stellen höherer Undichtigkeit. Man betrachte sich einmal Mauern an Böschungen, beispielsweise alte Eisenbahnbauten. Man sieht hier abscheulich aussehende weiße Kalkaussinterungen (Kalkvorhänge!), die in folgender Weise entstanden sind:

In den Beton von oben eingedrungenes Wasser ist durch diesen hindurchgesickert bis zur Arbeitsfuge. Es vermag die Arbeitsfuge nun nicht weiter von oben nach unten zu durchdringen, da die Oberfläche des alten Betons seinerzeit bei der Herstellung durch das Stampfen dicht geworden war. Infolgedessen tritt es aus der Mauer in der Arbeitsfuge aus, zumal ja die unterste Schicht des später aufgebrachten Betons infolge mangelnder Verdichtung porös ausgefallen war und scheidet den gelösten Kalk an der Wand als Calciumkarbonat ab. Ein in Arbeitspausen mit vielen Arbeitsfugen hergestelltes Gebäude ist eigentlich gar kein monolithisches Bauwerk, sondern es besteht aus einzelnen Quadern, die Quader werden gebildet von den unregelmäßigen Betonblöcken, wie sie entstanden sind durch die Arbeitsfugen bei der Erstellung (Abb. 29).

Höhe des Zementzusatzes[1]. Diese ist natürlich ausschlaggebend für die Festigkeit. Je höher der Zementgehalt, desto höher die Festigkeit, allerdings nur bis zu einem gewissen Grade. Die beste Ausnutzung des Zements wird erzielt ungefähr beim Mischungsverhältnis 1 : 5, wobei allerdings natürlich bei höherem Zementzusatz die Festigkeit noch erhöht wird. Diese Erhöhung bleibt aber hinter der zu erwartenden Festigkeit zurück. Bei fallendem Zementzusatz fällt die Festigkeit schneller als zu erwarten ist, d. h. der Zement wird auch in diesem Mischungsverhältnis nicht mehr entsprechend ausgenutzt.

---

[1] G r a f : Zur Beurteilung der Ergebnisse von Betonproben bei der Ausführung von Betonbauten, Fofoba Reihe A, Heft 1. — G r a f : Über die Prüfung von Betonproben zur Beurteilung der Druckfestigkeit des Betons in Bauwerken, Fofoba Reihe A, Heft 7. — T e l l e g e n : Mauern aus Stampfbeton. Bauing. 1941, S. 232.

Bei einem normalen Bauwerk genügen die Mengen, wie sie in den Betonvorschriften angegeben sind, d. h. 250 kg Zement im Kubikmeter Beton. Bei höheren Anforderungen an die Festigkeit muß natürlich die Zementmenge erhöht werden: ganz besonders wichtig ist diese Erhöhung, wenn Wasserdichtigkeit verlangt wird, oder gar Wider-

Abb. 29. Kalkausscheidung an einem mit starken waagerechten Arbeitsfugen errichteten Bauwerk. Der Kalk wurde vom Wasser, das von oben eindrang, aus dem Beton gelöst und schied sich auf der Oberfläche aus dem an den Arbeitsfugen austretenden „Kalk"wasser ab.

standsfähigkeit gegen aggressive Einflüsse. Bei Meerwasserbauten ist meiner Ansicht nach eine Verwendung von 450 kg Zement auf den Kubikmeter Beton unbedingt notwendig. Bauwerke mit geringerem Zementgehalt werden im Laufe der Zeit zugrunde gehen, auch dann, wenn verhältnismäßig widerstandsfähige Zemente für ihre Errichtung verwendet wurden.

Zusammensetzung des Zuschlagstoffes. Ausschlaggebend für die Festigkeit des Betons ist neben der Höhe des Zementzusatzes und der Wasserzugabe die Art des Zuschlags in bezug auf stofflichen Aufbau, Korngrößenverhältnis und Oberfläche der Zuschlagkörner. Neben der Dichtigkeit ist auch die Form des Betonbauwerks von großer Bedeutung; wie man z. B. bei modernen Autos die Tropfenform bevorzugt, um den Luftwiderstand herabzusetzen, muß der Beton bezüglich seines Aufbaues so gestaltet werden, daß er der angreifenden Beanspruchung, beispielsweise der Explosionswelle oder der angreifenden Lösung oder dem Gas die geringste Oberfläche bietet[1]. Die Form muß also unbedingt so beschaffen sein, daß schädliche Wässer oder Gase irgendwelcher Art nicht in das Innere des Betons einzudringen vermögen. Als solche schädliche Wässer können schon salzarme Flußwässer bezeichnet werden, denn sie vermögen porösen Beton im Laufe von wenigen Jahrzehnten zu lösen. So wurden in Norwegen und Schweden zahlreiche Talsperren im Laufe von zwanzig Jahren durch die salzarmen Flußwässer zerstört, weil der Beton nicht dicht genug war und infolgedessen sein Kalk herausgelöst wurde (Abb. 30). Der Dichte des Betons ist also die allergrößte Aufmerksamkeit zu widmen[1].

Aus dem täglichen Leben ist es ja bekannt, wie stark der Widerstand eines dichten Körpers, auch wenn er an sich wasserlöslich, gegen die lösende Wirkung des Wassers ist. Erinnert sei nur an die verschiedenen Zuckermodifikationen; der gewöhnliche Kandiszucker löst sich nur außerordentlich schwer und langsam auf. Der aus demselben Stoff bestehende Kristallzucker dagegen zerfällt infolge seines porösen Gefüges in wenigen

Abb. 30. In Zerstörung begriffene norwegische Talsperre: Das sehr weiche kohlensäurereiche Wasser zermürbt den Beton. Die starken Kalkausscheidungen weisen auf diese noch nicht in Erscheinung getretene Zermürbung hin (Bild Rolfsen).

---

[1] G r ü n : Beton für Unterstandsbau, Zement 1939, S. 22. — H e l s b y : Luftangriffe und baulicher Luftschutz in Barcelona während des spanischen Krieges, Bauing. 1939, S. 324. — S p e t h : Bauingenieur und Baustoff in der Landesbefestigung, Dt. Baum. 1939, Heft 11, S. 4. — F r u c h t : Luftangriff, Bombenwurf und Bombenwirkung, Baul. Luftsch. 1942, S. 168. — M a a c k : Das Verhalten von Baukonstruktionen gegen Bombenwirkungen, Baul. Luftsch. 1942, S. 148. — S p e t h : Verhalten des Stahlbetons gegenüber Bombenwirkungen, VDI 43, S. 197.

Sekunden. Will man also in der Praxis Körper herstellen, die sich schnell lösen, z. B. Tabletten irgendwelcher Medikamente, so macht man sie absichtlich porös und durchsetzt sie mit löslichen Salzen. Entsprechend muß auch ein Beton, der sich nicht lösen soll, dicht gestaltet werden. Diese dichte Gestaltung des Betons kann hervorgerufen werden, zunächst natürlich durch Auswahl geeigneter Zuschlagstoffe, weiter durch Anwendung genügender Zementmengen, schließlich durch die Art der Verarbeitung, d. h. die Höhe des Wasserzusatzes bzw. der Stampfarbeit.

Über den notwendigen Aufbau der Zuschlagstoffe ist in den Bestimmungen des Deutschen Ausschusses für Stahlbeton das Notwendige gesagt[1]. Im nachfolgenden seien die hier gegebenen Anweisungen wiederholt:

a) In diesen Bestimmungen sind die einzelnen Körnungen wie folgt bezeichnet (vgl. DIN 1179). Tabelle 9.

Rückstand auf dem Sieb mit Millimeter Lochdurchmesser	Durchgang durch das Sieb	Bezeichnung	
		Natürliches Vorkommen	Zerkleinerte Stoffe
—	1	Betonfeinsand ⎱ Beton- Betongrobsand ⎰ sand	Betonfeinsand ⎱ Beton- Betongrobsand ⎰ brech- sand
1	7		
7	30	Betonfeinkies ⎱ Beton- Betongrobkies ⎰ kies	Betonsplitt Betonsteinschlag
30	70		

Betonkiessand ist das Gemenge von Betonsand und Betonkies.

Als Betonzuschläge gelten nach diesen Bestimmungen u. a. auch Hochofenschlacke geeigneter Zusammensetzung[2], wie zerkleinerte Hochofenstückschlacke, zerkleinerte Hochofenschaumschlacke und Schlackensand, ferner zerkleinerte Lavaschlacke, Bimssand und Bimskies.

b) **Die Kornzusammensetzung der Zuschläge beeinflußt im hohen Grade die Güte des Betons**[3].

Die Körnung der Zuschläge ist durch Siebversuche zu prüfen. Die Zusammensetzung des Betonsandes soll zwischen den Sieblinien **A** und **C** der Abb. 31 liegen, diejenige des Gemisches aus Sand und Feinkies oder Splitt (also des Betonkiessandes) zwischen den Linien **D** und **F** der Abb. 32. Die Sieblinie des Brechsandes sollte in der Regel nicht tiefer liegen als in der Mitte zwischen den Linien **A** und **B** der Abb. 31.

In der Regel genügt es, den Anteil des Feinsandes und des Grobsandes festzustellen. Der Sand soll mindestens 20 % und höchstens 70 % Feinsand

---

[1] Ellerbeck: Die Stahlbetonbestimmungen, Ausgabe 1943, besonders die Vorschriften für Zement, Zement 1943, S. 112. — Bestimmungen des deutschen Ausschusses für Stahlbeton, Ausgabe 1943, Stand August 1947. W. Ernst & Sohn, Berlin.

[2] Zerkleinerte Hochofenschlacke muß den „Richtlinien für die Lieferung und Prüfung von Hochofenschlacke als Zuschlagstoff für Beton und Eisenbeton" entsprechen (vgl. Erlaß des Preuß. Ministers für Volkswohlfahrt vom 17. November 1931 — II 6313/2. 10, Zentralbl. d. Bauverw. 1931, S. 760). Hochofenschaumschlacke und Schlackensand, die im Gegensatz zur Hochofenstückschlacke durch schnelles Abkühlen entstehen, fallen nicht unter diese Richtlinien. Sie müssen ihnen aber in den Punkten A I und A II 1 und 4 entsprechen.

[3] Vgl. Graf: Der Aufbau des Mörtels und des Betons, 3. Aufl. Berlin: Springer 1930.

enthalten (Abb. 31). Im Gemisch aus Sand und Kies, Splitt oder Steinschlag
(also im Betonkiessand) sollen mindestens 40% und höchstens 80% Betonsand sein (Abb. 32).

Als besonders gute Zuschläge gelten solche, deren Sieblinien zwischen
den Linien **A** und **B** (Abb. 31) bzw. **D** und **E** (Abb. 32) liegen.

Bei wichtigen Bauwerken, stets aber bei Verwendung von flüssigem Beton ist v o r Baubeginn eine zweckmäßige Körnung der Zuschläge durch Versuche festzulegen. Ihr Innehalten (mit angemessenem Spielraum) ist während
der Bauausführung wiederholt durch Siebversuche nachzuprüfen.

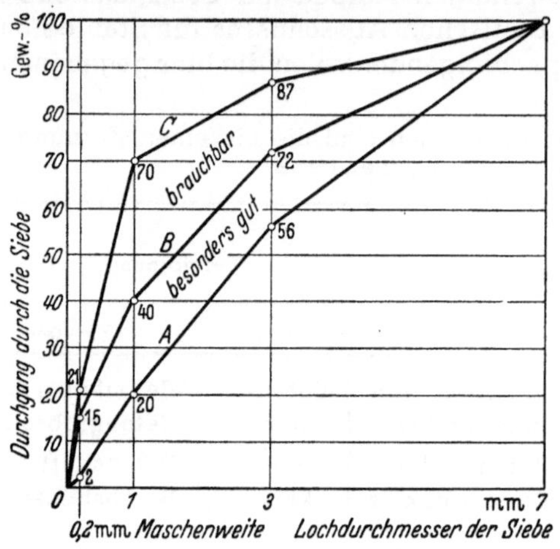

Abb. 31. Sieblinien für Sand.

Für die Lieferung von Zuschlagstoffen sind Richtlinien erschienen[1],
aus denen das Wichtigste hier wiedergegeben sei:

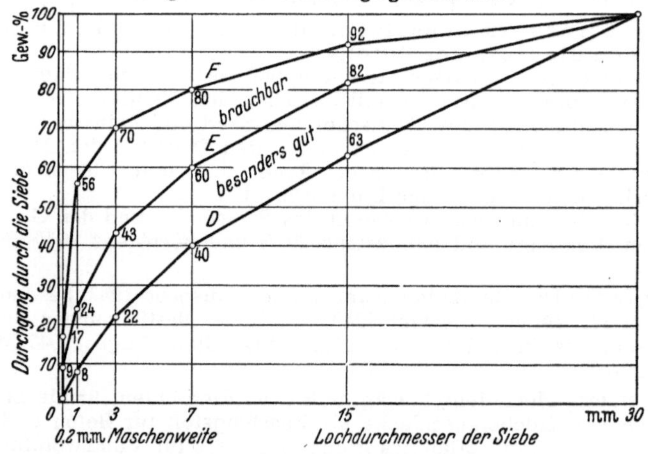

Abb. 32. Sieblinien für Kiessand.

1. Es sollen getrennte Korngruppen angeliefert werden. Die einzelnen sollen möglichst wenig Über- oder Unterkorn, besonders für
hochwertigen Beton enthalten.

---

[1] Beton- und Stahlbetonbau 1943, Heft 19/20. —

2. Als schädliche Bestandteile sind angeführt: a) mehlfeine Stoffe, die eine bestimmte Menge überschreiten, b) organische Substanzen, c) Schwefelverbindungen, d) brüchige Anteile, e) frostunbeständige Teile.

a) Die mehlfeinen Stoffe bestehen aus Ton oder Glimmer, ihr Gesamtanteil soll folgende Werte nicht überschreiten[1]:

$$\text{bei Körnungen bis } 3 \text{ mm} \qquad 3 \ \%$$
$$,, \qquad ,, \qquad ,, \ \ 7 \ \ ,, \qquad 2 \ \%$$
$$,, \qquad ,, \qquad ,, \ \ 70 \ \ ,, \qquad 0,5 \ \%$$

b) Über die Einwirkung organischer Substanzen gibt nur die Betonfestigkeit Aufschluß, also bei Anwesenheit organischer Substanzen: Würfelherstellung und Festigkeitsprüfung. Erkennung organischer Substanzen ermöglicht der Natronlaugeversuch: Übergießen von 130 ccm Zuschlag in einer kalibrierten Flasche bis 200 ccm mit 3% Natronlauge: Braunfärbung läßt auf Anwesenheit organischer Substanzen schließen: dann Würfelversuch.

c) Schwefelverbindungen, Gips, Pyrit können Treiben verursachen. Erkennung durch Analyse, unter Umständen unter Aufschluß-Feststellung der Oxydationsstufe des Schwefels und der Wasserlöslichkeit.

d) Ausbau der brüchigen Anteile und Gewichtsbestimmung.

e) Ausbau der gefährdetsten Anteile (Sachkenntnis!) und Frostversuch an diesen (DIN 52104) oder Kristallisationsversuch (DIN 52111).

$$\text{Zulassung bei Körnungen bis } 7 \text{ mm} \qquad 10\%$$
$$,, \qquad ,, \quad \text{über } 7 \text{ mm} \qquad 5\%$$

Als andere Verunreinigungen kommen Kohlepartikel in Frage, die bei Estrich und Putz stören. Feststellung durch das Aufschlußverfahren: Einwerfen in Zinkchloridlösung vom Reingewicht 1,6. Zulassung: Gewicht der aufschwimmenden Anteile 0,5%[2].

Hinzuzufügen ist noch folgendes: Wird besonders dichter Beton verlangt, beispielsweise für Schachtbauten, so ist es zweckmäßig, unter allen Umständen Versuche mit den zur Verfügung stehenden Materialien zu machen, indem man Betonplatten oder Körper herstellt und diese unter Druck auf ihre Wasserdurchlässigkeit prüft. Die oben wiedergegebenen Kurven sind bei aller Zuverlässigkeit für ganz besonders stark beanspruchte Bauten insofern nachzuprüfen, als das betr. Zuschlagmaterial der Zusammensetzung, wie es endgültig ver-

---

[1] Bestimmungsart: A m b a c h : Der Sedimentierversuch, Fortschritte und Forschungen im Bauwesen, Reihe A, Heft 12 (1943).

[2] H u m m e l - C h a r i s i u s : Die vereinfachte Bestimmung der abschlämmbaren Bestandteile in Betonzuschlagstoffen, Zement 1941, S. 253. — G a e d e : Die vereinfachte Bestimmung der abschlämmbaren Bestandteile in Betonzuschlagsstoffen, Zement 1941, S. 470. — H u m m e l - C h a r i s i u s : Die vereinfachte Bestimmung der abschlämmbaren Bestandteile in Betonzuschlagsstoffen, Ch. Zentr. 1942, I, S. 2180. — F i s c h e r : Über den Einfluß der Kornform der Feinteile in den Zuschlagsstoffen, Fofoba, Reihe A, Heft 6. — Schädliche Beimengungen in Zuschlagsstoffen, Betonst. Ztg. 1937, S. 320. — B u d n i k o f f : Einfluß der granulometrischen Zusammensetzung und verschiedener Salze auf die Erhärtungstemperatur und die mechanischen Eigenschaften von Portlandzement, Zement 1937, S. 633, Ref.

wendet werden soll, einer Prüfung als Beton zu unterziehen ist. Besonders wichtig ist dies, wenn die Zuschlagstoffe nicht rundkörnig sind, sondern aus Splitt bestehen und hier wieder ganz besonders, wenn ein Basaltsplitt, der sich bekanntlich aus länglichen Stücken zusammensetzt, verwendet werden soll. Oft wird empfohlen, für solche hoch beanspruchte Bauwerke nur doppelt gebrochenen Basaltsplitt heranzuziehen, da in ihm die kubischen Körner vorwiegen; die günstige Wirkung des doppelten Brechens ist allerdings bestritten, Versuche geben schnell Aufschluß. Liegt rundkörniger Kies in allzu großen Stücken vor, so ist es ohne weiteres zulässig, diesen durch einen Steinbrecher gehen zu lassen, gebrochener Kies ist ein ganz ausgezeichnetes Zuschlagsmaterial. Die Einrede, daß das Brechen des Kieses zu „Sprüngen" in den gebrochenen Anteilen führe, konnte ich nicht bestätigt finden.

Transport des Betons. Der Transport des Betons an Ort und Stelle ist vom chemischen Standpunkt deshalb wichtig, weil er unter allen Umständen durchgeführt sein muß, bevor die Erstarrung beginnt. Während erdfeuchter Beton erfahrungsgemäß die beste Festigkeit hat, läßt sich plastischer Beton mit Greifern wesentlich leichter transportieren, entmischt sich nicht so leicht oder er läßt sich sogar bei etwas höherem Wasserzusatz pumpen[1]. Der Gußbeton fließt von selbst, in ihm hat also das Wasser die Bestimmung, für den Transport zu dienen. Es setzt die Festigkeit stark herab.

Die großen Hoffnungen, die ursprünglich auf den aus Amerika herübergekommenen Gußbeton gesetzt wurden, haben sich nicht ganz erfüllt, vor allem deshalb, weil häufig, um ein gutes Laufen in den Zubringerrinnen zu erzielen, ein viel zu flüssiges Erzeugnis hergestellt wurde, das dann Blätterteig-Beton ergab. Bei sorgfältiger Ausführung ist meines Erachtens auch Gußbetonieren eine durchaus brauchbare Arbeitsweise. Dennoch hat sich in der letzten Zeit ein Hinneigen zum Weichbeton geltend gemacht, vor allem durch Einführung der Betonpumpe, welche einen verhältnismäßig günstigen Transport dieses Betons an die Verarbeitungsstelle gestattet. Da mit geringerem Wassergehalt hergestellter Beton stets höhere Festigkeiten hat als wasserreichere Erzeugnisse, versucht man durch Einbringen feinst verteilter Luftbläschen die Verarbeitbarkeit zu verbessern („Air Entrained Agens"). Infolge Einführung von Rüttelvorrichtungen schafft man die Möglichkeit ausgezeichneten Verdichtens. Damit ist Aussicht auf Erfolg gegeben. Wichtig ist die Vermeidung von Arbeitsfugen, die nach den bisherigen Erkenntnissen am besten bei weichem Beton vermieden werden, deren Schließung aber auch durch manche chemische Zusätze zum Beton begünstigt werden kann.

Gute Erfahrungen werden neuerdings zur besseren Anbetonierung von Frischbeton an die schon erhärteten Schichten gemeldet bei Zu-

---

[1] Förderung von Beton durch Pumpen bei Frost, Beton u. Eisen 1939, S. 116. — Warsitz: Zur Frischbetonförderung mit Pumpen, Baul. Luftsch. 1942, S. 133.

satz gewisser Verflüssigungsmittel, die man dem Frischbeton zusetzt mit dem Anmachwasser (Plastiment, Betonplast und andere). Diese Chemikalien machen den Frischbeton bildsamer und flüssiger, ohne daß der Wasser-Zementfaktor erhöht zu werden braucht. Die Herabsetzung des Wasser-Zementfaktors kann man allerdings bei Erhöhung des Wasserzusatzes zur Verbesserung der Bildsamkeit auch erreichen durch Erhöhung des Zementanteils[1].

Die Schalung. Die Schalung, welche bestimmt ist, den Beton aufzunehmen, vermag chemisch auf den Beton einzuwirken. Verschmutzte Schalung haftet an dem Beton, ist schwer zu entfernen und vermag sogar die Oberfläche des Betons zu schädigen. Um ein leichtes Lösen der Schalung vom Beton zu erreichen, verwendet man auch Schalungsöle. Diese müssen aber so beschaffen sein, daß sie den Beton in seiner Oberfläche weder schädigen (Absanden) noch färben. Ein Verfahren, die Oberfläche des Betons aufzurauhen und ihr so das tote Aussehen zu nehmen ist, daß man die Schalung mit einer leimhaltigen Zuckerlösung anstreicht. Die Oberfläche des Betons erhärtet dann nicht und kann durch Abspritzen von dem nicht erhärteten Zementschlamm befreit werden, wodurch sie ein Aussehen bekommt wie Nagelfluh. In Deutschland hat sich dieses aus Amerika kommende Verfahren nicht eingeführt. Man begnügt sich hier meist mit dem Abspritzen der Betonoberfläche, um sie lebendig zu machen[2].

Verarbeitung, Verarbeitbarkeit und Verdichtung. Die Verarbeitbarkeit richtet sich nach der Korngröße und Kornform des Zuschlagstoffes, nach der Zementmenge und der Höhe des Wasserzusatzes. Splittrige Zuschläge verarbeiten sich schwerer (Basaltsplitt) als rundgerollte (Kies). Zur Verbesserung der Verarbeitbarkeit sind Zusätze möglich. Ebenso wächst diese mit steigendem Wasserzusatz (Gußbeton, plastischer Beton, erdfeuchter Beton).

Unterwasserschüttbeton. Durch einige Bauunfälle ist das Schütten und Vergießen des Beons unter Wasser m. E. zu unrecht in Verruf ge-

---

[1] Der Wasser-Zementfaktor ist der Quotient aus $\frac{\text{Zement}}{\text{Wasser}}$ Es ist wichtig für die Dichtigkeit und Festigkeit und liegt bei erdfeuchtem Beton bei 0,5, bei Weichbeton bei 0,8 und bei Gußbeton bei 1. Die bei gleichem Zementgehalt erreichten Festigkeiten verhalten sich wie 30 : 60 : 100.

[2] Venkanna u. Srinivasan: Laboratoriumsuntersuchungen: Wasser-Zementverhältnis in Zementgußmörteln, Ch. Zentr. 1938, I, S. 3959. — Roscher Lund: Über die Beurteilung von Portlandzementen zum Gießen von Konstruktionsbeton, Ch. Zentr. 1939, I, S. 2271. — Brusch: Versuche zur Erzielung porenfreier Betonsichtflächen, Zement 1940, S. 446. Leonhardt: Leichtbau, Bautechnik 1940, S. 421. — Böhm: Neuere Erfahrungen in der Anwendung von Gleitschalungen, Bautechnik 1940, S. 444. — Löser: Schalung und Rüstung im Eisenbetonbau und im Brückenbau, Bautechnik 1941, S. 381. — Schalungsparende Betonbauweise unter Verwendung von Betonfertigteilen, Betonstein-Ztg. 1941, S. 147. — Holecek: Schlackenzementplatten als Betonschalen, Betonwaren — Betonwerkstein 1942, S. 209. — Karavantes: Ein Angreifer in von der Verschalung befreitem Zement, Ch. Zentr. 1943, I, S. 77. — Hoffmann: Der Schalungsdruck von frischem Beton, Beton- u. Stahlbetonbau 1943, S. 130.

raten. Erst durch Herüberkommen des Kontraktor-Verfahrens erhielt es neuen Auftrieb. Bei sorgfältiger Durchführung der Arbeiten und normaler Beschaffenheit des überspülenden Wassers sind Schädigungen des Betons aber nicht zu befürchten. Nach dem Verfahren wird bekanntlich der zähflüssige Beton in Trichter eingeschüttet, welche bis kurz über die Sohle des zu betonierenden Bauwerkes unter den Wasserspiegel hinunterreichen. Die Trichter sind beim Kontraktorverfahren ortsfest und werden mit Steigen der Betonoberfläche allmählich gezogen, es wird aber auch mit verfahrbaren Trichtern gearbeitet. In beiden Fällen muß als Hauptsache dafür gesorgt werden, daß das Ende des Schüttrohres nie aus dem flüssigen Beton auf der Baugrubensohle herausgezogen wird und daß das Rohr selbst stets mit Beton gefüllt bleibt. Nur bei Einhaltung dieser Verhältnisse ist es zu erreichen, daß das Wasser-Zement-Verhältnis, das man dem Beton über Wasser gab, erhalten bleibt. Stürzt durch Herausziehen des Rohrendes der Beton durch eine noch so kurze Wassersäule, so tritt Ausspülung des Zementes aus dem Beton, Entmischung und vor allem Erhöhung des Wasser-Zement-Faktors mit katastrophalem Abfall der Festigkeit und Dichte ein und der Bauunfall ist unvermeidlich.

Die Festigkeit und ihre Prüfung. Die Festigkeit wird bestimmt durch: Zementgehalt, Zementart, Umstände der Erhärtung (Frost und Hitze), Zuschlagsbeschaffenheit und Zuschlagskörnung. Die Festigkeit wird geprüft an Prismen, Säulen oder Würfeln.

Dichtigkeit. Ausschlaggebend für die Dichte sind neben der unter 8. geschilderten Einzelheiten auch der Verdichtungsgrad und die Trocknungsmöglichkeit. Bei guter Verdichtung durch Rütteln wird leicht ein dichterer Beton erzielt als bei schlechter oder einfacher Stampfung. Austrocknung schädigt die Dichtigkeit wie bei Holz. Durch nachträgliches Annässen kann sie aber weitgehend verhindert werden, weil die im Beton vorhandenen Zementgele quellen.

Wasserdichtigkeit eines Betons ist bei Möglichkeit von Frost und Wassereinwirkung, hauptsächlich wenn diese sich mit Frostbeanspruchung zu vereinigen vermag, Voraussetzung für seine Beständigkeit auf längere Zeit. Ausdrücklich sei aber darauf verwiesen, daß bei der Einflußmöglichkeit aggressiver Wässer, die Wasserdichtigkeit allein wohl eine Verlängerung der Lebensdauer im Gefolge hat, als Schutz allein aber nicht genügt, und zwar aus folgendem Grund: Auch ein dichter Beton saugt stets Wasser auf, ja er verdankt ja seine Wasserdichtigkeit dem Quellvermögen der Gele, das sind amorphe, wasseraufnehmende und dabei ihren Raum vergrößernde Substanzen wie Gelatine (daher der Name). In dieses im Beton befindliche und an seinem Aufbau beteiligte Wasser wandern nun die Salze der einwirkenden Lösung nach den Gesetzen des osmotischen Druckes ein. Dieses Wasser verwandelt sich also auch bei dichtestem Beton in eine Salzlösung. Vermag das eingewanderte Salz mit den Kalksilikaten, die Zusammenhalt des Betons gewährleisten, zu reagieren, so treten Umsetzungen ein, die zur Zerstörung des Betons führen können, oft unter Raumvergrößerung, die wir Treiben nennen. Das Treiben wird dann besonders stark sein, wenn die entstehenden Neubildungen einen größeren Raum einnehmen als die ursprünglich vorhandenen Salze, wenn also beispielsweise diese mit größeren Wassermengen kristallisieren, wie dies beim unter Sulfateinwirkung entstehenden Calciumaluminat (Zementbazillus), das 32 Mol Wasser enthält, der Fall ist.

Da der Beton im Gegensatz zu den meisten anderen Baustoffen, die fertig wie Eisen oder Holz an die Baustelle angeliefert werden, erst am Ort der Verwendung erzeugt wird, erhält er auch erst hier sein Gefüge, das ausschlaggebend ist für seine Widerstandsfähigkeit gegen chemische und physikalische Einwirkungen. Hoher Wasserzusatz setzt diese immer herab, ebenso ist ungenügende Verdichtung nachteilig. Das Ideal ist also trockener Frischbeton und gute Verdichtung. Diese läßt sich aber bei geringem Wassergehalt nur durch sehr starkes Stampfen, noch besser durch Rütteln und Vibrieren durch Hochfrequenzgeräte, denen zweifellos die Zukunft gehört, erreichen. Für die Verdichtung von Beton wird in Zukunft zweifellos das Rüttelverfahren größere Bedeutung erhalten. Die Rüttler sind Apparate, welche mit einer sehr hohen Schwingungszahl arbeiten und den Beton durch die für das bloße Auge kaum bemerkbaren Erschütterungen wieder flüssig macht und ihn so verdichtet. Man kann erdfeuchten Beton in dieser Weise sehr dicht machen[1]. Man soll aber das Kind nicht mit dem Bad ausschütten und nur wegen der von wasserarmem, aber schwer verarbeitbaren Beton zu erwartenden etwas höheren Festigkeiten die wasserreicheren Betonarten, wie plastischen und Gußbeton, in Acht und Bann tun.

Rostschutz von Beton. Eine der interessantesten Eigenschaften des Betons ist, daß er in entsprechend genügend dicker Lage und dichter Beschaffenheit Eisen vor Rosten vollkommen zu schützen vermag. Die Hauptursache hierfür ist nicht die Tatsache, daß die Luft abgehalten wird, sondern auch weiter, daß der Beton ein alkalisches Erzeugnis darstellt, das einen Überschuß von Kalk hat. Dieser Kalk verhindert als „Sperre" den Zutritt von Kohlensäure aus der Luft, da er die eindringenden Kohlensäuremoleküle sofort bindet, indem er sie in kohlensauren Kalk verwandelt. Da nun beim Rosten von Eisen Kohlensäure eine außerordentlich wichtige Rolle spielt, und diese in dichten Beton nicht einzudringen vermag, wird das Rosten des Eisens verhindert, zumal ja auch sehr weitgehend dem Sauerstoff der Luft der Zutritt verwehrt ist. Wichtige Voraussetzung sind also entsprechender Zementgehalt, gute Überdeckung (3 cm) und dichte Verarbeitung. Rostfreiheit des Eisens ist nicht erforderlich. Bei Zement, der reduzierend gebrannte Substanzen, wie beispielsweise Hochofenschlacke

---

[1] H u m m e l: Die Bedeutung des Rüttelverfahrens für die Betontechnologie, Bauindustrie 1942, S. 287. — Vgl. „Vorläufige Anweisung für die Verwendung von Innenrüttlern zum Verdichten von Beton", Baumarkt 1942, S. 233. — N i p k o w: Erfahrungen beim Betonieren im Kraftwerkbau, Ch. Zentr. 1941, II, 1666. — H u m m e l: Die Bedeutung des Rüttelverfahrens für die Betontechnologie, Ch. Zentr. 1942, II, S. 703.

enthält, ist sogar eine Entrostung des Eisens im Verlauf mehrerer
Jahre festgestellt worden[1].

Quellen und Schwinden. Auf das Quellen und Schwinden des Betons hat der Zuschlag einen nur untergeordneten Einfluß, einen um so
höheren. dagegen der Zementleim. Der hochzementhaltige Beton
schwindet und quillt mehr als solcher mit geringerem Zementgehalt,
da die Gele bei hohem Zementgehalt natürlich das Übergewicht
haben. Fette Putze reißen deshalb leicht, besonders wenn sie schnell
austrocknen. Um das Schwinden zu verhindern, ist also langsame Austrocknung erforderlich. Hoher Zementzusatz in gut hergestelltem Beton
erhöht aber auch dessen Festigkeit, so daß wiederum die Rißbildung
erschwert wird. Denn die Risse entstehen in dem Augenblick, da die
innere Zugfestigkeit des Betons durch die Schwindspannung überwunden wird. Bei schnell eintretender hoher Zugfestigkeit bleibt also
auch eine starke Schwindung ohne schädlichen Einfluß, da keine
Risse auftreten können, weil die Schwindspannung (der „Schwindzug") geringer bleibt als die Zugfestigkeit. Die heute noch oft vertretene Ansicht, daß zu hoher Zementgehalt in Schwerbeton leicht
Risse veranlassen würde, hat sich bis heute nicht bestätigt, denn in
Holland mit 600 kg Zement je Kubikmeter Beton hergestellte Straßen
liegen gut und rissefrei, allerdings unter dem feuchten Klima des
Nordwestens[2].

Die Wärmeausdehnung des Betons spielt im allgemeinen eine
untergeordnete Rolle. Nur bei großflächigen Bauwerken, wie Platten

---

[1] Spieker: Korrosionserscheinungen bei Bewehrungseisen im Betonbau
zerstören ganze Bauwerke, 1940, S. 49. — Rostschutz bei Balkonträgern,
Bautenschutz 1940, S. 161. Johnston: Über die Haftfestigkeit von durch Rost
angegriffenen Bewehrungseisen, Ch. Zentr. 1941, I, S. 1083. — Sprengkraft
des Rostes, Techn. Blätter 1942, S. 108. — Steopoe: Die Metalle und der
Mörtel, Ch. Zentr. 1943, I, S. 198. — Hebberling: Zur Rostschutzfrage, Bautechnik 1943, S. 43.

[2] Goslar: Beitrag zur Frage des Einflusses der Grobzuschläge auf
das elastische Verhalten von Beton, Zement 1938, S. 517. — Speth:
Beton im Festungsbau und sein Verhalten gegen Geschoßwirkung,
B. u. E. 1938, S. 241. — Endell: Die Quellfähigkeit der Tone im Baugrund
und ihre bautechnische Bedeutung, Bautechnik 1941, S. 201. — Rodt: Quellung, Zement 1941, S. 675. — Hodez: Über das Schwinden und Schwellen
des Betons als Ursache von Verwerfungen von Betonfertigfabrikaten, Das
Betonwerk 1942, S. 33. — Würzner: Rißbildung im Beton, Zement 1943,
S. 143. — Yoshida, H.: Über das elastische Verhalten von Beton mit besonderer Berücksichtigung der Querdehnung, 1930. — Bijls: Der gegenwärtige Stand unserer Kenntnisse über das Schwinden von Beton, Zement 1941,
S. 498. — Stanton: Einfluß von Zement und Zuschlag auf die Ausdehnung
des Betons, Zement 1940, S. 566. — Mußgnug: Über die Möglichkeit zur
Herstellung rißfreien Betons unter besonderer Berücksichtigung der zementtechnischen Grundlagen, Zement 1943, S. 61. — Würzner: Rißbildung im
Beton, Zement 1943, S. 143. — Ehlers: Elastizitätsmaß des Betons bei
Schwingungen, Beton u. Eisen 1941, S. 280. — Salyi: Die langsame Formänderung von Beton, Ch. Zentr. 1938, I, S. 691. — Sartorius-Thalborn:
Schwinden und Kriechen des Betons, Beton u. Eisen 1938, S. 219. — Ross:
Das Kriechen von Hochofenzementbeton, Ch. Zentr. 1938, II, S. 2011. —
Bolomey: Elastische, plastische und bleibende Deformationen einiger Betonarten, Ch. Zentr. 1942, II, S. 2307.

für Autobahnen, muß mit starker Ausdehnung bei Sonnenbestrahlung und entsprechender Zusammenziehung bei Frost gerechnet werden. Man bringt deshalb alle 15 bis 20 m 1 und 2 cm breite Fugen an, um den Platten das Zusammenziehen und Ausdehnen zu ermöglichen.

Kriechen. Der Beton zeigt sich, wenn man ihn an der Oberfläche lange Zeiträume beobachtet, als eine auch in erhärtetem Zustand nicht ganz starre, sondern etwas plastische Masse, er vermag also dauerndem Druck bis zu einem gewissen Grade nachzugeben. Das Maß dieses Nachgebens, das man Kriechen nennt, ist allerdings so gering, daß es die Standfestigkeit eines Bauwerks nicht ungünstig zu beeinflussen vermag. E. Mörsch sagt bezüglich des Ausmaßes, daß „das Kriechen des Betons in statischer Hinsicht entweder die Spannungen des Betons im zulässigen Bereich nicht ändert oder nur günstig beeinflußt" und erklärt die Tatsache, daß das Kriechen erst in der letzten Zeit beobachtet worden ist, damit, „daß bauliche Schäden, die auf das Kriechen als solches zurückzuführen wären, nicht bekannt wurden". Die Eigenschaften des Betons in dieser Beziehung blieben also dem um den Zustand seiner Bauwerke besorgten Ingenieur verborgen.

Bei Versuchen Graf's und ausländischer Fachleute mit verschiedenen Zementsorten zeigte sich, daß die Hüttenzemente ein etwas höheres Kriechmaß haben als die Portlandzemente, eine Tatsache, aus der aber keinerlei ungünstige Wirkung auf die erstellten Bauwerke herzuleiten ist.

Frost[1]. Frost vermag abgebundenem dichten Beton nichts anzuhaben, schädigt ihn aber in Stadium I und II (vgl. S. 73 u. 117), also während der Erhärtung, bevor er steinartig geworden ist, besonders durch Auffrieren, das veranlaßt wird durch die Ausdehnung des sich zu Kristallen zusammenschließenden Wassers. Mit diesem Auffrieren geht gleichzeitig außer der Raumvermehrung eine Entmischung Hand in Hand. Im allgemeinen ist es aber leicht, durch Schutz des Bauwerks mit Ummantelung, noch leichter durch Anwärmen der Zuschlagstoffe, die Frostgefahr herabzumindern. Im letzteren Falle sind die in den Beton gebrachten Wärmemengen so groß, daß hauptsächlich bei geringen Frostgraden der Beton längst erhärtet ist, bis er vom Frost getroffen wird.

Sehr bemerkenswert ist eine Maßnahme, die eine bekannte Bauunternehmung durchgeführt hat. Diese läßt im Spätherbst bei Eintritt kühler Witterung ein Druckblatt folgenden Wortlauts an ihre Baustellen hängen: „Temperaturen unter $+ 10°$ verlangsamen bedeutend den Erhärtungsvorgang des Betons. Darum größte Vorsicht beim Ausschalen! Für je zwei Tage mit Temperaturen zwischen $+ 5°$ und $0°$ stets einen Tag in der Einrüstungsdauer zugeben. Notstützen lange stehen lassen! Bei Frost Zuschlagsstoffe und Wasser über $0°$ halten. Gefrorenes oder halbgefrorenes Mischgut bindet niemals ab."[2]

Auch chemische Beeinflussung des Zementes ist möglich in der

---

[1] Vgl. auch Bornemann: Betonarbeiten im Winter. Der Bautenschutz 1938, Heft 11. —

[2] Vergleiche „Beton und Stahlbetonbau", Heft 19/20, S. 151 vom 15. 10.

Art, daß man das Anmachwasser mit Salzen versetzt, die das Gefrieren des Wassers verhindern und gleichzeitig die Erhärtungszeit des Betons verkürzen. Als solche Salze kommen Chlorcalcium (Calciumchlorid) und Aluminiumchlorid in Betracht. Mischungen dieser und ähnlicher Salze kommen als „Ceresit schnell", „HAD-Frostschutz", „Tricosal" usw. in den Handel. Bei Verwendung dieser Salze müssen Vorversuche durchgeführt werden, um die Beeinflussung des Erstarrungsbeginns festzustellen. Zu hohe Konzentrationen sind zu vermeiden, da sie zu Schnellbindern, die sich nicht mehr verarbeiten lassen, führen. Jeder Zement spricht auf die gesamten „Abbindebeschleuniger" anders an (vgl. S. 116).

Bei Frosteinwirkung spielt allein die Porengröße und die Wasseraufsaugefähigkeit sowie natürlich die Festigkeit des Betons eine Rolle, chemische Umsetzungen finden überhaupt nicht statt oder vielmehr sie brauchen nicht stattzufinden. Der Kristallisationsdruck des in den Poren gefrierenden Wassers genügt völlig zur Zerstörung. Uns allen sind ja die diesbezüglichen Verhältnisse geläufig aus dem täglichen Leben, denn wir wissen, daß gefüllte gefrierende Wasserrohre platzen. Diese Erscheinung beruht darauf, daß Wasser bei $+ 4^0$ den geringsten Raum einnimmt und daß es sich bei weiterer Abkühlung wieder ausdehnt. Es befindet sich durch dies merkwürdige Verhalten im Gegensatz zu fast allen anderen Stoffen, die sich mit fallender Temperatur immer stärker zusammenziehen, und es mag uns, wenn wir unsere verwitternden Naturgesteine und Betontalsperren betrachten, ein Trost sein, daß die genannte Sondereigenschaft des Wassers eine Vorbedingung allen organischen Lebens auf der Erde ist. Denn ohne sie spielte die Verwitterung der Urgesteine lange nicht die Rolle, die wir kennen, und das Pflanzenwachstum wäre gefährdet und alle Weltmeere wären längst bis zum Grund zugefroren und wirkten als alles Leben ertötende Kältespeicher, weil das im Winter entstehende Eis „Schwerer als Wasser" stets gleich versänke und so dem erwärmenden Einfluß der Sonne entzogen würde. Für Beton, der in durchfeuchtetem Zustand also dem Gefrieren oft ausgesetzt wird, z. B. im Gebirge mit seiner starken Sonnenbestrahlung und den ständigen Nachtfrösten, ist also gute dichte Verarbeitung bei niedrigem Wasserzementverhältnis notwendig. Letzteres kann noch verbessert werden durch Grobzuschläge bis zu 25 cm ja durch Einbetonierung ganzer Felsblöcke. Die Feinung guter Naturgesteine soll man nur so weit treiben als es unbedingt nötig ist, um eine gute Verarbeitbarkeit zu gewährleisten. Auf diesem Gebiet wird noch viel Geld und Arbeit vertan: Man soll keinen Granit mit über 2000 kg Druckfestigkeit brechen und ihn dann mit einem Aufwand von 350 kg Zement wieder zu einem Beton von 400 kg zusammenkitten. Brechen und kitten kosten Geld.

Um Rückschläge aus der Tatsache der langsamen Erhärtung des Zementes bei kühler Witterung und bei Frost zu verhindern, hat die Deutsche Reichsbahn in dem AMB § 30 ausdrückliche Anweisungen im Berichtigungsblatt 2 gegeben, aus welchen das Wichtigste hier angeführt sei:

1. Kühle Witterung verhindert die schnelle Erhärtung und verzögert sie. Vorsicht geboten.

2. Da die einzelnen Zemente sich verschieden verhalten, muß in jedem Falle ihre Reaktion geklärt werden. Zweckmäßig sind Zemente höher Abbindewärme und schneller Erhärtung, sowie Erhöhung des Zementgehaltes und geringer Wasserzusatz.

3. Abhilfe bringt Anwärmung der Zuschlagsstoffe und des Anmachwassers, Erwärmen der Mischtrommel, keine gefrorenen Baustoffe nehmen.

4. Anwärmung von Schalung und Bewehrung, nicht anbetonieren an gefrorene Bauteile.

5. Bedecken des Betons mit Strohmatten.

Frostschäden sind nicht zu erwarten, wenn der Beton drei Tage auf über 5° gehalten wird. Vorsicht bei den Ausschalungsfristen. Kühle Tage nur halb berechnen[1].

Hitze. Hitze verträgt Beton bis zu recht erheblichen Graden von mehreren 100°. Er verliert dann allerdings auf der Oberfläche Wasser. Bei höheren Graden, Rotglut bis Weißglut, also bei Schadenfeuer, hat sich stets gezeigt, daß genügend tief eingebettetes Eisen (2—3 cm) befriedigend geschützt wurde. Zwar wird bei solchen Feuern die Oberfläche des Betons einige Zentimeter tief zermürbt, aber nur in geringe Tiefen, der Kern bleibt intakt. Quarz hat sich bei solchen Bauwerken, die vermutlich starker Hitzeeinwirkung ausgesetzt werden, nicht bewährt infolge des leichten Abplatzens durch die eintretende Umwandlung des Quarzes in Tridymit (Raumvergrößerung).

Leichtbeton[2]. Bei Leichtbeton ist im Gegensatz zu Schwerbeton eine möglichst große Luftmenge in den Beton einzuschließen und zwar

---

[1] Scofield, H. H.: Wie Frost und Tauen auf Beton einwirken, Ch. Zentr. 1939, I, S. 1035. — Steopoe, Dr. A.: Über die Einwirkung von Mineralpulvern und von Kalziumchlorid auf das Volumen und die Schwindung der Zementpasten, Zement 1939, S. 155. — Clemmer, H. F.: When and where to Use Calcium Chloride in Concrete Construction, Concrete 1939, S. 14. — Hornibrook: Anwendung der Schallmethode zur Untersuchung von Gefrier- und Aufbauvorgängen von Mörtel, Ch. Zentr. 1942, II, S. 447. — Geiger: Über die Abkühlung und spezifische Wärme trockner und feuchter Natur- und Kunstbausteine, Ch. Zentr. 1942, II, S. 331. — Schaible: Die Behebung von Frostschäden, Die Straße 1942, S. 173. — Haegermann: Wirkung von Frostschutzmitteln, Beton u. Eisen 1942, S. 220. — Betonverein: Über den Wert von Frostschutzmitteln, Baumarkt 1943, S. 97. — Reichsbahn: Betonieren bei Frost, Bautechn. 1943, S. 171. — Schw. Ind.-Ausschuß: Betonieren im Winter, Beton- u. Stahlbeton 1943, S. 140. — Withey: Faktoren, die das Widerstandsvermögen gegen Gefrieren und Tauen von Rüttelbeton aus gebrochenem Dolomit beeinflussen, Zement 1939, S. 619. — Mathies: Die Umstellung auf kalte Jahreszeit, Betonw. 1939, S. 497. — Böhm: Winterruhe im Baugewerbe, Der deutsche Baum. 1940, II, S. 28. — Kleinlogel: Betonarbeiten im Winter, Bauind. 1940, S. 73. — Glisczynski: Winterbau bei amerikanischen Häuserblöcken, Bauind. 1940, S. 165. — Würtenberger: Der Einfluß der Temperatur auf die Festigkeit von Portlandzement mit und ohne Zusatz von Kieselsäure, Bauing. 1941, S. 953. — Grün: Abteufen von Gefrierschächten im Betonmantel, VDI 1943, S. 118. — Fischer: Über das Verhalten von massigen Betonbauten über dem Einfluß tiefer Temperaturen, Fofoba, Reihe A, Heft 1.

[2] Leichtbeton, allg. Übersicht, Betonwerk 1937, S. 371.

sind die Räume für den Einschluß der Luft klein zu wählen, damit auch
die Luft sich nicht bewegen kann: Luft ist der beste Isolator gegen
Wärmeauszug, aber nur dann, wenn sie still steht. Bewegte Luft vermag Wärme leicht zu transportieren (Wärmekonvektion), ich erinnere
nur an die Tatsache, daß große Kälte für den Körper leicht zu ertragen
ist, wenn kein Wind weht, Sturm dagegen geringe Kälte nahezu un-
erträglich macht.

Die Poren für den Lufteinschluß kann man in den Beton hinein-
bringen entweder dadurch, daß man den Zement mit Luftporen auf
mechanische oder chemische Weise durchsetzt, ihn also aufbläht (Ze-
mentleichtsteine u. Abb. 33).

Abb. 33. Vergleich gleicher Gewichte von verschieden behandelten Gesteinsschmelzen: S t ü c k -
s c h l a c k e (langsam erkaltet), S c h l a c k e n s a n d (wassergranuliert), H ü t t e n b i m s
(aufgebläht durch Dampfbildung zugeleiteten Wassers) und Schlackenwolle (zerstäubt durch
Einblasen von Luft). Die Porenräume dieser einzelnen Gesteine sind dargestellt in Wassermengen. Das Bild zeigt den geringen Einfluß des Rohstoffs auf die Isolierfähigkeit, und dagegen den um so größeren der Rohstofform, und die durch geeignete Behandlung steigende
Porosität. (Das Wasser in den Glaszylindern stellt den „Porenraum" dar.)

Leichtbeton, gleichgültig wie er hergestellt wird, ist in der Entwicklung begriffen und wird in näherer Zukunft besonders für den
Wohnungsbau eine große Bedeutung erlangen, da er sehr schnell und
in beliebiger Form meist auf dem Bauplatz hergestellt werden kann.

β) Chemie des Betons.

Seiner chemischen Beschaffenheit nach ist Beton ein durch Salze
gebundenes, verkittetes Trümmergestein. Unter Salz im chemischen
Sinne muß man sich nicht ein wasserlösliches Erzeugnis vorstellen,
wie wir es im Kochsalz aus dem täglichen Leben kennen, sondern Salze
sind chemisch gesehen, alle Verbindungen zwischen Basen einerseits
und zwischen Säuren andererseits. So ist z. B. der Hauptbestandteil
des Granits, der Feldspat, ein Salz von Natriumoxyd, Kaliumoxyd,
Calciumoxyd, Aluminiumoxyd und Tonerde als Basen und Kieselsäure
als Säure, wobei auch Doppelsalzbildungen, die hier aber nicht interessieren, eine Rolle spielen. Aus der Praxis ist uns bekannt, wie unlöslich die genannten Salze sind und wie groß deren Widerstandsfähigkeit gegen Verwitterung ist. Verwittern sie im Laufe der Jahrtausende doch, so entstehen neue Salze weniger komplizierter Zusammensetzung, wie beispielsweise Ton, also Aluminiumsilikat, d. h.

ein Salz der Tonerde als Base und der Kieselsäure als Säure. Auch gewöhnlicher Backstein (Schamotte) und die meisten der uns bekannten hochwiderstandsfähigen Baustoffe sind in diesem Sinne Salze (Aluminiumsilikat: Mullit, Sillimanit). Zwischen Salzlösungen verschiedener Art treten nun, wenn Verwandtschaften bestehen — und diese bestehen meist — stets Wechselwirkungen ein, die mehr oder weniger schnell verlaufen. Die uns geläufigen Wechselwirkungen sind schnell verlaufende, da wir sie beobachten können. Langsam verlaufende, wie die oben geschilderte Umwandlung des Feldspats in Ton, können wir erst in ihrer Auswirkung erkennen, da die Umsetzung Jahrzehntausende in Anspruch nimmt. Als schnelle Wechselwirkung sei die Umsetzung von Bariumchlorid und einer Sulfatlösung erwähnt. Gießt man beide zusammen, so bildet sich sofort ein weißer Niederschlag, der aus schwer löslichem Bariumsulfat besteht, nach folgender Formel:

$$Na_2SO_4 \quad + \quad BaCl_4 \quad =: \quad BaSO_2 \quad + \quad 2\,NaCl$$

Glaubersalz   Bariumchlorid   Schwerspat   Kochsalz

Auch, wenn Beton mit Salzen in Berührung kommt, treten naturgemäß Wechselwirkungen ein, da ja der Zement des Betons ein Salz, wenn auch ein äußerst schwerlösliches, nämlich Calciumsilikat ist. Häufig sind diese Reaktionen nur von untergeordneter Bedeutung. In seltenen Fällen vermögen sie aber größeren Umfang anzunehmen und führen dann einerseits entweder zu einer besseren Erhärtung des Betons (Calciumchloridzusatz zum Anmachwasser) oder aber zu einer Verfestigung des schon erhärteten Betons (Fluatierung von Fußböden zu deren Härtung), oder sie haben den Zerfall der Betons zur Folge. Die Einwirkung ist um so intensiver, je konzentrierter und wärmer die Lösung und je größer die Oberfläche ist, mit der die Salzlösung zu reagieren vermag, mit anderen Worten, je poröser der Beton vorliegt. Selbstverständlich ist ausschlaggebend in allen Fällen die Natur der reagierenden Salze).

Für Beton sind neuerdings verschiedene Güteklassen vorgeschrieben (vgl. Bestimmungen des Deutschen Ausschusses für Stahlbeton, Teil A, § 5, Ziff. 1), und zwar wie folgt:

B 160 mit einer Würfelfestigkeit W_{28} von mindestens   160 kg/cm²
B 225   ,,   ,,   ,, W_{28} ,,   ,,   225 ,,
B 300   ,,   ,,   ,, W_{28} ,,   ,,   300 ,,
B 450   ,,   ,,   ,, W_{28} ,,   ,,   450 ,,
B 600   ,,   ,,   ,, W_{28} ,,   ,,   600 ,,

(gemessen an 20-cm-Würfeln, vgl. Teil D, § 8, Ziff. 6)[1].

Bei der Errichtung eines Bauwerks muß schon Rücksicht auf die Möglichkeit späterer schädlicher Einwirkung genommen werden. Für

---

[1] Brzesky: Die vergleichsweise Druckfestigkeit von Betonwürfeln, -prismen und -zylindern, Bauind. 1942, S. 630. — Journ. Americ., Concr. Inst.: Die Eigenschaften von auf der Baustelle erhärtetem Beton nach kurzer Zeit, Betonstr. 1937, S. 19. — Gaede: Die Prüfung der Betonfestigkeit im Bauwerk, Bauing. 1941, S. 138. — Brusch (Dän.): Entnahme und Prüfung von Bohrkernen aus Betonfahrbahndecken, Betonstr. 1937, S. 215. — Die Eigenschaften von auf der Baustelle erhärtetem Beton nach kurzer Zeit, Betonstr. 1937, S. 19. — Gaede: Die Prüfung der Betonfestigkeit im Bauwerk, Bauing. 1941, S. 138

Bauten in aggressiven Wässern wird nur Beton mit 350 kg Zementgehalt und darüber in Frage kommen, also ungefähr dem B 450 entsprechen.

Für Zementmörtel für Lagerfugen, soweit er statisch mitwirkt, ist
eine Würfelfestigkeit von 120 kg/cm² (gemessen an 10-cm-Würfeln)
notwendig. Mindestens die gleiche Festigkeit, in schwierigen Fällen
noch höher, sind für Mörtel zu verlangen, die aggressiven Einflüssen
ausgesetzt sind.

Die Bauwerksgestaltung ist in allen Fällen besonders wichtig. So
sind beispielsweise Molen, auf welche schädliche Salze einwirken

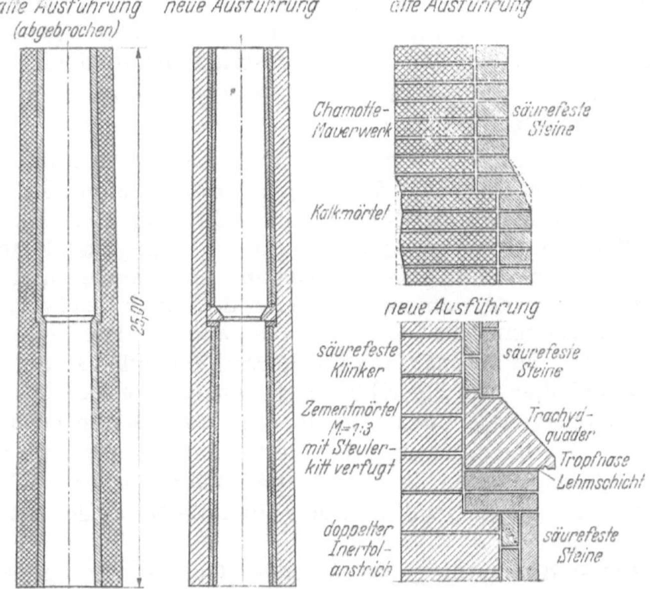

Abb. 34. Falsche und richtige Baugestaltung: Ein Schornstein, der bestimmt war zur Abführung von Nitrosegasen, mußte abgebrochen werden, weil er falsch gestaltet war (links). Bei
richtiger Baugestaltung: Anbringung von Trachyt mit Tropfnasen, Abdichtung durch Lehmschichten, Zementmörtel statt Kalkmörtel und Anstrich mit Bitumenlösung widerstand der
Schornstein den starken Angriffen. (Vgl. auch Graf und Goebel, Schutz der Bauwerke, Berlin 1930.)

können, so zu gestalten, daß diese schädlichen Salze sich nicht in
Wasserlachen sammeln und so im Laufe der Jahre dem Beton allmählich zugeführt werden. Bei Schornsteinen muß durch entsprechende
Abdeckplatten der Beton vor herunterlaufender Flüssigkeit, die sich
beim Niederschlagen der Rauchgase in Regenwasser bilden kann, gesichert werden, wie dies Abb. 34 zeigt, und schließlich ist auch die
Oberfläche von Bauwerken, die in rauchreichen Industriegebieten
liegen, so zu gestalten, daß sich keine Staub- oder Rußnester bilden
können, die bekanntlich immer stark sulfathaltig sind[1]. Als letztes ist

---

[1] Kleinlogel: Poröser Beton und seine Folgen, Bautensch. 1940, S. 63
— Vermeidung und Beseitigung von Schäden an Bauwerken, D. D. Baum.
1941, VI, S. 14. — Baustoffwahl und landschaftsgebundenes Bauen, Baumarkt

darauf hinzuweisen, daß bei Bildung schädlicher Wässer diese immer so schnell wie möglich abgeführt werden müssen. So ist beispielsweise bei Kohlenwäschen für gute Abführung der gipshaltigen Wässer zu sorgen, auf Molen am Meer ist die Aufhäufung salzwassergetränkten faulenden Tangs zu verhindern usw.

Chemische Einflüsse. Die Art der Einwirkung ist unter Umständen ausschlaggebend für den Bestand des Bauwerkes[2]. Ein Hochbau, bei welchem das Regenwasser auch an der Schlagseite schnell ablaufen, bzw. abtrocknen kann, wird sich ganz anders verhalten als ein Bau, bei welchem das Wasser stets unter Druck einwirkt, oft sogar unter wechselndem Druck, wie bei Meerwasserbauten mit Ebbe- und Flutwirkung. Auch stagnierendes, also stehendes Wasser, verhält sich verschieden von strömendem. Besonders schädlich ist Druckwasser. Wirkt ein aggressives Wasser, z. B. Kanalwasser auf einen Beton längere Zeit ein, so vermag sich häufig auf der Oberfläche eine Schutzhaut, eine sog. Sielhaut u. dgl. zu bilden, oder aber die Oberfläche des Betons verdichtet sich dadurch, daß der ausgeschiedene Gips die Poren verstopft. Diese Art des Selbstschutzes des Betons kann natürlich nicht eintreten, wenn Strömung herrscht oder wenn starker Wellenschlag die sich bildende Schutzhaut immer wieder mechanisch zerstört oder den Gips löst. Deshalb können auch schwach sulfathaltige Wässer, die einem normalen Beton beim Stillstehen kaum etwas anzuhaben vermögen, dann wenn sie schnell fließen, zur Zerstörung führen. Auch die schleifende Wirkung von mitgeführtem Sand wirkt in diesem Sinn, z. B. in Kanälen, sie läßt meist Schutzanstriche und derartige Maßnahmen, die sonst von Nutzen sind, zwecklos werden.

Wichtiger noch als Strömung und Wellenschlag ist der Druck: Druckwasser vermag einen porösen Beton auch dann zu gefährden, wenn das Wasser schädliche Bestandteile überhaupt nicht enthält. Letzten Endes dürfen wir nicht vergessen, daß die Calciumsilikathydrate im chemischen Sinne wasserlösliche Salze sind, und daß sie sich infolgedessen in Wasser auflösen. Diese Lösung ist unerheblich bei dichten Bauwerken, denn wasserlöslich sind ja schließlich alle Kalksalze in geringem Maße. Diese Löslichkeit spielt aber überhaupt keine Rolle, wenn das kalkhaltige Gestein dicht ist. Sind doch unsere Kalksteine, die aus reinem Kalkkarbonat bestehen, einwandfreie und gute Bausteine (Muschelkalk, derber Kalkstein, Marmor). Poröse Kalksteine, also auch poröse Betone, werden aber von Wasser, allerdings in langen Zeiträumen, stets angegriffen, besonders von kohlensäurehaltigen Wässern. Alles Regenwasser ist aber kohlensäurehaltig. Die Auflösungsgeschwindigkeit ist abhängig von der Menge des einwir-

---

1941, S. 621. — Normalblattentwürfe für Säureschornsteine, Toni 1942, S. 332. Hebberling: Der Korrosionsschutz als Bauproblem, Bauing. 1941, S. 243. — Marris: Ziegelschornsteine für chemische Fabriken, Ch. Zentr. 1942, II, S. 2519.

[2] Grün: Beziehungen zwischen Widerstandsfähigkeit und Raumveränderungen von Mörtel in aggressiven Lösungen, Jahrbuch der Techn. Hochschule zu Aachen 1941. — Demski: Neues Korrosionsmeßverfahren, Ch. Fabr. 1939, S. 270.

kenden Wassers, von seinem Kohlensäuregehalt, besonders aber von dem Formzustand des aufzulösenden Gesteins. Einem dichten Gestein vermag der Auflösungsvorgang fast nichts anzuhaben; nur poröses Gestein löst sich schnell auf, da es eine große Oberfläche (auch im Innern) hat.

Verwiesen sei hier nochmals auf die bekannte Erscheinung, daß beispielsweise der dichte Kandiszucker sich in Wasser nur sehr schwer, dagegen der poröse Würfelzucker sich wesentlich leichter löst, am allerschnellsten natürlich aufgeschwemmter Staubzucker mit seiner ungeheuren Oberfläche. So konnte ich z. B. an einem Düker aus porösem Beton, der unter dem Mittellandkanal hindurchführte und von dem Kanalwasser durchtropft wurde, nach nur zwölfjährigem Betrieb starke Zerstörungserscheinungen feststellen, obgleich das Wasser nach seiner Analyse recht harmlos war. Dieses Wasser hatte sich beim Durchfließen angereichert von 40 mg Kalk auf 400 mg Kalk, seinen Kalkgehalt also verzehnfacht, dem Beton den Kalk entzogen und ihn zermürbt. Ein wasserdichter Beton hätte sich unter Einwirkung dieses Wassers in Jahrhunderten nicht verändert.

Vorsatzbeton wird bei manchen Talsperren angewendet, um die Wasserseite gegen den Durchtritt des Wassers zu schützen. Wenn er schon angewendet wird, muß die Schicht dieses Vorsatzbetons recht stark sein (1 m bei Talsperren). Zweckmäßig ist es im allgemeinen, den ganzen Beton in sich dicht zu machen, da alle Verblendungen sei es Klinker oder Vorsatzbeton oder Schutzanstrich, nur einen kurzfristigen Schutz gewähren. Der Schutz selbst muß in den Beton verlegt werden, besonders dann, wenn Wasserdruck in Frage kommt, auch weil unschädliches Wasser, wenn es den Beton schon durchfließt, immer Kalk mitnimmt. Ist es bei einem bestehenden Bauwerk nicht möglich, die Dichtigkeit so zu gestalten, wie es oben beschrieben ist und dadurch den Durchtritt von Wasser zu verhindern, so kann man sich unter Umständen dadurch helfen, daß man die Druckverhältnisse ausgleicht, d. h. daß man den Wasserdruck auf der einen Seite des Bauwerks ebenso hoch werden läßt wie auf der anderen Seite. Bei einem Kanal, der unter einer Schlackenhalde durchführte, die sulfathaltiges Wasser abgab und den Beton dadurch zerstörte, wurde die Rettung dadurch ermöglicht, daß man diesen vorher nur halb- oder viertelvollen Kanal so umgebaut hat, daß er ständig von dem unschädlichen Innenwasser gefüllt war. Dieses unschädliche Innenwasser drückte dann nach außen und verwehrte dem schädlichen Außenwasser den Eintritt, der Wassertunnel wurde auf diese Weise gerettet, indem er in einen stets gefüllten Düker verwandelt wurde.

Schließlich sei noch verwiesen auf die Tatsache, daß bei sulfathaltigen und ähnlich wirkenden Salzwässern die Hauptzerstörungszone gewöhnlich im Wasserspiegel liegt, wenn der Beton aus dem Wasser herausragt. Die Ursache für dieses Verhalten ist die Tatsache, daß in dieser Zone das Wasser dauernd in den Beton aufsteigt, wie Petroleum in einen Lampendocht, und durch Wind und Sonne zum Verdunsten gebracht wird, während es seine aggressiven Bestandteile in der Wasserlinie des Betons bzw. etwas oberhalb, zurückläßt. Diese Anreicherung führt, besonders wenn starke Verdunstung stattfindet, zur Zerstörung des Betons in der Wasserlinie. Beton, der aus dem Wasser herausragt, muß also stets ganz besonders dicht gestaltet werden, gegebenenfalls ist von Zeit zu Zeit die Wasserlinie mit einem Bitumenanstrich gegen allzu starke Einwirkung zu schützen. Derartige Schutzanstriche gehen allerdings nach einigen Jahren zugrunde, dennoch sollte aber wie bei einer Ölfarbe als Rost- und Eisenschutz ihre Verwendung und ihre Schutzmöglichkeiten besser beachtet werden.

Gase vermögen Beton nicht zu beeinflussen, wenn kein Wasser vorhanden ist; bei geringeren Mengen Wasser, also beispielsweise Regenwasser, vermögen sie, genau wie bei Naturstein, zu Verwitterung zu führen, die einen dichten Beton aber nur wenig trifft. Schädliche Gase mit hoher Flüssigkeitsmenge, wie beispielsweise in Schornsteinen (schweflige Säure), müssen naturgemäß vom Beton ferngehalten werden [1].

Einwirkende Säuren und Salze. Bei einem Beton kann man drei verschiedene Stadien unterscheiden, in welchen die Widerstandsfähigkeit des Betons gegen einwirkende Stoffe ganz verschieden ist.

I. Das erste Stadium ist das Stadium des Teigzustandes, es liegt vor bei frisch angemachtem Beton und geht allmählich (bei schnell bindendem Zement fast plötzlich), im Verlauf von ungefähr einer Stunde bis zwei Stunden über in

II. das zweite Stadium des erstarrten, aber noch nicht erhärteten Betons, dessen Beschaffenheit mit derjenigen eines Puddings verglichen werden kann. Jetzt ist die Plastizität verschwunden, Verletzungen durch eingedrungene Gegenstände oder Setzen der Schalung werden nicht mehr ausgeglichen, da der Beton nicht mehr teigförmig oder bildsam, aber doch noch nicht fest ist. Sie erfolgen also leicht und bleiben. Schließlich folgt

III. das dritte Stadium, in welchem der Beton Zeit seines Lebens bleibt, die steinartige Erhärtung.

Am empfindlichsten ist der Beton gegen Einwirkungen mechanischer Art im zweiten Stadium, welches ungefähr 5—15 Stunden dauert. Auch Ausspülungen durch Lösungen können ihn in diesem Stadium treffen. Der Beton muß also unter allen Umständen im Stadium I und II behütet werden vor allzu starken Temperaturschwankungen und mechanischen Beanspruchungen durch Flüssigkeiten, also Ausspülung. Die mechanische Beanspruchung durch Erschütterung schadet gleichfalls dem Stadium II außerordentlich stark, dem Stadium I dagegen nicht·.

Ungünstige Lagerungseinflüsse sind vor allen Dingen die Austrocknung und dauernde Erhitzung. Austrocknung wird nicht nur hervorgerufen durch Hitze, sondern vor allen Dingen auch durch Zug, selbst bei kühlen Temperaturen. Das Reißen frisch hergestellten Estrichs in neuen Gebäuden ist deshalb häufig zurückzuführen auf offene Fenster und Türen. Abdeckung und Abschirmung gegen Zug verhindert Ärger auf diesem Gebiet [2].

Zu I. Frischbeton sofort nach der Mischung vor der Verarbeitung kann auf lange Strecken transportiert werden und es ist bemerkens-

---

[1] Dorsch, E.: Erhärtung und Korrosion der Zemente. Neue physikalisch-chemische Untersuchungen über das Abbinde-, Erhärtungs- und Korrosionsproblem, 1932. — Lea, F. M.: Zerstörung von Beton durch chemischen Angriff, Ch. Zentr. 1937, II, S. 648.

[2] Feret: Einfluß der Lagerungsbedingungen auf den Zusammenhang zwischen Zug- und Druckfestigkeit von Mörtel und Beton, Zement 1937, S. 408. — Akramtajew: Schädigung von Portlandzement durch langes Lagern, Zement 1938 S. 36.

wert, daß die Erschütterung beim Transport den Erstarrungsbeginn etwas hinausschiebt, ohne den Beton besonders zu schädigen. Auf dieser Erfahrung aufbauend, hat man zunächst in Deutschland, später in großem Umfang in Amerika, „Betonfabriken" errichtet, welche an Ort und Stelle des Kiesvorkommens den Beton fix und fertig mit Wasserzusatz herrichten, von wo er dann an den Verbrauchort oft 100 km weit und weiter gefahren wird. Diese zentrale Betonherstellung hat den Vorteil, daß der Korngrößenzusammensetzung, dem Zementzusatz und dem Mischvorgang viel größere Aufmerksamkeit gewidmet werden kann, als dann, wenn der Kies an die Baustelle in unkontrollierbarer Form und Beschaffenheit angeliefert wird. Außerdem erspart man die Aufstellung zahlreicher Mischmaschinen an den einzelnen Baustellen (Transportbeton) [1].

Zu II. Die Ursache für die Empfindlichkeit des zweiten Stadiums liegt darin, daß in diesem Stadium bereits die Gele gebildet sind, welche zur Erhärtung führen. Sie sind aber noch weich wie ein frisch erstarrter Pudding und vermögen deshalb mechanischen Einwirkungen nicht standzuhalten, werden also leicht zerstört. Später erhärten sie dadurch, daß ihnen das Wasser von dem noch nicht hydratisierten Zement entzogen wird durch innere Austrocknung. Sind sie erst erhärtet, so werden sie weniger aufnahmefähig für Wasser und brauchen stärkere Kraftaufwendung zur Zerstörung. Außerdem tritt teilweise Karbonisierung ein, also Bildung von kohlensaurem Kalk, der den Beton dichtet und den freien Kalk bindet.

Zu III. In diesem dritten Stadium wächst mit steigender Erhärtung die Widerstandsfähigkeit des Betons gegen mechanische, physikalische und chemische Beanspruchung. Da der Beton sich weitaus die längste Zeit seines Bestehens in diesem dritten Stadium befindet, hat es natürlich für den Baufachmann das größte Interesse, die Einwirkungsmöglichkeit verschiedener Gase und Flüssigkeiten während des dritten Stadiums kennen zu lernen, da der Beton in diesem Stadium mit den feindlichen Einflüssen der Umwelt in Berührung kommt. Gegen Erschütterung ist ein derartig erhärteter Beton verhältnismäßig sehr widerstandsfähig. Die Widerstandsfähigkeit gegen Druck und Zug ist bekannt. Als besonders wichtig und in den Rahmen dieses Buches fallend sei die Widerstandsfähigkeit gegen chemische Einflüsse ausführlich besprochen.

Beton ist (vgl. auch S. 69) ein Gemisch, welches versteinert ist durch zwei erhärtende Salzgruppen, die Calciumsilikate und die Calciumaluminate. Das Gefüge, das diese Salzgruppen bilden, ist porös, mit je mehr Wasser sie angemacht wurden. Niedriger Wassergehalt bei der Verarbeitung erhöht also die Beständigkeit, da er die innere Oberfläche herabsetzt. Ihrem Charakter nach sind die genannten Silikate Salze der starken Base Kalk. Dazu sind die Salze hochkalkhaltig, vermögen also leicht Kalk abzugeben und schließlich haben sie

---

[1] Siehe Garbotz: Fertigbeton, ein Weg zur arbeitssparenden Herstellung von Beton. Der Deutsche Baumeister 1941, Heft 3, S. 23. — Grün: Warum nicht mehr Transportbeton, Deutsche Bauztg. 1941, Nr. 39.

noch etwas freien Kalk, der sich auch aus den Hydrosilikaten abspaltet, eingeschlossen. Sie werden also nicht empfindlich sein gegen die Einwirkung von Basen, da sie basischen Charakter haben. Um so empfindlicher sind sie gegen Säuren, die danach trachten, sich mit der Base Kalk zu Salzen zu verbinden.

Salze werden je nach ihrem Charakter einwirken, also saure Salze sauer, basische Salze basisch. Solche Salze, die aus einer starken Säure und einer starken Base bestehen, werden den Beton zerstören, beispielsweise alle Ammonsalze mit Ausnahme derjenigen, bei denen sich aus dem Säurerest und der Base Kalk ein unlösliches Salz zu bilden vermag. Es sind dies die Säurereste der Phosphorsäure und vor allen Dingen die Oxalsäure, denn Calciumphosphat ist schwer löslich, Calciumoxalat fast unlöslich in Wasser.

Als weitere große Gruppe, die besonders schädlich ist, seien die Magnesiumsalze genannt, da die Magnesiasalze Treiben hervorzurufen vermögen. Magnesiahaltige Böden, wie sie bei Verwitterung von Dolomit entstehen, sind nach Versuchen in der Schweiz nachteilig, wenn der Magnesiagehalt über 2 % steigt[1].

Die Sulfate setzen sich mit dem Kalk des Betons um in Gips unter Durchlaufen eines Zwischenstadiums, in welchem sich Calcium-Aluminium-Sulfat bildet. Sulfate sind also immer schädlich, auch dann, wenn der Säurerest Sulfat „SO4" (bisweilen auch als SO3 geschrieben) an eine starke Base, z. B. Natrium als Natriumsulfat (Glaubersalz) oder an Calcium in Calciumsulfat (Gips) gebunden ist[2]. Freie Säuren zerstören (außer Oxalsäure, s. oben) den Beton stets, da die Base Kalk in ihm eine ausschlaggebende Rolle spielt, ebenso wie in allen anderen kalkhaltigen Gesteinen. Glücklicherweise kommen in der Natur nur wenig freie Säuren vor, dagegen ist auf Sulfate zu achten, weil sie im Meerwasser als Bittersalz oder Magnesiumsulfat eine große Rolle spielen und aus diesem Meerwasser in die Kaliläger und damit auch in unsere Grundwässer übergegangen sind. Folgende Tabelle gibt einen kurzen Überblick über die einzelnen schädlichen Salze, wie sie in der Natur vorkommen. Tabelle 10.

Diese schädlichen Säuren und Salze seien zunächst besprochen. Angeschlossen ist dann die Besprechung einiger Salze und Säuren, die in der Industrie eine Rolle spielen [3].

---

[1] Ich halte die Magnesia als Dolomit u. dgl. (Calciummagnesiumcarbonat) nur dann für schädlich, wenn durch gleichzeitige Anwesenheit von Säuren (Schwefelsäure aus Mooren) sich Magnesiumsulfat bilden kann, da Dolomit sich noch niemals als schädlich (auch nicht als Zuschlag) erwies.

[2] Tuthill: Resistance of Cement to the Corrosive Action of Sodium Sulphate Solutions, Concr. Institute 1937, Bd. 8, S. 83. — Larmour: Eine Schnellmethode zur Prüfung von Portlandzementen auf Sulfatbeständigkeit, Zement 1937, S. 141.

[3] Dolgow: Ursachen der Beschädigung von Betonfahrbahndecken durch Streusalze und ihre Auswirkung auf den künftigen Betonstraßenbau, Ch. Zentr. 1941, III, S. 2367. — Blanks: Betonzerstörung an der Parker-Talsperre, Ch. Zentr. 1942, II, S. 1836. — Morris: Die Zerstörung von Beton bei Berührung mit Abwässern, Zement 1940, S. 263. — Carp: Zerstörungen in einem Bachbett, Bitumen 1939, S. 92.

Tabelle 10. Häufig vorkommende Verbindungen, die Beton schädigen können.

Säuren			Salze		
Name	Formel	vorkommend in	Name	Formel	vorkommend in
Schwefelsäure . .	H_2SO_4	Moorwasser	Sulfate (schwefelsaure Salze . . .	$- SO_4$	Grundwasser
Schweflige Säure	H_2SO_3	Rauchgas	"	"	Meerwasser
Schwefelwasserstoff	H_2S	Siele Faulschlamm	Ammonsalz . . .	$NH_4 \cdot -$	Kunstdünger Sprengstoff
Kohlensäure . . .	CO_2	Grundwasser	Magnesiumsalz .	$Mg \cdot \cdot -$	Boden (Dolomit)
Essigsäure	CH_3 $COOH$	Futtertröge	—	—	—
Milchsäure . . .	$C_3H_6O_3$	Grünfuttersilos	Fette, Öle	$C_{11}H_{33}$ COO	Pflanzen- und Tierfett
Zucker	$C_6H_{12}O_6$	Konservenfabr.	Huminsaure Salze	—	Moor

Schwefelsäure (H_2SO_4). **Eigenschaften und Vorkommen:** Schwefelsäure, die in Färbereien für die Farbbäder, ebenso in Beizereien in großem Umfange verwendet wird, ist naturgemäß überaus schädlich. Die Schwefelsäure kommt in konzentrierter Form als Vitriolöl, in verdünnter Form unter dem Namen Schwefelsäure in Glasballons in den Handel und wird den Betonrohrleitungen oder anderen Leitungen zugeführt in Abwässern aus Beizereien, Färbereien usw. Ihre Schädlichkeit ist so groß, daß sie auch gemauerte Kanäle zerstört, indem sie den Mörtel aus den Fugen herauslöst. In Städten muß deshalb besonderer Wert darauf gelegt werden, diese recht oft benutzte Schwefelsäure von derartigen Kanälen fernzuhalten. Da den Verbrauchern von Schwefelsäure deren Schädlichkeit sehr wohl bekannt ist, wird von dieser Seite häufig darauf geachtet, daß sie nur in unbewachten Augenblicken, beispielsweise nachts, den Leitungen zugeführt wird. Aus diesem Grunde ist eine strenge Überwachung notwendig. In der Stadt Düsseldorf wird diese automatisch dadurch erreicht, daß in verdächtigen Betrieben in den plombierten Abflußkanälen ein poröses Betonstück eingehängt ist. Ist das Wasser schädlich, so zeigten sich bald an diesem von Zeit zu Zeit besichtigten Betonstück Korrosionserscheinungen. Eine besondere Bedeutung kommt der freien Schwefelsäure in manchen Mooren zu, wo sie zusammen mit Kohlensäure zur Zerstörung eingelegter Drainagerohre u. dgl. aus Beton geführt hat.

Wirkung: Schwefelsäure wirkt ähnlich wie Sulfat, indem sie den Kalk des Zementes in Gips überführt und dadurch zur Bildung des Calciumaluminiumsulfats führt (vgl. unter Sulfate S. 111).

Schutz: Sollen Betonbauwerke in Mooren oder moorhaltigen Böden, wozu auch Sandböden, die von Moorschichten durchzogen sind, gehören, errichtet werden, so ist eine sorgfältige Untersuchung am Platze. Nach den Schweizer Untersuchungen[1], die sich auf besonders viele Moore erstreckten, die sich bekanntlich in den verlandeten Seen der Schweiz befinden, soll ein Boden weniger als 2% Magnesia, unter 12% Austauschsäure und 0,2% Sulfat enthalten. Sind höhere Gehalte zugegen, so ist der Beton stark gefährdet und muß geschützt werden.

Abb. 35: Schutz von Beton und Mauerwerk durch in säurefesten Kitt verlegte Platten (Stellaplatten) gegen Säurewirkung.

(Abb. 35). Als solcher Schutz kommt in Betracht: Ummauerung mit Klinkern in säurefestem Kitt, bei hohen Säurekonzentrationen Ausfugung der Ummauerung mit Bitumen (heiß oder als Spachtelmasse).

Schweflige Säure (H_2SO_3). Eigenschaften und Vorkommen. Schweflige Säure entsteht in Rauchgasen und hat in der letzten Zeit mit zunehmender Heranziehung der Braunkohle und schwefelhaltiger Steinkohle zur Heizung von Öfen und Herden in größtem Maße Verwitterung unserer Natursteindenkmäler und Betonbauwerke hervorgerufen. Bekannt ist die Entstehung von schwefliger Säure in Rauchgasen von Lokomotiven, die bereits zu Tunnelzerstörungen größten Umfanges geführt haben und die Anreicherung der Luft unserer Großstädte, hauptsächlich, wenn es lange nicht geregnet hat, mit dieser schwefligen Säure (Abb. 35). Schweflige Säure wird als solche verhältnismäßig selten angetroffen, da sie sich sofort zu Schwefelsäure oxydiert. Schweflige Säure ist ein stechend riechendes farbloses Gas. Ihre Oxydation an der Luft erfolgt nach der Formel:

$$H_2SO_3 + O = H_2SO_4$$

Schweflige Säure   Sauerstoff aus der Luft   Schwefelsäure

Wirkung. Schweflige Säure vermag infolge des Oxydationsver-

---

[1] Bericht 35 des Schweizer Verbandes f. d. Materialprüfung in der Technik, Zürich 1937, Dr. Gessner und Ing. Zollikofer. — Rauchgaswirkung an Bauwerken, Techn. Bl. 1939, S. 267.

mögens zu Schwefelsäure, wobei sie den Sauerstoff aus der Luft nimmt, genau wie Schwefelsäure zu wirken und zu Gipsbildung im Beton zu führen (vgl. auch unter Sulfate Seite 53 u. 70).

Abb. 36. Beispiel einer Schwefelsäurezerstörung: Die schweflige Säure der Rauchgase hat den Mörtel unter Gipsbildung gelöst. Das Bild wurde aufgenommen bei Frost. Das Wasser aus dem Gebirge über dem Tunnel ist durch die zerstörten Fugen hindurchgetreten, zu Eiszapfen gefroren und zeigt so die undichten Stellen, die sich da bildeten, wo die Lokomotivgase gegen die Decke geblasen wurden. (Bild Wolfsholz.)

Da ein Zement nur verhältnismäßig geringe Mengen Gips verträgt (der Gipsgehalt von Normenzement ist deshalb auf 3 % max. beschränkt) vergiftet der allzu hohe Gipsgehalt den Beton und den Mörtel, der unter Treiberscheinungen zerfällt.

Schutz. Am besten ist natürlich möglichst schnelle Ableitung der schwefligen Säure (in Flüssigkeiten kommt schweflige Säure selten vor — sie löst sich aber leicht und begierig in Wasser) oder Verkleidung des Betons durch Quarzitsteine, keramische Platten oder dgl., wobei die Fugen mit säurefestem Kitt abzudichten sind. Anstriche sind dann nutzlos, wenn die schweflige Säure aus Rauchgasen in sehr heißem Zustand gegen den Beton geblasen wird (Lokomotive). In anderen Fällen bringt ein dreimaliger Anstrich Abhilfe. In Cannstatt hat sich gezeigt, daß Betondecken über Bahnkörpern mit Gefälle bei der Talfahrt gut erhaltene Anstriche zeigten, während bei der Bergfahrt der Anstrich zerstört war, weil hier die Maschinen den heißen Dampf ausstießen und den Anstrich vernichteten (Mitteilung der Fa. P. Lechler, Stuttgart).

Schwefelwasserstoff. E i g e n s c h a f t e n u n d V o r k o m m e n : Schwefelwasserstoff, der beim Verfaulen organischer Substanzen, z. B.

in Dunggruben auftritt, ist ein übelriechendes, farbloses Gas (faule Eier), welches als solches dem Beton nicht schädlich ist. Der Schwefelwasserstoff oxydiert sich aber schnell durch Sauerstoffaufnahme aus der Luft häufig unter Mithilfe von Bakterien nach der Formel:

$$H_2S + 3O = H_2SO_3$$

Schwefelwasserstoff   Sauerstoff   Schweflige Säure.

Die schweflige Säure und die aus ihr durch Oxydation weiter entstehende freie Schwefelsäure (H_2SO_4) sind überaus gefährliche Betonfeinde, welche den Beton unter Treiberscheinungen auflösen. Auf diesen Vorgang der Oxydation des Schwefelwasserstoffes und des Gefährlichwerdens des an sich verhältnismäßig harmlosen Gases ist folgende Erscheinung zurückzuführen:

Wirkung. In Kanälen, welche Fäkalien abführen, und welche vollkommen von der Außenluft abgeschlossen sind, findet keine Betonzerstörung statt, obgleich reichliche Mengen von Schwefelwasserstoff hier auftreten, da der wenig schädliche Schwefelwasserstoff (H_2S) sich aus Sauerstoffmangel nicht zu oxydieren vermag. Wird aber an irgendeiner Stelle durch Lüftung Sauerstoff zugeführt, so findet man an diesen Stellen sofort starke Betonzerstörungen, weil hier der Schwefelwasserstoff sich zu schwefliger Säure bzw. Schwefelsäure oxydiert hat[1].

Schutz. Zweckmäßig ist es, bei solchen Zerstörungen zunächst durch ein Laboratorium festzustellen lassen, ob tatsächlich eine Anreicherung an Sulfat, also an schwefelsaurem Salz im Beton im Vergleich zu unzerstörtem Beton stattgefunden hat, und wenn dies aufgeklärt ist, die Luft vollkommen abzuschließen; andererseits kann man auch, falls die Abschließung nicht möglich ist, durch besonders starke Durchlüftung dafür sorgen, daß der gebildete Schwefelwasserstoff so schnell wie möglich weggeführt wird. Beide Maßnahmen führen zum Erfolg, Voraussetzung ist natürlich aber auch hier möglichst dichter Beton, allenfalls Schutzanstrich im Anfang des Bestehens und Heranziehung eines kalkarmen Zementes, der längere Lebensdauer verspricht als besonders kalkreiche Zemente. Steht ein solcher Zement nicht zur Verfügung, so ist Zusatz einer feingemahlenen Puzzolane, wie Ziegelmehl, Traß, Hochofenschlacke u. dgl. anzuraten, da diese nicht nur den Beton dichten, sondern auch den freien Kalk binden. Auf die Dauer vermag aber kein Zement der freien Schwefelsäure zu widerstehen, sondern auch der besonders widerstandsfähige Tonerdezement wird schließlich vernichtet. Allerdings ist die Lebensdauer zweckmäßig herangezogener Zemente länger als diejenige von allzu empfindlichen Rohstoffen.

Kohlensäure H_2CO_3 (meist schreibt man nur die Formel für das Anhydrid (Kohlendioxyd) CO_2). **Eigenschaften und Vorkommen:** Die Kohlensäure ist ein Gas, das in ganz geringen Mengen (0,03 %)

---

[1] Kriss u. Rukina: Über den Einfluß von Mikroorganismen auf den Beton von hydrotechnischen Bauausführungen im Meer, Ch. Zentr. 1942, II, S. 90. — Imschenetzki: Der Einfluß des biologischen Faktors auf Beton, Ch. Zentr. 1942, I, S. 3245.

in der Luft vorkommt. Trotz der überaus geringen Mengen ist sie derjenige Stoff, welcher neben dem Sauerstoff unser Leben überhaupt erst ermöglicht. Denn die Pflanze nimmt aus der Kohlensäure der Luft den Kohlenstoff auf, aus welchem sie Kohlehydrate (Mehl, Kartoffelmehl, Holz und Zucker) aufbaut. Aus dieser Pflanze führen wir dann die Kohlehydrate unserem Körper zu. Die Kohlensäure ist eine schwache Säure, welche, da sie wasserlöslich ist, auch im Wasser vorkommt; sie tritt in dieses Wasser ein entweder aus der Luft (beispielsweise in Gletscherwasser oder in Regenwasser) oder aber aus faulenden organischen Substanzen, die ja Kohlensäure abgeben. Schließlich sei noch ihr Vorkommen erwähnt in vulkanischen Gegenden, wo die Kohlensäure durch die Hitze der Lava aus kohlensaurem Kalk (Kalkstein) freigemacht und den sog. Säuerlingen, d. h. den Wässern, die in vulkanischen Gegenden vorkommen, zugeführt wird. Ein großer Teil der Kohlensäure auf der Erde ist bereits von Pflanzen und Tieren in gebundenem Zustand übergeführt worden. Die ungeheuren Gebirge der Voralpen (Watzmann, Wilder Kaiser) bestehen aus kohlensaurem Kalk. Diese mächtigen Gebirgsmassen und viele andere sind entstanden aus Muscheln, Schnecken, Koralien, Kreidetierchen und noch kleineren Lebewesen, die die Kohlensäure der Luft bzw. dem Wasser entnommen, sie mit Kalk zusammen zu kohlensaurem Kalk zum Aufbau ihres Wohngehäuses verbanden und dann beim Verenden zurückgelassen haben.

Wirkung. Trotzdem die Kohlensäure eine so schwache Säure ist, daß sie von vielen anderen Säuren (Salzsäure oder Essigsäure) unter „Aufbrausen" leicht aus ihren Verbindungen vertrieben wird, vermag sie infolge ihrer großen chemischen Affinität zum Kalk Beton stark zu schädigen, allerdings nur dann, wenn sie in Wasser gelöst als Kohlensäure H_2CO_3 vorkommt. Das nachstehende Schema zeigt die Art der Einwirkung übersichtlich (S. 107, Abb. 37). Hier ist angenommen, daß eine Betonmauer von links nach rechts von kohlensäurehaltigem Wasser unter Druck durchflossen wird (Talsperre)[1].

Im ersten Stadium der Einwirkung des kohlensäurehaltigen Wassers (I), dem man seinen Kohlensäuregehalt keineswegs ansieht, führt dieser den freien Kalk des Betons in kohlensauren Kalk über (II). Mit dieser Bildung von Calciumkarbonat ist zunächst eine Dichtung und Festigung des Betons verbunden. Aus diesem Grunde erreichen Betonkörper, z. B. Normenkörper, die an der Luft erhärten, auch höhere Festigkeiten als im Wasser gelagerte Körper.

Im zweiten Stadium der Einwirkung (III) verwandelt nun die weiter zutretende Kohlensäure den einfach kohlensauren Kalk ($CaCO_3$) in doppeltkohlensauren Kalk ($Ca(HCO_3)_2$), der im Gegensatz zu dem unlöslichen $CaCO_3$ in Wasser löslich ist und infolgedessen aus dem Beton ausgelaugt wird. Die so entstandene Lösung von doppeltkohlensaurem Kalk setzt sich bei tieferem Eindringen in den Betonkörper mit

<hr>

[1] Prideaux u. Limmer: Der Einfluß der Kohlensäure auf Zementmörtel, Zement 1937, S. 379. — Saporoshetz: Methode zur Beurteilung der Beständigkeit von Zement gegenüber Süßwasser, Ch. Zentr. 1929, II, S. 1353.

dem dort vorhandenen freien Kalk wieder zu einfach kohlensaurem
Kalk um, wird also unschädlich und der Beton verdichtet sich an der
betr. Stelle wieder (weiße Zone) (IV). An den Stellen, wo die Lösung
den Beton in der beschriebenen Weise verlassen hat, ist jetzt der

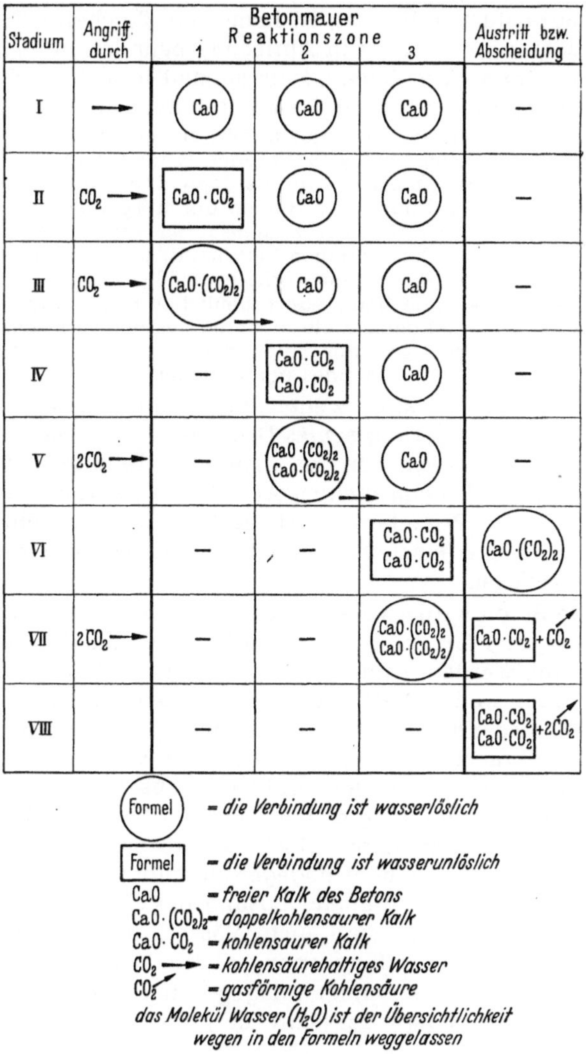

Stadium	Angriff durch	Betonmauer Reaktionszone 1	2	3	Austritt bzw. Abscheidung
I	→	(CaO)	(CaO)	(CaO)	—
II	CO_2 →	[$CaO \cdot CO_2$]	(CaO)	(CaO)	—
III	CO_2 →	($CaO \cdot (CO_2)_2$)	(CaO)	(CaO)	—
IV	—		[$CaO \cdot CO_2$ / $CaO \cdot CO_2$]	(CaO)	—
V	$2CO_2$ →		($CaO \cdot (CO_2)_2$ / $CaO \cdot (CO_2)_2$)	(CaO)	—
VI	—	—	[$CaO \cdot CO_2$ / $CaO \cdot CO_2$]	($CaO \cdot (CO_2)_2$)	
VII	$2CO_2$ →	—	—	($CaO \cdot (CO_2)_2$ / $CaO \cdot (CO_2)_2$)	[$CaO \cdot CO_2$] + $\dot{CO_2}$ ↗
VIII		—	—	—	[$CaO \cdot CO_2$ / $CaO \cdot CO_2$] + $2\dot{CO_2}$ ↗

(Formel) = die Verbindung ist wasserlöslich
[Formel] = die Verbindung ist wasserunlöslich
CaO = freier Kalk des Betons
$CaO \cdot (CO_2)_2$ = doppelkohlensaurer Kalk
$CaO \cdot CO_2$ = kohlensaurer Kalk
CO_2 → = kohlensäurehaltiges Wasser
$\dot{CO_2}$ ↗ = gasförmige Kohlensäure
das Molekül Wasser (H_2O) ist der Übersichtlichkeit
wegen in den Formeln weggelassen

Abb. 37. Schema der Einwirkung von Kohlensäure auf Beton bei der Durchdringung durch
kohlensäurehaltiges Wasser.

Beton poröser geworden als vorher, da aus ihm Kalk herausgelöst
wurde. Bei weiterer Kohlensäureeinwirkung wird der neuerdings im
Innern gebildete einfach kohlensaure Kalk nun wieder in doppeltkohlensauren Kalk übergeführt und in löslicher Form abtransportiert
(V). Hat das Wasser, welches mit doppeltkohlensaurem Kalk gesättigt
ist, Gelegenheit, den Beton zu verlassen (VI), so spaltet sich aus dem

doppeltkohlensauren Kalk wieder 1 Molekül Kohlensäure ab, entweicht als Gas und aus der Lösung scheidet sich wieder einfach kohlensaurer Kalk ab, der als poröser, weißer Überzug auf dem Beton zu erkennen ist (VII). Ein solcher Überzug, der bei Auftropfen von etwas Salzsäure stark aufbraust, ist immer ein Zeichen dafür, daß das Innere des Betons sich bereits in Auflösung befindet und an Kalk verarmt ist. Denn der abgeschiedene Kalk stammt in weitaus den meisten Fällen aus dem Beton und ist ein Bestandteil des Zementes gewesen.

Die Tropfsteinbildung in der Natur beruht auf genau dem gleichen Vorgang, daß nämlich in dem kohlesäurehaltigen Regenwasser, das durch das Kalkgebirge hindurchgetreten ist, Kalk als doppeltkohlensaurer Kalk gelöst wurde, der sich dann im Innern der Höhlen durch Temperatur- und Druckveränderung — zurückverwandelt in kohlensauren Kalk — schichtweise absetzt. Da die Kohlensäure kein Treiben hervorruft, sondern nur lösend wirkt (vgl. Abb. 38), ist ihre Wirkung eine verhältnismäßig weniger schädliche als die der Sulfate; sie ist bloß dann von erheblicher Bedeutung, wenn große Mengen Wasser in Frage kommen, die dauernd das Bauwerk umspülen, oder durchdringen, besonders wenn der Beton porös ist. Stehendes Wasser ist wenig schädlich, dagegen strömendes um so gefährlicher[1].

Schutz. Notwendig ist entweder die Ableitung des betr. Wassers, zumindest die Verminderung seines Druckes oder Druckausgleich dadurch, daß der Beton auch von der anderen Seite unter Druck gesetzt wird und vor allen Dingen dichtes Arbeiten, kalkarmer Zement, z. B. Romanzement oder Puzzolanzement, also Zement mit einem Gehalt an Hochofenschlacke (Hochofenzement). Auch Tonerdezement hat sich als günstig erwiesen.

Der junge Beton wird zweckmäßig durch einen Anstrich geschützt. Soll älterer, bereits in Zerstörung befindlicher Beton, der porös ist und nicht gedichtet werden kann, vor kohlensäurehaltigem Wasser geschützt werden, so ist Anstrich und eine Umpackung mit kohlensaurem Kalk, also Kalkstein, der zweckmäßig auf eine Körnung von Erbsengröße gebracht wird, von Nutzen, da in solchen Fällen sich die schädliche Kohlensäure an dem Kalkstein absättigt und zum Beton nicht vordringen kann. In gleicher Weise wirkt ein Zuschlag von kohlensaurem Kalk zum Beton selbst, es wird dann der Zuschlag allmählich aufgelöst, der Zement dagegen geschont. Bei großen Mauerwerksstärken spielt die minimale Lösung des Zuschlags eine untergeordnete Rolle. Schädlich sind auch Wässer, die Ferrokarbonat enthalten, und zwar tritt bei Einwirkung dieser Wässer die Zerstörung niemals unter dem Wasserspiegel, dagegen um so stärker an der Berührungsfläche Wasserspiegel - Luft auf, und zwar aus folgenden Gründen[2]:

---

[1] Brzesky: Einwirkung weicher Wässer auf Beton, Bauind. 1941, S. 1559. — Shann: Kalkauslaugung von Beton, Bautensch. 1936, S. 105. — Elsner v. Gronow: Die Beseitigung der Wasserempfindlichkeit von Zementen, Zement 1939, S. 569.

[2] Kegel: Aggressive Kohlensäure, D. Chemie 1942, S. 216. — Rordam u. Wilson: Sulfatbeständiger Zement, Ch. Zentr. 1939, I, S. 4376. — Kind: Der Einfluß von Sulfatlösungen auf verschiedene Zemente, Ch. Zentr. 1939, II, S. 1352. — Baire: Über die Widerstandsfähigkeit von Mörteln gegen Sulfatlösungen, Ch. Zentr. 1940, I, S. 1405. — Kondo: Eine Untersuchung des

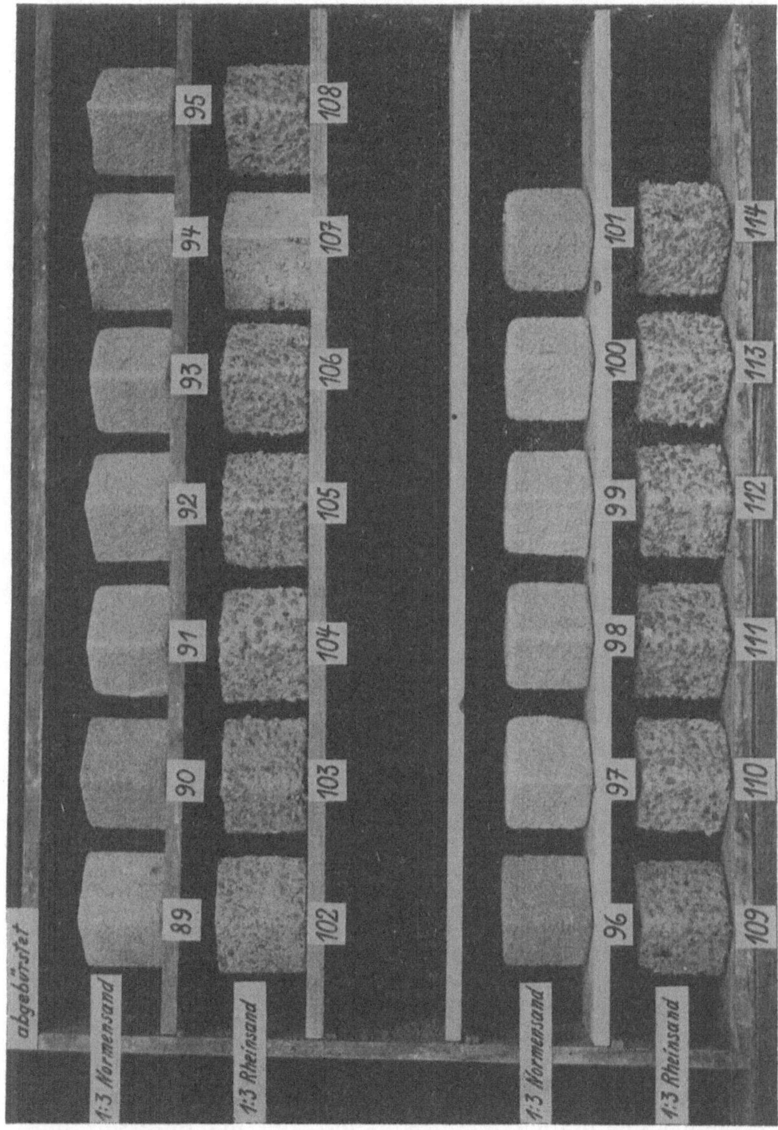

Abb. 38. Kohlensäurezerstörung im Pumpbrunnen der Stadt Bonn: Die Körper sind stark angeätzt, ihr Gefüge ist nicht geschädigt (kein Treiben). Die porösen Körper aus Normensand sind stärker geschädigt als die dichteren aus Rheinsand. (7jährige Lagerung in sehr stark strömendem Wasser mit sehr hohem Kohlensäuregehalt.) Der Tonerdezement (94 u. 107) hat sich am besten gehalten.

Zementbazillus, Zement 1940, S. 274. — Beton in sulfathaltigen Tonen und Grundwassern, Zement 1940, S. 274. — Referat Sulfatangriff bei Beton, Bauindustrie 1940, S. 665. — Referat Beton in sulfathaltigem Ton und Grundwasser, Betonwerk 1941, S. 55. — Malquori u. Cirilli: Über die Korrosion von Brownmillerit-Zementen durch sulfathaltige Wässer, Ch. Zentr. 1941, S. 425. Pokatilowskaja: Über die Verwendung von Schutt mit erhöhtem Sulfatgehalt, Ch. Zentr. 1942, II, S. 1836. — Cirilli: Untersuchungen über die Korrosion der Zemente durch die Einwirkung von Sulfaten, Zement 1941, S. 402. — Ball: Mineralsulfate und ihr Einfluß auf den Entwurf und Bau von Betonkonstruktionen, Zement 1938, S. 805.

Das Ferrokarbonat wird durch den Sauerstoff der Luft oxydiert in Ferrikarbonat. Dieses Ferrikarbonat ist nicht beständig, sondern es zerfällt sofort in Kohlensäure und in Eisenhydroxyd, welch letzteres sich als roter Schlamm auf dem Beton abscheidet. Die freiwerdende Kohlensäure löst in der oben beschriebenen Weise den Kalk aus dem Zement und zerstört somit den Beton. Mit diesem Vorgang ist die bisher unverständliche Tatsache, daß unter dem Wasserspiegel der Beton erhalten bleibt, über dem Wasserspiegel dagegen zerfällt, erklärt. Tatsächlich finden sich auch bei Kohlensäurezerstörung durch eisenhaltiges Wasser immer große Mengen von Eisenhydroxyd, das den Beton rot verfärbt.

Essigsäure und **Milchsäure.** Essigsäure und Milchsäure kommen entweder in entsprechenden Fabriken vor oder sie entstehen bei der Bereitung von Kraftfutter im Silo aus Gras. Beton, der zur Futtermittelsilierung dient, muß aus diesem Grunde mit einem Schutzanstrich versehen und besonders dicht hergestellt werden.

Zucker. Zucker hat verhältnismäßig geringe Einwirkung auf dichten Beton, ist dagegen ein besonders großer Betonschädling, wenn er in das Anmachwasser gelangt. Die Versendung von Zement in Waggons, die vorher Zucker enthalten haben, hat schon dazu geführt, daß der Zement nicht mehr erhärtete. Allein dieses Beispiel zeigt, wie außerordentlich empfindlich Zement beim Erhärten gegen Zucker ist. Dieser muß deshalb unter allen Umständen ferngehalten werden, wenn der Beton angemacht wird. Auf dieser die Erhärtung störenden Einwirkung von Zucker beruht ein neuerdings aus Amerika gekommenes Verfahren, nach welchem die Schalung mit einer Zuckerlösung in Leim angestrichen wird, so daß die Oberfläche des Mörtels nicht erhärtet und später abgewaschen werden kann. Der auf diese Weise von der obersten Zementschicht freigehaltene Mörtel bietet natürlich durch die Bloßlegung der Kieselsteine ein schönes Aussehen, seine Dichtigkeit wird aber teilweise vernichtet, außerdem bringt die Heranziehung derartig gefährlicher Lösungen auf dem Bauplatz Nachteile und Gefahren mit sich.

Salze. Daß freie Säuren das Bindemittel im Beton aufzuspalten vermögen, ist selbstverständlich, zumal er etwas freie Base, nämlich Kalk enthält. Diese freie Base und die Tatsache, daß im Kalksilikat des Betons die Kieselsäure den Kalk, hauptsächlich bei hohem Kalkgehalt, nur verhältnismäßig lose hält, führt aber dazu, daß auch gewisse Salze den Beton zu schädigen vermögen.

Sulfate und **Ammonsalze.** E i g e n s c h a f t e n   u n d   V o r k o m m e n : Sulfate kommen sehr verbreitet vor in Meerwasser. Hier bildet das Magnesiumsulfat denjenigen Bestandteil, der als Bittersalz das Meerwasser ungenießbar macht. Weiter sind Sulfate aus dem Meerwasser übergegangen in die Salzlagerstätten, die ja aus eingetrocknetem Meerwasser bestehen, und aus diesen wieder werden sie übergeführt in das Grundwasser, das auf seinem Wege mit vielen Sulfaten in Berührung gekommen ist (Bittersalzquellen). Auch Kohlenschlacken und besonders Kohlenschlackenhalden haben große Mengen von Sulfat. Diese können aus diesen Halden gelöst und dem Beton zugeführt werden. Auch Umpackung von Beton, beispielsweise Überschüttung von Rohren mit Schlacken hat schon zur Zerstörung geführt. Außerdem kommen Sulfate vor in Mooren und gehen auch aus diesen bisweilen in das Grundwasser über. Weitaus die meisten Grundwässer sind unschädlich. Immerhin ist bei Unsicherheit eine Sulfatbestimmung des Grundwassers erwünscht, um zur richtigen Zeit Schutzmaßnahmen durchführen zu können.

Ammonsalze kommen in chemischen Fabriken vor, weiter in landwirtschaftlichen Betrieben, wo sie als künstlicher Dünger verwendet oder in Sprengstoffbetrieben, wo sie zur Herstellung von Sprengstoff gebraucht werden.

Wirkung. Die Sulfate sind die gefährlichsten Salze, da sie zu Treiberscheinungen führen (Abb. 39). Von den Sulfaten sind die ge-

Abb. 39. Beispiel einer Sulfatzerstörung: Bei Sulfatwirkung wird nicht nur wie bei Kohlensäure zunächst die Oberfläche zerstört, sondern der Beton beginnt zu treiben. Raumvergrößerung. Später zerfällt dann der zerriebene Beton und Kiessand bleibt zurück.

fährlichsten diejenigen, in denen die Schwefelsäure durch eine schwache Base festgehalten wird, also das Ammoniumsulfat und weiter das Magnesiumsulfat, da ja auch Magnesia eine schwächere Base ist als der Kalk. Aus solchen Salzen tritt dann der Sulfatrest aus dem Ammonium- bzw. Magnesiumsalz an die stärkere Base Kalk, d. h. der Kalk reißt den Sulfatrest an sich. Ammoniak entweicht als stechend riechendes Gas, oder Magnesia scheidet sich in gallerartige Form ab und der Beton vergiftet sich selbst dadurch, daß sein freier Kalk sich in Calciumsulfat $=$ Gips verwandelt nach folgender Formel:

$$(NH_4)_2 SO_4 + CaO \cdot SiO_2 = CaSO_4 + SiO_2 + 2 NH_3 + H_2O$$

Ammonsulfat Calciumsilikat Gips Kieselsäure Ammoniak (Geruch!)

Gleichzeitig zerfallen die tonerdehaltigen Salze des abgebundenen Zementes und es entstehen Doppelverbindungen alaunähnlicher Natur. Hier ist besonders das Calciumaluminiumsulfat bekannt. Dieses kristallisiert mit sehr großen Mengen von Wasser (32 Mol.) und die Kristallisation zusammen mit der Raumvermehrung zersprengt den Beton. Das Calciumaluminiumsulfat findet sich in folgenden Betonen, die in Zerstörung begriffen sind als feinste Nadeln, die igelartig zusammensitzen.

Bringt man diese Nadeln unter das Mikroskop, so sehen sie aus wie
lauter Stäbchen. Dieses Aussehen hat ihnen vor 50 Jahren, als sie in
der Zeit der Robert Kochschen Entdeckungen gefunden wurden,
scherzhafterweise den Namen „Zementbazillus" eingetragen. Es handelt sich also beim Zementbazillus um Calciumaluminiumsulfat (oder
auch um Gips, der häufig mit Calciumaluminiumsulfat verwechselt
wird), d. h. um eine anorganische gut kristallisierendeVerbindung, nicht
etwa um einen Bazillus[1]. Die Zerstörungserscheinungen, die der Beton
aufweist, wenn er in dieser Weise zerstört wurde, erinnern aber stark
an eine Krankheit insofern, als der Beton ganz plötzlich, nachdem er
oft jahrelang beständig war, anfängt zu zerfallen, aufquillt, Risse bekommt und zerbröckelt unter gleichzeitiger weißer Verfärbung, die
einem Ausschlag ähnelt, so daß die Bezeichnung „Zementbazillus"
auch durch diesen einer Krankheit ähnelnden Vorgang gestützt wird.

Das wichtigste Sulfat der Praxis ist Magnesiumsulfat, welches im
Meerwasser vorkommt und diesem vor allem seine zerstörenden Eigenschaften
verleiht. Große Molenanlagen wurden vom Meerwasser schon zerstört. Die
Zerstörung selbst ist oben geschildert. Die nicht sichtbare Vergiftung des
Betons kann durch chemische Analysen der Oberfläche und des Kerns oft
nachgewiesen werden, ebenso wie die chemische Analyse auch dann, wenn
die Zerstörung bereits zu sehen ist, ein Maß dafür ist, wie tief die Zerstörung
in den Beton eingedrungen ist. Sulfatvergifteter Beton muß meist auch dann,
wenn die Sulfateinwirkung abgestellt werden kann, beseitigt werden, da er
noch nachträglich zerfällt. Als Abhilfe sei auch hier wieder dichtes Arbeiten,
kalkarmer Zement oder Puzzolanzusatz angeführt unter möglichstem Schutz
des jungen Beton vor dem Zutritt des Meerwassers.

Magnesiumfulfat und ebenso Natriumsulfat sind auch in Bitterwässern
enthalten, die ja aus den Salzen, die ursprünglich Meerbestandteile waren,
ausgelaugt wurden. Weiter treten sie in Kalibergwerken und in Flußläufen
auf, in die Abwässer aus Bergwerken geleitet werden, schließlich noch im
Grundwasser, besonders in solchen Gegenden, in denen Kali vorkommt oder
die Mooren benachbart sind.

Calciumsulfat (Gips) ist ein Bestandteil von Kohlenschlacken, sowohl von
Steinkohle als auch besonders von Braunkohle und vermag sich auch in
Schlackenhalden zu bilden. Das Gipswasser ist nicht ganz so gefährlich wie
das Magnesiumsulfat, es ist aber immerhin als Betonfeind zu beachten. Zerstörung tritt ähnlich so ein, wie bei Natriumsulfat, nur langsamer, die Abhilfe
ist die gleiche.

Von den Chloriden ist nur das Ammoniumchlorid, das lediglich in
chemischen Fabriken vorkommt, besonders schädlich. Das Natriumchlorid oder Kochsalz, der Hauptbestandteil des Meerwassers, bleibt
ohne Einfluß. Allerdings sind Chloridlösungen oft gleichzeitig sulfathaltig und wirken dann infolge dieses Sulfatgehaltes schädlich [2].

Von den anderen Salzen starker Säuren sei noch das Ammonium-
nitrat, das in der künstlichen Düngerfabrikation eine Rolle spielt, genannt und schließlich das Kaliumbichromat, das entgegen früheren
Ansichten den Beton schnell zerstört.

Schutz. Als Schutz kommt in Frage: 1. dichter, zementreicher Beton, 2. Verwendung sulfatbeständiger Zemente (kalkarmer Zement:

---

[1] Kondo: Eine Untersuchung des Zementbazillus, Ch. Zentr. 1940, I, S. 2524.

[2] Brusch: Zur Frage der Einwirkung von Streusalzen auf Betonfahrbahndecken und deren Verhinderung, Betonstraße 1940, S. 156.

Hüttenzement, Tonerdezement), 3. Schutz des Betons durch Fernhaltung und schnelle Ableitung der Sulfate.

Magnesiumsalze. Magnesiumsalze, die in leicht löslicher Form im Meerwasser als $MgSO_4$ (Bittersalz) vorkommen, sind besonders schädlich und schon oben abgehandelt. Sie treten aber auch bisweilen in Böden schwerlöslich auf, vermögen dann auch nachteilig zu sein, wenn die Magnesia nicht an Sulfat gebunden ist. Sie sind in den Boden hineingelangt durch verwitterten Dolomit, der ja bekanntlich ein Doppelkarbonat von Kalk und Magnesia ist. In der Schweiz wurden umfangreiche Zerstörungen von Betonrohren in Mooren auf derartige Magnesiazerstörung zurückgeführt. Die Schweiz verlangt deshalb für einen Boden, der unschädlich sein soll, einen geringen Magnesiagehalt von nicht über 2%. Meines Erachtens wird die Magnesia im Boden erst dann wirklich schädlich, wenn gleichzeitig Sulfate oder Schwefelsäure aus Mooren gegenwärtig sind. Da Beton selbst eine Base ist, bleiben Basen ohne besondere Einwirkung, wie beispielsweise Soda, verdünnte Natronlauge u. dgl.

Als schädliches Chlorid sei das Magnesiumchlorid genannt, das im Meerwasser und in Ablagerungen des Meerwassers auftritt und den Beton, wenn auch in längerer Zeit, zerstört. In der Praxis kommt es in konzentrierter Form als Steinholzlauge vor und vermag den Beton von Lagerungsbehältern für Steinholzlauge, die ja Magnesiumchloridlauge ist, zu zerstören, ebenso porösen Beton, der unter Steinholz verlegt ist. Es muß deshalb Beton, auf dem Steinholz verlegt werden soll, besonders dicht sein, weiter sind die Eiseneinlagen in solchem Beton mindestens 3 cm hoch mit dichtem Beton zu bedecken[1].

Öle und Fette. Außerordentlich unklare Verhältnisse herrschen oft in der Praxis bezüglich der Wirkung von Fetten und Ölen, und zwar deshalb, weil meistens diese Fette und Öle ohne Unterschied ihrer Herkunft und ohne Berücksichtigung ihres chemischen Aufbaues betrachtet werden.

Eigenschaften und Vorkommen. Es gibt zwei ganz verschiedene Arten von Ölen bzw. Fetten, und zwar zunächst diejenigen Öle, die gewonnen werden aus Naphtha, also bei der Petroleum-Raffination sowie aus den Steinkohlen usw.

Öle. Diese Öle sind, wenn sie nicht freie Säure enthalten, meist unschädlich, denn es handelt sich hier meist um paraffinähnliche (Paraffin kommt von parum affinis = wenig Affinität zu anderen Substanzen) Moleküle, die nur schwer mit anderen Molekülen in Reaktion treten und infolgedessen den Beton auch nicht angreifen. Hierher gehören alle Schmieröle, Heizöle, Treiböle, Staufferfette, Zylinderöle, Petroleum u. dgl. Sie alle vermögen zwar den Beton zu durchdringen (Treiböl), zerstören ihn aber nicht. Nur dann, wenn sie als Rohöle eine

---

[1] Wittekindt: Über die Einwirkung von Kochsalz auf Zement, Toni 1936, S. 797. — Elsner v. Gronow, H.: Die Beseitigung der Wasserempfindlichkeit von Zementen, Zentr. f. Werkstoff 1942, S. 416. — Dschorbenadse: Über die Einwirkung von Natriumchlorid-Lösungen auf das Tricalciumaluminat, Zement 1942, S. 527.

Säure, z. B. Phenol (Karbolsäure) enthalten, werden sie dem Beton gefährlich (Heizöl), selbstverständlich auch dann, wenn ihnen zur Erhöhung der Schmierfähigkeit fette Öle zugesetzt werden (S. 115). Die Öle selbst setzen lediglich durch Absperrung des zur Nacherhärtung nötigen Wassers die Nacherhärtung herab und vermindern die Festigkeit durch Aufhebung der inneren Reibung. Die zwei Typen dieser Art Öle seien hier wiedergegeben:

1. Das Benzol   und   2. das Paraffin

$$\begin{array}{c} CH \\ HC \diagup \diagdown CH \\ HC \diagdown \diagup CH \\ CH \end{array} \qquad\qquad H-\overset{\displaystyle H}{\underset{\displaystyle H}{C}}-\overset{\displaystyle H}{\underset{\displaystyle H}{C}}-\overset{\displaystyle H}{\underset{\displaystyle H}{C}}-\overset{\displaystyle H}{\underset{\displaystyle H}{C}}-H$$

(Ring-Kohlenwasserstoff,   Butan
  aromatische Reihe)[1]   (Reihen-Kohlenwasserstoff, aliphatische Reihe)

Die Formeln zeigen, daß in diesen Verbindungen keine Salze oder dgl. vorliegen, sondern daß das Molekül ein in sich gesättigtes ist, demnach einen sehr stabilen Aufbau hat und seine geringe Schädlichkeit deshalb auf seinen Aufbau zurückzuführen ist. Ist Phenol vorhanden, so verhält sich dieses als freie Säure:

$$2\,(C_6H_5-OH) \quad + \quad CaO \quad \cdots \quad Ca(C_6H_5O)_2 \quad + \quad H_2O$$
Phenol (Karbolsäure)   Kalk   Calciumphenolat   Wasser

Es bilden sich also Calciumphenolate als Kalksalze der Karbolsäure, welche den Zuschlag nicht mehr zu verkitten vermögen, da sie schmierig und weich sind: der Beton zerfällt. Obgleich Maschinenöl im allgemeinen Beton nicht angreift, wurden immerhin in seltenen Fällen Erweichungen festgestellt, und zwar vor allen Dingen dann, wenn bei der Einwirkung dauernde Wärme in Frage kam. Offenbar haben dann die in dem Öl in geringer Menge enthaltenen Fettsäuren mit dem freien Kalk des Betons unter Bildung von Kalkseife reagiert. Sie sind nämlich Verbindungen des mehrwertigen Alkohols, Glyzerin mit Fettsäuren. Die Abhilfe ist einfach, nämlich: Konstruktion, die ein schnelles Ablaufen der Fette ermöglicht (keine Pfützen) und dichter Beton [2].

Fette. Ganz anders konstituiert als die Mineralöle sind die fetten Öle, d. h. alle diejenigen Öle und Fette, die dem pflanzlichen oder tierischen Organismus entstammen; hier dienen sie als Vorrat, der entweder dem lebenden Körper in Form von Fett für Notzeiten mitgegeben wird oder den das Samenkorn enthält, um den keimenden Sämling als Energiespeicher während des Keimvorgangs vor Ausbildung der Wurzeln zu dienen. Hierher gehören alle Pflanzenfette, z. B. Mohnöl, Rizinusöl, Kokosnußöl, Palmin u. dgl. Als Tierfette seien ge-

---

[1] Der Name „aromatische Reihe" wurde Verbindungen, die derartig aufgebaut sind, gegeben, als die ersten gefunden wurden, die „aromatisch" rochen. Keineswegs alle haben diesen Vorteil.

[2] Saller: Benzinlagerbehälter, Beton u. Eisen 1941, S. 20. — Haegermann: Über Versuche und praktische Erfahrungen bei der Unterwasserlagerung von Benzin in Betontanks, Zement 1942, S. 141. — Haegermann: Öldichtigkeit von Beton u. Eisen 1942, S. 152. — Betonbehälter für Benzinlagerung, Betonwaren u. Betonwerkstein 1942, S. 195.

nannt Butter, Tran, Knochenöl, Gänsefett usw. Alle diese Fette und Öle sind ganz anders aufgebaut als die oben genannten unschädlichen Mineralöle. Sie sind nämlich S a l z e, und zwar Salze der Base Glyzerin oder einer ähnlichen Base, also eines mehrwertigen Alkohols mit der Säure: Oleinsäure, Palmitinsäure oder sonst einer Fettsäure.

W i r k u n g : Da in diesen Salzen eine starke Säure, Fettsäure, mit einer schwachen Base, dem Glyzerin, vereinigt ist, wird naturgemäß eine Aufspaltung dann erfolgen, wenn eine stärkere Base zur Einwirkung kommt. Im Beton ist diese stärkere Base in Form des freien Kalkes vorhanden. Dieser freie Kalk spaltet das Fett auf, setzt Glyzerin in Freiheit und verbindet sich mit dem Säurerest der Ölsäure, unter Bildung von ölsaurem Kalk. Da bei diesem Vorgang der Kalk aus seinem ursprünglichen Verband gelöst wird und als „Kalkseife" eine schmierige Beschaffenheit annimmt, zerfällt natürlich der so beeinflußte Beton, da die Silikate, die ihn aufbauen, zugrundegehen.

Den Vorgang des Aufspaltens eines Fettes nennt man Verseifung. Bei der Seifenherstellung werden die oben genannten Fette durch eine Base, Natronlauge oder Kalilauge, aufgespalten, das Glyzerin wird als Nebenprodukt gewonnen. Die von uns gebrauchte Seife ist nichts anderes als Kaliumoleat, also das Kalisalz der Ölsäure. Sie wirkt dadurch reinigend, daß bei ihrer Benetzung mit Wasser Natronlauge frei wird, die durch Ätzung (man denke an die Schmerzen, die ins Auge geratene Seife verursacht) den Schmutz und das Fett beseitigt, während die Fettsäure selbst unter Trübung des Wassers den Schmutz einhüllt und auf diese Weise wegschafft. Kurz sei das Schema für die Entstehung einer derartigen Seife aus einem Fett wiedergegeben:

Glyzerinoleat + Natronlauge = Natriumoleat + Glyzerin.
(Fett)   (Seifenstein)   (Schmierseife)

Abb. 40. Bild einer Fettzerstörung. Fette, beispielsweise Leinöl, werden durch den Kalk des Mörtels verseift. Durch Verwandlung des Kalkanteils des Zementes in Kalkseife wird der Zusammenhalt des Mörtels gelöst, gleichzeitig treten Treiberscheinungen auf.

Das Natriumoleat ist die Natriumseife, das Glyzerin spaltet sich ab, das ursprüngliche Fett war das Salz aus der Base Glyzerin und der Ölsäure. Bei Einwirkung auf Beton verseift der sich aus dem Zement des Betons abspaltende Kalk in gleicher Weise das Fett nach folgender Formel:

$$\text{Glyzerinoleat} + \text{Kalk} \rightleftharpoons \text{Kalkoleat} + \text{Glyzerin.}$$

Das Kalkoleat vermag dem Beton keinen Zusammenhalt mehr zu geben. Es ist von schmieriger Beschaffenheit, der Beton zerfällt unter Rißbildung (Abb. 40).

Als Schutz kommt auch hier wieder in Frage dichter Beton, Bindung des freien Kalkes durch Puzzolane und Anstrich durch bakelit- oder harzähnliche Erzeugnisse, welche sich nicht in Fetten auflösen. Die Bitumenanstriche, die für andere Zwecke verwendbar sind, können hier nicht gebraucht werden[1].

e) Chemie der Betonzusätze.

Bei der Mörtel- und Betonbereitung werden bisweilen, um besondere Effekte zu erzielen, dem Element oder dem Anmachwasser verschiedene Arten von Zusätzen gegeben. Sie sind grundsätzlich verschieden je nach dem Zweck, der erreicht werden soll; es gibt solche, die den Beton schneller zum Erhärten bringen, andere die den Beton bei der Verarbeitung geschmeidiger machen und schließlich noch zwei Gruppen, die dem erhärteten Beton besondere Eigenschaften verleihen, wie wasserabweisende oder wasserdichtend wirkende.

1. Schnellbinden veranlassende Zusätze.

In manchen Fällen (Frost, Wassereinbruch) ist es erwünscht, den Mörtel oder Beton zu besonders schneller Erhärtung zu zwingen (Abb. 41). Da es nicht angängig ist, von der Fabrik besondere Zemente zu verlangen, hilft man sich dadurch, daß man dem Anmachwasser bestimmte Zusätze beifügt. Die Anwendung derartiger Lösungen wird steigende Bedeutung gewinnen, und der Bauingenieur muß sich mit ihnen beschäftigen, da bei der heute notwendigen Rationalisierung infolge Mangel an Arbeitskräften die Winterpause verschwinden muß, die bisher sich doch immerhin auf 4—5 Monate erstreckte. Die bisher

---

[1] Ausführliche Angaben über die Einwirkung chemischer Lösungen finden sich u. a. noch in folgenden Werken: Allgemeines. Grün: Der Beton, Berlin 1937. — Kleinlogel: Einflüsse auf Beton, Berlin 1930. — Spezielle Angaben über natürliche chemische Einflüsse, besonders aus Böden in der Arbeit: Gessner u. Zollikofer: Die Kommission zur Prüfung des Verhaltens von Zementröhren in Meliorationsböden. Schweiz. Verband für die Materialprüfungen der Technik. Zürich, Juli 1937. — Saugfähige Schalung für Betonbauten, Toni 1941, S. 338. — Kolker: Mikrobiologische Untersuchung von Betonen bei hydrotechnischen Bauausführungen im Meer, Ch Zentr. 1942, I, S. 3245. — Kriss u. Rukina: Über den Einfluß von Mikroorganismen auf den Beton hydrotechnischer Bauausführung in Flüssen, Ch. Zentr. 1942, I, S. 2694. — Kogan: Methode der vergleichenden Beurteilung der Antikorrosionseigenschaften verschiedener Zemente, Ch. Zentr. 1940, I, S. 1732. — Miller: Laboratoriumsversuche über die Einwirkungen schwacher Säuren auf Betone und Mörtel, Ch. Zentr. 1940, I, S. 1732. — Miller: Eine Strömungsmethode zur Bestimmung der Einwirkung löslicher Stoffe auf Beton, Ch. Zentr. 1941, II, S. 252. — Sika: Zement unter Frosteinwirkung, Bauing. 1942, S. 156. Fredl: Einwirkung von Öl auf Beton, Betonsteinztg. 1939, S. 35.

in der Winterpause brachliegenden Arbeitskräfte können ausgenutzt werden, wenn man sich genügend mit der Frage, auch im Winter zu betonieren und Bauarbeiten durchzuführen, beschäftigen wird. Vögler[1] gibt an, daß es noch 1933 914 000 erwerbslose Bauarbeiter gab, während heute überhaupt keine mehr vorhanden sind, und fordert deshalb gleichfalls die Beseitigung der Winterpause. Der Umfang der hier zu gewinnenden Summen gehe daraus hervor, daß im Jahre 1932

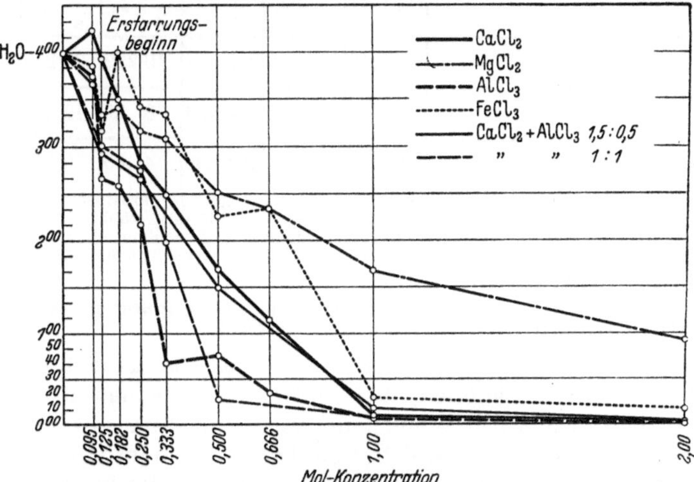

Abb. 41. Wirkung von Schnellbinden veranlassenden Zusätzen auf den Erstarrungsbeginn von 4 Stunden): Durch Zusatz geeigneter Salze wird der Zement zum Schnellbinden gezwungen. Durch Veränderung der Konzentration kann die Schnelligkeit des Bindens geregelt werden.
Mg CL₂ = Magnesium-Chlorid oder Chlor-Magnesium   AlCl₃ = Aluminium-Chlorid
CaCl₂ = Calcium-Chlorid oder Chlor-Calcium   FeCl₃ = Eisenchlorid

Bauten im Gesamtwert von 2,3 Milliarden errichtet wurden, 1938 dagegen solche von 11 Milliarden Mark Wert.

Frost. Eine beliebte Maßnahme ist früher bei Betonierungen im Frost die Zufügung von Soda zum Anmachwasser gewesen. Man ist aber von der Soda wieder abgekommen, da ihre Wirkung unregelmäßig und schwankend ist. An ihre Stelle ist meist jetzt das Calciumchlorid getreten, das nicht nur die Abbindezeit verkürzt, also die Möglichkeit gibt, den Beton auch bei Frost so schnell zum Erhärten zu bringen, daß ein nachträgliches Gefrieren nicht mehr schadet, sondern daß es auch die Festigkeit erhöht. Tabelle 5 zeigt, daß bei —6° die normal angemachten Zemente fast gar nicht erhärten, daß aber bei Zusatz des Frostschutzmittels die Erhärtung recht befriedigend ist. Die Zemente reagieren verschieden! Notwendig ist es, bei Anwendung des Calciumchlorids mit dem Zement, auf den es einwirken soll, bezüglich Konzentration der Lösung und Zusatzmenge jeweils einen Vorversuch zu machen, da jeder Zement auf das Calciumchlorid anders anspricht[2].

---

[1] Vögler: Rationalisierung im Bauwesen, Z. VDI 1938, S. 1324.
[2] Vgl. auch Böhm: Das Betonieren bei Frost, Berlin 1935. — Serkin: Über das Betonieren bei Frost, Betonsteinztg. 1937, S. 377. — Graf: Versuche

Tabelle 11 Einwirkung eines calciumchloridhaltigen Frostschutzmittels Mf. auf die Druckfestigkeit von Beton bei niederen
Temperaturen.

Die Körper wurden bei + 18° hergestellt und dann sofort in die angegebene Lagertemperatur gebracht. Als Anmachflüssigkeit diente Wasser und zum Vergleich die calciumchloridhaltige Lösung Mf.	Lagerung bei +20°						Eisschranklagerung bei −6°					
	3 Tage		7 Tage		28 Tage		3 Tage		7 Tage		28 Tage	
	Wasser	Mf.	Wasser	Mf.	Wasser	Mf.	Wasser	Mf.	Wasser	Mf.	Wasser	Mf.
Mischungsverhältnis 1:4,5 Gew.-T. Rheinsand 0—7 mm — Zement A:	325	442	421	496	542	577	10	229	20	254	45	355
Zement B:	181	284	298	412	374	523	8	22	12	55	12	215
Zement C:	201	231	277	321	384	496	4	60	9	140	15	198

Einwirkung von calciumchloridhaltigem Anmachwasser auf die Frostbeständigkeit des Betons. Durch den Zusatz wird die Anfangsfestigkeit des Mörtels erhöht, besonders bei Frosteinwirkung. Es kann deshalb mit calciumchloridhaltigem Zementmörtel, auch bei Frost gemauert werden. Die Zahlen zeigen das bessere Erhärten des calciumchloridhaltigen Mörtels besonders bei Frost.

Mf. = Frostschutzmittel Mf.

Bemerkenswert ist das verschiedenartige „Ansprechen" der verschiedenen Zemente, welches für jeden Fall der Verwendung Vorversuche empfiehlt.

Wassereinbruch. Ist die Konzentration der Calciumchloridlösung sehr hoch, so ist es möglich, den Mörtel oder Zement in wenigen Sekunden oder Minuten, je nach der Konzentration, zur Erhärtung zu zwingen, ein Verfahren, welches häufig angewendet wird, wenn es sich darum handelt, Wassereinbrüche zu dichten, oder in Betonstollen offen gehaltene Rohre, die beim Bau zur Wasserhaltung dienten, zu verstopfen. Auch Aluminiumchlorid wirkt in ganz ähnlicher Weise, ebenso die Nitrate der genannten Salze. Sehr einleuchtend zeigt Abb. 41 die günstige Wirkung von Chlorcalcium. Der Erstarrungsbeginn des Zementes wurde durch den Zusatz von 0,6 Mol = 13 % von 4 Std. auf 1 Std., bei höherer Konzentration auf wenige Minuten verkürzt. Die Festigkeit nach nur 16 Stunden (Abb. 42) wurde für die beiden geprüften Zemente von etwa 80 kg/cm² durch 8 proz. Chlorcalciumlösung als Anmachwasser auf 170—200 kg/cm² erhöht und weit über die Festigkeit des Tonerdezementes getrieben. Seit Jahren kommen Mischungen der genannten Salze unter verschiedenen Namen in den Handel. Wertvoll ist bei dieser Art des Verkaufes, daß dem Käufer die Erfahrungen der verkaufenden Firma zur Verfügung stehen, obgleich die Lösungen selbst verhältnismäßig billiger einzeln aus dem Chemikalienhandel bezogen werden könnten. Auch Wasserglas wird für die oben genannten Zwecke bisweilen herangezogen. Bei allen diesen Zusätzen ist aber zu bedenken, daß, besonders wenn Natron

<hr>

über das Verhalten von Betonsäulen und Betonwürfeln bei oftmaligem Gefrieren und Auftauen. Deutscher Ausschuß für Eisenbeton, Heft 87, Berlin 1938. — Bornemann: Betonarbeiten im Winter, Bautenschutz 1938, S. 121. — Witkin: Build Winter Concreting Inclosures of Thin Sheets of Plywood, Concrete, November 1938, S. 4. — Thompson: The ten commandments of Cold Weather Concreting, Concrete, November 1938, S. 14. — Mußgnug: Einige betontechische Fragen beim Gefrierschachtausbau, Bautensch. 1941, S. 121.

in den betreffenden Zusätzen vorhanden ist, bisweilen Ausblühungen
auftreten, wenn der Beton erhärtet ist.

2. Schmierende Zusätze.

Die Verarbeitbarkeit eines Betons hängt ab von
1. dem Zementgehalt. Steigender Zementgehalt verbessert diese
und verhindert die Entmischung;
2. dem Wassergehalt. Steigender Wassergehalt begünstigt das
Fließen, erhöht aber die Entmischungsgefahr und erniedrigt die Festigkeit;

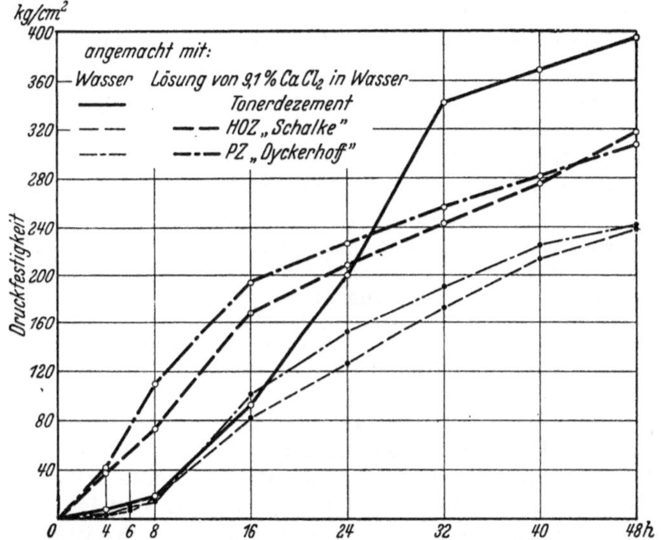

Abb. 42. Zusatz geeigneter Salze zum Anmachwasser erhöhen die Anfangsfestigkeit erheblich.

3. dem Zuschlag. Rundkörniger Zuschlag — Kies, Fluß- oder Meer-
sand — verbessert die Verarbeitbarkeit. Scharfkörniger Zuschlag ver-
schlechtert sie (Splitt und Brechsand).

Um einen unter allen Umständen zusammenhaltenden Beton zu
bekommen, der nicht allzu viel Wasser braucht zur Erreichung einer
großen Geschmeidigkeit, werden seit einiger Zeit Zusätze (Plastiment,
Prolan, Betonplast u. a.) in den Handel gebracht, die teilweise aufgebaut sind auf der Grundlage von Sulfitablauge, die die Ober-
flächenspannung verändern und so die Verarbeitbarkeit des Betons erhöhen sollen. Aus der Praxis und aus dem Laboratorium wird von
günstigen Erfahrungen berichtet, besonders in bezug auf Verbesserung
des Anbindens des Frischbetons an alten. Im allgemeinen wird man
auch, wenn es an den Zusätzen mangelt, durch etwas erhöhten Zementzusatz eine Herabsetzung des Wasser-Zementfaktors und ähnliche Erfolge erzielen können; es wird sich also häufig um ein Rechen-
exempel handeln. Weitere Sammlung von Baustellenerfahrungen auf
dieser Grundlage erscheint erwünscht.

3. Dichtende Zusätze.

Diese Zusätze, die besonders zur Dichtung dienen, sind entweder Seifen verschiedener Art oder Teeröle oder aber auch Öle organischer Natur, die sich mit dem Kalk des Betons zu Seifen umsetzen sollen. Schmierseife wurde schon vor vielen Jahrzehnten dem Beton zugesetzt, und tatsächlich hat Schmierseife bis zu einem gewissen Grade eine dichtende Wirkung, da der Ölsäurerest die Poren des Betons verstopft und ihn so abdichtet. Schmierseife ist nämlich das Kalisalz verschiedener Ölsäuren, also Kaliumoleat (S. 115). Beim Zusammentreten mit Kalk bildet sich das schwer lösliche Calciumoleat und Kaliumhydrat wird frei, das sich an der Luft karbonisiert zu Kaliumkarbonat (Pottasche). Der wirksamste Bestandteil dieser in den Handel kommenden Zusätze sind diese ölsauren Salze. Die sich abscheidenden Neubildungen wirken durch Porenfüllung dichtend. Immer muß aber berücksichtigt werden, daß der Zusatz nur imstande ist, dichten Beton noch weiter zu dichten, denn naturgemäß können nur ganz feine Poren verstopft werden. Ein wirklich gut hergestellter Mörtel hat auch ohne diesen Zusatz einen hohen Grad von Dichtigkeit.

Aus größeren Poren wird das Calciumoleat u. dgl. ohne weiteres herausgespült. Bei sehr hohem Druck konnte ich beobachten, daß die in der beschriebenen Weise erzielte Dichtung nachließ, offenbar auch infolge Herauslösung der organischen Porenfüllung. Letzten Endes haben also alle diese Dichtungsmittel nur eine zusätzliche Wirkung, die Hauptsache ist immer ein an sich dichter Beton. Einen undichten Beton vermögen die Zusätze auch nicht völlig dicht zu machen.

In ähnlicher Weise wie Seife können Teeröl oder Bitumen, die gegebenenfalls emulgiert sein können, durch das Anmachwasser in den Beton gebracht werden, wo sie sich als porenfüllende organische Substanzen im Beton bisweilen nützlich erweisen. In der letzten Zeit ist besonders die Bitumenemulsion empfohlen worden. Ihr Wesen besteht darin, daß ein Bitumen in Wasser in ganz feiner Form emulgiert ist. Bitumen löst sich nicht in Wasser. Will man es im Wasser verteilen, so muß man es durch besondere Einrichtungen, beispielsweise durch Schlag- und Rührwerke mit dem Wasser „emulgieren".

Das einfachste Beispiel einer Emulsion ist die Mayonnaise, welche aus Eigelb, das in Olivenöl u. dgl. emulgiert ist, besteht, und die dadurch erzeugt wird, daß man Öl und Eigelb in ganz kleinen Mengen zusammengibt und dabei intensiv rührt. Emulsionen sind also fein verteilte feste Körper in Wasser oder Öl, demgemäß keine Lösungen. Die Emulsionen „brechen" leicht, d. h. der feste Körper setzt sich ab und die Emulsionsflüssigkeit bleibt über diesem abgesetzten Körper stehen. Man setzt deshalb den Emulsionen sog. Stabilisatoren zu, um sie beständig zu machen, beispielsweise Ton.

Bei Verarbeitung von „Bitumenemulsion" ist festzustellen, ob es sich tatsächlich um eine Emulsion handelt, oder ob diese sich bereits abgesetzt hat, mit anderen Worten, ob sie, wie der Fachausdruck heißt, „gebrochen" ist. Dieses Brechen der Emulsion darf erst im Beton selbst erfolgen, dies bedeutet, daß die Bitumentröpfchen sich im Beton abscheiden, während das Wasser von dem Zement als Hydratwasser beim Abbinden verbraucht wird. Ausschlaggebend in allen Fällen der Verwendung der Zusätze der beschriebenen Art ist aber immer Anwendung eines Zuschlagsstoffes mit richtigem Korngrößenverhältnis, genügend hoher Zementgehalt, Anwendung eines guten Zementes und dichte Verarbeitung. Häufig wird angegeben, daß die dichtenden Zusätze auch die Salzwasserbeständigkeit erhöhen. Eine solche Erhöhung ist nicht unwahrscheinlich, da ja dichter Beton beständiger ist als undichter, aber nicht erwiesen.

Die Wirkung eines Dichtungsmittels „A", das dem Beton mit dem Anmachwasser zugesetzt wurde, zeigt Abb. 43. Während die Betone ohne Zusatz Wasser in beträchtlichen Mengen durchtreten lassen, sind alle Betone mit Zusatz von vornherein dicht. Bemerkenswert ist die allmähliche „Selbstdichtung" des Betons, die dessen Wasserdurchlässigkeit im Verlauf von 50 Stunden auf ein Fünftel herabsetzt[1].

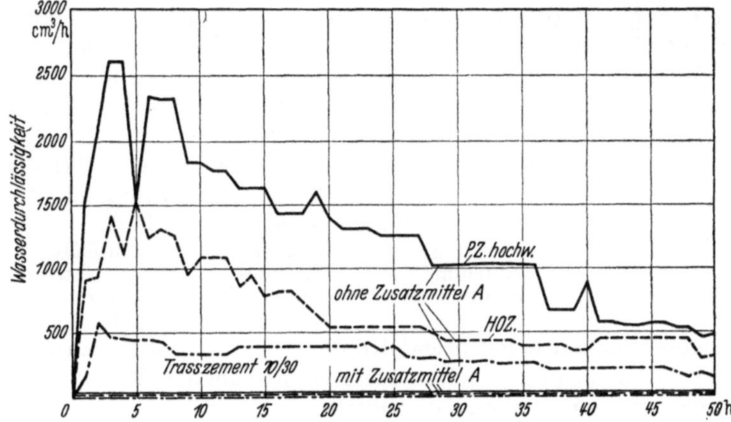

Abb. 43. Wirkung dichtender Zusätze. Verhinderung des Wasserdurchtritts durch Betonscheiben infolge des Zusatzes eines Dichtungsmittels A. zum Beton bei der Herstellung.

f) Chemie der Behandlungsmittel.

Die wichtigste Nachbehandlungsweise ist die Abdeckung des Betons sofort nach der Herstellung, um Schwindrißbildung zu vermeiden, denn Schwindrisse sind nicht nur häßlich, sondern sie bilden auch die Eingangspforte für schädliche Einwirkungen und Ausgangspunkte für Rißbildung, z. B. bei Betonstraßen. Frisch hergestellter Beton muß deshalb sofort nach der Verfestigung von Zeit zu Zeit benetzt werden. Durchzug ist stets zu vermeiden, Fenster in Neubauten sind also zu schließen, wenn ein frisch gemachter Zementestrich in ihnen liegt. Sehr zu beachten ist, daß zugiges Wetter oder Wind viel stärker austrocknend wirken als die Sonne. Schwindrisse, die durch zu frühe Entziehung des Wassers auftreten, werden deshalb häufig bei Beton beobachtet, der ohne Schutz der geschilderten Austrocknung ausgesetzt ist.

1. Imprägnierung mit Silicofluoriden: Fluatierung.

Für chemische Nachbehandlung des Betons werden bisweilen die Fluate verwendet. Diese kommen in den Handel meist als Magnesium-

[1] Merkle: Porosität und Durchlässigkeit von Beton, Bauing. 1938, S. 156. — Walz: Die Durchlässigkeit des Betons gegen Druckluft, Fofoba 1943, A 9, S. 21. — Nagai: Untersuchung über die Zumischung von Bentonit zu Portlandzement, Zement 1937, S. 224.

siliciumfluoride, weiter als Bleisiliciumfluoride usw. Alle diese Fluoride
setzen sich beim Aufbringen des Fluorids, welches meist in Wasser
gelöst in den Handel kommt und als verhältnismäßig konzentrierte
Lösung verwendet wird, mit dem kohlensauren Kalk des Betons um
in der Weise, daß die Kohlensäure unter Aufbrausen ausgetrieben
wird, da das Fluat freie Säure enthält. Es bildet sich so aus dem kohlensauren Kalk, ebenso wie aus dem freien Kalk des Betons das sehr harte
Calciumfluorid, der Erfolg ist eine Härtung der Betonoberfläche, die
allerdings nur wenig tief in das Innere reicht. Da auch der freie Kalk
bis zu einem gewissen Grade gebunden wird, wirken Fluate etwas er-
höhend auf die Salzwasserbeständigkeit des Betons, wenn auch meist
diese Wirkung überschätzt wird. Der Hauptvorteil der Fluate liegt in
der Härtung der Betonoberfläche. Demgemäß werden sie in Fabrik-
räumen, um das Stauben zu verhindern, verwendet [1].

Die Wirkungsweise der Fluate ist nur gegeben bei kalkhaltigen
Gesteinen, sei es Naturstein, sei es Beton, die Anwesenheit von
Kalk voraussetzt. Die Reaktion nimmt folgenden Verlauf:

$$CaCO_3 \quad + \quad Na_2SiF_6 \quad = \quad CaSiF_6 \quad + \quad Na_2CO_3.$$

Kalkstein	Natrium-	Calcium-	Soda, Natrium-
(kohlensaurer	silicofluorid	silicofluorid	karbonat
Kalk z. B. in Beton)			(Ausblühung!).

Da Betonoberflächen meist etwas Kohlensäure als kohlensaurer Kalk
enthalten, brausen Betonflächen beim Anstreichen mit Fluat auf, da
ein Entweichen der Kohlensäure eintritt.

Als Imprägniersilikat kommt gewöhnliches Natronwasserglas, bisweilen auch Kaliwasserglas in Frage. Die Reaktion tritt auch nur ein
bei Anwesenheit von Kalk nach folgender Formel:

$$CaO \quad + \quad Na_2SiO_3 \quad = \quad CaSiO_3 \quad + \quad Na_2O.$$

Kalk (freier	Natriumsilikat	Calciumsilikat	Natriumoxyd
Kalk des Betons)	(Wasserglas),		karbonisiert sich an
			der Luft zu Natrium-
			karbonat [Ausblühung]).

Wie die Formel zeigt, tritt aus dem Wasserglas Natriumoxyd aus,
welches an der Luft in Natriumkarbonat, also in Soda verwandelt
wird, das zu Ausblühungen führt. Eine Wässerung der so behandelten
Flächen ist deshalb notwendig, um die Soda zu entfernen. Wenig zu
Ausblühungen neigt das Kaliwasserglas bzw. Kaliumkarbonat (Pottasche). Es ist deshalb häufig zweckmäßig, um diese Ausblühungen von
vornherein zu vermeiden, als Tränkmittel das allerdings teuerere
Kaliwasserglas zu verarbeiten [2].

[1] Uhl u. Klumpner: Über die Acidität von Salzen der Kieselfluorwasserstoffsäure, Ang. Chemie 1940, S. 188. — Fluate — über Zweck und Anwendung, Betonwerk 1941, S. 241. — Platzmann: Fluate und die Grenzen
ihrer Wirksamkeit als Bautenschutzmittel, Toni 1939, S. 71. — Hevenor:
Über die Nachbehandlung von Beton mit Hilfe wasserundurchlässiger Schichten, Ch. Zentr. 1939, II, S. 2834. — Simane: Anfeuchten von Zementerzeug-
nissen, Ch. Zentr. 1940, I, S. 112. — Debecq: Die Nacherhärtung von Betonoberflächen durch Silikatbehandlung, Ch. Zentr. 1939, II, S. 455. — Gilkey:
Die Feuchtlagerung von Beton, Ch. Zentr. 1938, I, S. 693.

[2] K. Matthies: Betondichtung, Betonsteinztg., 1941, S. 110. — John, L.:
Dichten und Fluatieren von Beton, Betonsteinztg., 1941, S. 195. — Lopes:
Einwirkung verschiedener Produkte auf Portlandzement, Zement 1941, S. 693.

2. Kochsalzbehandlung.

Obgleich Kochsalz von geringem Einfluß auf Beton ist, sind schon Zerstörungen beobachtet worden durch Salzzerstörungen von Betondecken. Hier handelt es sich weniger um chemische Einflüsse, wenn nicht gerade der Beton sehr frisch war, sondern um physikalische Zerstörung durch den Kristallisationsdruck des bei Austrocknung auskristallisierenden Salzes[1].

3. Imprägnierung mit Ölen.

Wasserabweisende Tränkmittel werden dadurch hergestellt, daß man Vaseline und Paraffine in organische Lösungsmittel auflöst. Sie lösen sich in diesen wie beispielsweise Salz in Wasser. Wird der Beton mit den Tränkmitteln angestrichen, so wird er gleichsam in der obersten Schicht eingefettet und dadurch wasserabweisend gemacht. Es handelt sich also bei dieser Gruppe von Mitteln um solche, die den Beton nicht chemisch verändern, wie beispielsweise Fluate, sondern um Einfettmittel, die ein Herabperlen des Wassers (Schlagregen) veranlassen. Die Wirkung ist günstig. Bei Druck vermögen aber die Imprägniermittel den Wasserdurchtritt nicht zu verhindern, da sie ja nur eine leichtflüssige, wenn auch wasserabweisende Fetthaut bilden.

Ein wasserabweisendes Tränkmittel ist das sog. Czeremley, welches allerdings auch unter anderem Namen gehandelt wird. Es handelt sich bei dieser Gruppe von Mitteln, die den Beton im Gegensatz zu den Fluaten nicht chemisch verändern, um Paraffine oder Öle u. dgl., welche in Lösungsmitteln gelöst sind und nach Verdunstung dieser Lösungsmittel zurückbleiben. Der Beton wird hierdurch eingefettet, das Wasser perlt an ihm herab. Die Wirkung ist deshalb günstig; bei Druck vermögen derartige Ölimprägnierungen den Wasserdurchtritt allerdings nicht zu verhindern. Sie eignen sich mehr zur Behandlung von Schlagwetterseiten gegen Regendurchtritt.

4. Schutzanstrich.

Zur völligen Abschließung der Bauwerke von der Außenwelt dienen neben der Ummantelung (S. 182) die Schutzanstriche. Sie werden einerseits verwendet, um eine allzu rasche Austrocknung des Betons zu verhindern, andererseits, um ihn vor Zerstörung durch aggressive Lösungen zu schützen. Bei der Aufbringung, um die Austrocknung zu verhindern, muß so gearbeitet werden, daß der Beton nicht innerlich „verdurstet", d. h. der Anstrich darf weder zu früh noch zu spät aufgebracht werden, da er sonst das Schwinden des Betons durch Wasser-

---

[1] O r t h a u s : Bestreuen der Straßen mit abstumpfenden Stoffen und Chloriden bei Glatteis und Schneeglätte, Straßenbau 1939, S. 73. — D a u p p e r t : Sand- und Salzstreuung zur Glatteis- und Schneeglättebekämpfung, Straßenbau 1940, S. 167. — R o d t : Wasseraufnahme erhärtender hydraulischer Bindemittel bei verschiedenen Luftfeuchtigkeiten, Toni 1939, S. 707. — H a l l b e r g u. A r n f e l t : Kein Salz streuen auf Zementbeton, Ch. Zentr. 1942, I, S. 324.

entziehung sogar ganz im Gegensatz zur beabsichtigten Wirkung erhöht[1]. Beton nimmt nämlich dauernd, auch nach dem Abbinden und Erhärten, noch Wasser auf, da die chemische Reaktion der Hydratisierung der Kalksilikate immer langsam weiter geht, daher auch der sehr lang andauernde langsame Festigkeitsanstieg. Wird der Zement zu früh durch einen Anstrich von der Außenwelt abgeschlossen, so vermag er kein Wasser mehr aufzunehmen und trocknet durch inneren Verbrauch des Wassers aus, wobei er schwindet. Wichtiger als zur Verhinderung des Schwindens sind die Anstriche zum Abschluß des Betons gegen aggressive Lösungen.

Eine Abart der Schutzanstriche sind die Spachtelmassen, die mit „Füllern" breiartig gedickte Schutzmassen darstellen und entsprechend ihrer Konsistenz auf das zu schützende Bauwerk aufgeschmiert werden. Meist haben sie die Beschaffenheit von Glaserkitt. Als „Füller" dienen Gesteinsmehl, Glaswolle, Asbest usw.

Man unterscheidet zwei Arten von Anstrichen, nämlich solche auf Lösungsmittelbasis, die weitaus die Mehrzahl bilden und Emulsionen. Anstriche auf Lösungsmittelbasis sind Bitumina und Peche verschiedener Erweichungspunkte, die in Solventnaphtha, Benzol u. dgl. gelöst sind. Zu verlangen ist von diesen Anstrichen, daß sie möglichst schnell austrocknen, wobei aber das Lösungsmittel keinen zu tiefen Zündpunkt haben darf, um die Bildung explosiver Lösungsmittelgemische zu verhindern. Stets notwendig ist bei Anwendung derartiger Anstriche, daß

1. der Beton trocken (bei Solventnaphthaanstrichen, nicht bei Emulsionen!) und vollkommen staubfrei ist,

2. der Anstrich sachgemäß und gut aufgebracht wird,

3. die leichte Brennbarkeit und die hiermit verbundene Feuersgefahr berücksichtigt wird.

Für die Ausführung des Anstrichs sind geschulte Kräfte heranzuziehen, auch wenn, wie dies bei größeren Bauwerken die Regel ist, im Spritzverfahren gearbeitet wird. Man streicht ja beispielsweise eine Tür, wenn sie besondersgut aussehen soll, auch nicht selbst, sondern überläßt diese Arbeit dem gelernten Anstreicher. Auf Baustellen beobachtet man häufig, daß unerfahrene und ungelernte Arbeiter mit der wichtigen Aufgabe des Anstreichens betraut werden, eine Maßnahme, die man nicht billigen kann, da dann Fehler unvermeidlich sind.

Die Emulsionen (vgl. oben) haben insofern einen Vorteil, daß sie, da ja Wasser zu ihrer Herstellung dient, auch auf feuchten Beton aufgebracht werden können. Die so entstandene Bitumenhaut ist aber stets etwas wasserhaltig und quillt leicht wieder auf.

Ein leichtes Klebrigbleiben all dieser Anstriche ist im allgemeinen ohne Bedeutung, wenn die Bitumina und Peche in sich richtig abgestuft sind, so daß der fertige Anstrich weder zu spröde, also zu schlagempfindlich, noch zu weich, also zu druckempfindlich ist. Eine dauernde Prüfung der Anstriche ist am Platze. Da Normen nicht bestehen, also ein Zurückgreifen auf diese nicht möglich ist, sei auf ein einfaches Prüfverfahren im nachfolgenden ver-

---

[1] Vgl. Kleinlogel: Inertol zum Schutz gegen Haarrißbildung, Stein Holz Eisen 1926, v. 9. 9.

wiesen, dessen Durchführung ich empfehle in Fällen, in denen man sich über die Qualität des Anstriches unterrichten will.[1]

Sorgfältig aufgebrachte Schutzanstriche haben nach umfangreichen Versuchen die Lebensdauer des Betons auch gegen aggressive Lösungen bedeutend verlängert. Sie gehen zwar im Laufe der Zeit naturgemäß zugrunde, immerhin schützen sie den Beton im Anfang seines Bestehens. Das Erhärten des Betons ist ja nicht abgeschlossen mit seiner Erstarrung, sondern, wie die dauernd steigenden Druckfestigkeiten beweisen, setzen sich die inneren Umlagerungen immer weiter fort, selbst dann, wenn wesentliche Druckfestigkeitssteigerungen nicht mehr beobachtet werden. Mit allmählicher Erreichung eines gewissen inneren Gleichgewichts steigt die Beständigkeit des Betons gegen aggressive Lösungen, besonders dann, wenn er an der Luft lagert, da in solchen Fällen auch noch Karbonisierung eintritt, also Bindung des freien Kalkes in den gegen aggressive Salzlösungen unempfindlichen kohlensauren Kalk. Infolgedessen wird ein Beton, der erst nach Jahren, also nach allmählicher Zerstörung des Schutzanstrichs den aggressiven Lösungen preisgegeben wird, höhere Widerstandsfähigkeit haben als nicht geschützter. Daraus sind folgende Lehren zu ziehen:

1. lange Lagerung des Betons an der Luft zur Herbeiführung einer weitgehenden Karbonisierung,

2. Anstrich des Betons erst nach längerer Lagerung, nicht sofort nach Herstellung, sondern kurz vor Zulassung der aggressiven Wässer,

3. der Anstrich muß dreimal aufgebracht werden: einmaliger Anstrich ist nutzlos, zweimaliger Anstrich ist besser, erst dreimaliger Anstrich dichtet vollkommen (Abb. 44).

4. Da die Bitumen oder Pechhaut anfangs stets etwas empfindlich ist, muß sie gegen Zerstörung durch Begehen mit genagelten Stiefeln, gegen Werfen von Brettern bewahrt werden und Erdmassen, besonders wenn sie steinhaltig sind, dürfen an ihr erst aufgehäuft werden, wenn genügende Festigkeit erreicht ist.

In besonders schweren Fällen, also bei sehr hoher Aggressivität, in strömendem Wasser od. dgl. ist Umklebung mit Bitumenpappe, am besten doppelt mit Überlappung der Stoßstellen, anzuwenden. Einfache Ummauerung mit Klinker genügt nicht, da hierbei keine Dichtigkeit erreicht wird und der Beton hinter dem Mauerwerk zugrunde geht (Abb. 45). Neuerdings nimmt man an Stelle der Pappe auch Me-

---

[1] Grün: Über Prüfung und Prüfverfahren von Betonschutzanstrichen, Toni 1927, Nr. 70. — Zerstörung von Beton, Betonschutz durch Anstriche, Toni 1929, Nr. 19, 39, 40. — Schutz von Beton im Meerwasser, Toni 1935, Nr. 96 ff.

Des weiteren sei verwiesen auf die Prüfvorschriften der Reichsbahn, die, soweit sie Bitumen betreffen, in den „vorläufigen technischen Lieferbedingungen für Abdichtungsstoffe für Ingenieurbauwerke" (Reichsbahndrucksache 83 505) zusammengefaßt sind. Auf Teer beziehen sich die „vorläufigen technischen Lieferbedingungen auf Teergrundlage zu Ingenieurbauwerken" (Reichsbahndrucksache 85 508), auf Bitumenemulsionen die „vorläufigen Richtlinien für die Beschaffenheit von Bitumenemulsionen für Abdichtungszwecke" (Reichsbahndrucksache 83 506). Weiter ist hinzuweisen auf die „Vorläufigen Richtlinien für die Ausführung und Unterhaltung von Unterwasseranstrichen an Stahlbauteilen" (Reichsbahndrucksache 80 707).

tallbahnen, also sehr dünne Metallfolien, welche bisweilen aus, in
Bitumen eingebettetem Blei, Kupfer oder Leichtmetall, häufig mit
oxydierten Oberflächen bestehen. Bei Leichtmetall wird die Oxyd-

Abb. 44. Verschieden schützende Wirkung von ein bis dreimal aufgebrachtem Schutzanstrich.
Durch die Aufbringung des Schutzanstrichs ist der Beton vor dem Zutritt der schädlichen Lösung bewahrt, seine Lebensdauer infolgedessen stark verlängert (7 Jahre Lagerung in Magne-
siumsulfatlösung). Grün: Der Schutz von Beton durch Überzüge, Teer und Bitumen 1940, H. 9.

Abb. 45. Zerstörung von Beton hinter Ziegelsteinverblendung in einer Schleuse durch Meerwasser. Die Verblendung hält naturgemäß auf längere Zeit nicht dicht. Der Beton war mit
Rücksicht auf die Verblendung fälschlicherweise porös hergestellt und wurde durch das Sulfat zum Treiben gebracht. Die Raumvergrößerung führte zu Aufbauchung des Mauerwerks.
Die Zerstörung des Betons wurde also durch die Verblendung nicht verhindert, sondern nur
verborgen. Man arbeitet deshalb heutzutage ohne Verblendung.

schicht durch Behandlung des Metalls mit heißer Lösung von Chromat durchgeführt und auf die Weise eine widerstandsfähige Oxydhaut von Aluminium und Chrom gebildet, welche ein Kleben des Metalls erleichtert. Das Kleben wird durchgeführt mit heißer Bitumenmasse, die Rolle selbst wird in 30—40 m Länge, bei 60 cm Breite, geliefert. Auf diese Weise wurde beispielsweise die Urselbachtal-Brücke, die Franzosenschlucht-Brücke, das Krafthaus Sorpetalsperre und andere Bauwerke gedichtet [1] (Abb. 46) (vgl. auch S. 79 u. 181).

Abb. 46. Schutz von Beton oder Mauerwerk gegen Feuchtigkeitszutritt durch Überzug mit Bitumenpappe oder Metall, im vorliegenden Falle Metallfolien.

Die Frage, welcher Schutz herangezogen werden soll, vermag nur der Spezialist zu beantworten, da Art der aggressiven Lösung, Art der Einwirkung, Art des umgebenden Erdreichs usw. berücksichtigt werden müssen [2].

g) Chemie der Zuschlagsstoffe

Bei der Besprechung der Zuschläge kann hier nur die chemische Seite berücksichtigt werden. Bezüglich Festigkeit, Korngröße, Kornform, Kornfläche sei auf die entsprechenden Ausführungen S. 74 u. 81) und die Fachliteratur verwiesen [3]. Hier interessieren nur

1. die chemische Zusammensetzung der Zuschläge, und
2. die Verunreinigungen.

---

[1] Waldhauser: Die Herstellung der Grundwasserabdichtung, Bitumen 1939, S. 154. — Eckhardt: Die Abdichtung von Wärmerissen nach dem Joostenschen Verfahren, Bautechnik 1940, S. 49. — Guggenberger: Neuzeitliche Abdichtung von Bauten, Bautechnik 1940, S. 577. — Hausen: Bau- und Werkstoffschutz durch Kunststoff-Folien, Bautensch. 1940, S. 165.

[2] Näheres siehe Vereinigte Deutsche Metallwerke AG., Frankfurt (Main)-Heddernheim über Heku-Abdichtung im Selbstverlag.

[3] Grün: So macht man guten Beton, Berlin 1941. — Graf: Der Aufbau des Mörtels und des Betons, Berlin 1930. — Hummel: Das Beton-ABC, Berlin X. Aufl. 1948. — W. Grün: Beton, richtig und gut!, Düsseldorf 1948.

1. Chemische Zusammensetzung.

Die chemische Zusammensetzung der Zuschläge spielt gegenüber Kornform, Porosität u. dgl. eine untergeordnete Rolle. Alle Gesteine, die in der Natur vorkommen, sind für Beton verwendbar, wenn sie nur genügend Festigkeit und Dichte besitzen. Sehr häufig wird merkwürdigerweise kohlensaurer Kalkstein für Bauten, die aggressiven Lösungen ausgesetzt werden sollen, untersagt. Dieses Verbot ist falsch, denn es ist wohl zu unterscheiden zwischen der verschiedenen Art der aggressiven Lösungen. Kommen neutrale Salze, wie beispielsweise das schädliche Magnesiumsulfat im Meerwasser u. dgl. in Frage (S 112), so ist kohlensaurer Kalk, wenn er dicht und fest ist, ein ausgezeichnet brauchbarer Zuschlagsstoff, denn er kann von diesen Lösungen nicht angegriffen werden. Bei Einwirkung starker Säuren wird natürlich der kohlensaure Kalk aufgelöst. In einem solchen Falle löst sich aber auch naturgemäß der Zement, denn einen säurefesten Zement gibt es nicht; glücklicherweise kommen ja freie Säuren in der Natur nur in ganz geringem Umfange vor. Bei Versuchen im Presseler Moor hat sich gezeigt, daß in Betonplatten, die auf Vorschlag des Verfassers hergestellt waren aus Zement mit kohlensaurem Kalk als Zuschlag, sich der Zementleim, also der Mörtelanteil besser verhielt als mit Quarzkies als Zuschlag, und zwar deshalb, weil der kohlensaure Kalk des Zuschlags die in diesem Moor in großen Mengen vorhandene Säure neutralisierte und so den Zement schützte. Der Zement blieb in Stegen zwischen den auf einige Millimeter Tiefe aufgelösten Kalksteinen stehen. Der Kalkstein hat somit den Beton geschützt durch Neutralisation der in dem Wasser vorhandenen freien Säure[1].

Gipsgehalt im Zuschlag ist stets dann schädlich, wenn ein gewisser Prozentsatz überschritten wird. Gips kommt selten in natürlichem Zuschlag vor, vermag aber, wenn er vorkommt, den Zement zum Treiben zu bringen und hat tatsächlich schon zur Betonzerstörung geführt. In Zweifelsfällen ist also eine Sulfatbestimmung für den Zuschlag am Platze. Kohlenschlacke, Kokslösche, Lokomotivlösche und Ölschieferasche sind stets gipshaltig. Bei Herstellung von Kohlenschlackebeton muß also die Höhe des Gipsgehaltes bestimmt werden. Zuschläge mit zu hohem Gipsgehalt sind auszuschalten. Eine Verminderung des Gipsgehaltes vermag man herbeizuführen durch Auslaugen der Zuschläge, also durch Liegenlassen in nicht zu dicken Schichten im Regen, eine Arbeitsweise, die bei Posidonienschieferschlacke bisweilen angewendet wird.

Sulfidgehalt des Zuschlags kommt vor in der Hochofenschlacke. Sulfid ist unbedenklich, Treiberscheinungen wurden bis jetzt trotz hohem Sulfidgehalt noch nicht beobachtet. Die Hochofenschlacke ist deshalb als Betonzuschlag zugelassen, in seltenen Fällen gibt es Hochofenschlacken, die zum Zerfall neigen. Solche zum Verfall neigende Hochofenschlacken müssen als Betonzuschlag ausgeschieden werden.

---

[1] Siehe auch Richtlinien für Lieferung und Abnahme von Betonzuschlagstoffen aus natürlichen Vorkommen, Beton- u. Stahlbetonbau 1943, Heft 19/20.

2. Verfestigung mürben Betons oder des Untergrundes.

Von besonderem Interesse für den modernen Baufachmann ist die Verfestigung, und zwar sowohl alter bestehender Bauwerke, als auch die Bodenverfestigung, die durchgeführt wird, um hohe Tragfähigkeit für den Boden zu erreichen. Dazu kommt noch die zeitweilige Verfestigung durch Frost.

Zeitweilige Verfestigung. Am längsten angewendet wird die Verfestigung für Schwemmsand, dadurch, daß man denselben gefrieren läßt. Dieses Verfahren hat große Bedeutung bei der Abteufung von

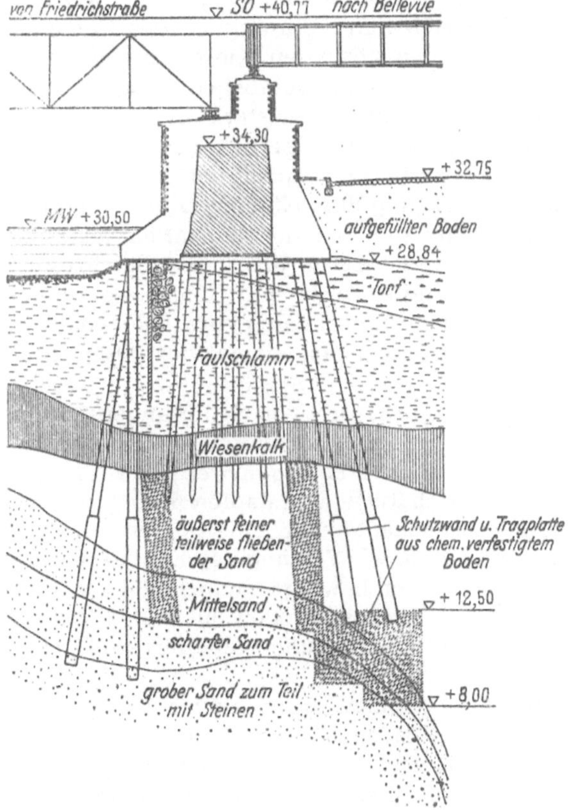

Abb. 47. Verfestigung und Dichtung von Boden nach dem Verfahren von Joosten durch Erzeugung einer Schicht gallertartiger Kieselsäure im Sand.

Schächten. Bei diesem Gefrierverfahren werden um den zukünftigen Schacht U-förmige Eisenrohre senkrecht mehrere 100 m tief eingetrieben, mit der Krümmung nach unten, und durch diese Rohre wird dann eine tiefgekühlte Lauge mehrere Monate lang hindurchgepumpt. Das lose Gebirge gefriert hierbei völlig zu einem festen Klotz, und der Schacht kann dann in diesem festen Klotz abgeteuft werden. Man kann auf diese Weise durch Schwemmsandschichten, die sonst gar nicht zu durchstoßen sind, abteufen. Der Schacht wird dann mit Tübbings oder mit Beton oder Mauerwerk ausgekleidet unter entsprechender Anwärmung der Zuschlagsstoffe des Betons, um ein Festwerden des Zements zu erzwingen. Nach der Erhärtung wird der Schacht aufgetaut[1].

Dauernde Verfestigung. Eine chemische Verfestigung ist das schon lange in Kalibergwerken mit Erfolg angewendete Bodenverfestigungsverfahren nach Joosten[2]. Dieses dient zur Verfestigung des Bodens, hauptsächlich dann, wenn Fundamente auf diesen Boden aufgebracht werden sollen. Es wird in der Weise durchgeführt, daß Wasserglas (Natriumsilikat) und Calciumchlorid in den Boden in ziemlich konzentrierten Lösungen nacheinander eingepreßt werden. Aus dem Wasserglas scheidet sich unter Einwirkung des Calciumchlorids bei Zusammentritt der beiden Lösungen Kieselsäure gallertartig ab, die den Schwemmsand u. dgl. wasserunlöslich verkittet. Die Tragfähigkeit des Bodens wird hierdurch sehr stark erhöht.

Tonböden, die sich nicht zur Verfestigung mit Wasserglas nach dem Joosten'schen Verfahren eignen, hat die Reichswasserstraßenverwaltung mit gutem Erfolg durch Zementeinpressung dichten lassen. Bei Nachgrabung erwies sich, daß der Zement ein festes Gerüst in den Klüften des Tones gebildet hatte, das unter gleichzeitiger Dichtung die Rutschgefahr beseitigte. Droht eine solche, so ist vor dem Ausheben von Einschnitten die Einpressung vorzunehmen, da diese weniger wirksam und teuer ist, wenn erst einmal der gesamte Boden in Bewegung geriet.

Die chemische Verdichtung von Schüttungen ist nicht möglich. Bei deren Ausführung muß von vornherein durch physikalische Maßnahmen ein dichtes Gefüge erzwungen werden. Hier sind also schon bei der Herstellung durch Rütteln, Stampfen (Demagfrosch) und Spülen Verdichtungsgrade zu schaffen, die eine spätere Undichtigkeit ausschließen: „Die einrüttelnde Wirkung ist hierbei wichtiger als die Pressung" (Arp). Am besten bewährt hat sich hier die Spülkippe (Bautechnik 1932, S. 583), bei der der Boden durch den Wasserstrom fortbewegt und einer dichten Lagerung zugeführt wird (Arp., Bautechnik 1943, S. 269)[3].

Bei Schächten arbeitet man grundsätzlich bei Undichtigkeiten in ähnlicher Weise oder aber auch durch Einpressen von Zementmilch. Dieses Zementeinpreßverfahren hat große Bedeutung gewonnen bei der Abdichtung von Naturgesteinen, die klüftig sind, deren Dichtung

---

[1] Grün: Untersuchungen über den Abbindeverlauf und die Erhärtung von Beton in Gefrierschächten, Zement 1928, Nr. 37 ff.

[2] Mast: Die Entwicklung des chemischen Bodenverfestigungsverfahrens nach Dr. Joosten in zehnjähriger Praxis, Beton u. Eisen 1938, S. 225.

[3] Ahrens, W.: Die Bodenverdichtung bei der Gründung für die Kongreßhalle in Nürnberg, Bauindustrie 1941, S. 1301. — Oberbach u. Klinkott: Zur Frage der Bodenvermörtelung mit Zement, Bauind. 1941, S. 883. Kirchberg, H.: Bodenverfestigung mit Zement im Straßenbau, Bauind. 1941, S. 855. — Endell: Die Quellfähigkeit der Tone im Baugrund und ihre bautechnische Bedeutung, Bautechnik 1941, S. 201. — Möhlmann: Die Entnahme ungestörter Bodenproben, Bautechnik 1939, S. 585.

ist besonders erforderlich bei Talsperren, um Wasserdurchpressung zu verhindern. Gearbeitet wird unter hohem Druck von vielen Atmosphären, eingepreßt wird dünnflüssiger Zementbrei. Im Gebirge erhärtet dann der Zement steinartig. Auch für beschädigte Mauerwerke und Betonteile oder zu deren Verstärkung oder Abdichtung hat dieses Verfahren schon zu guten Erfolgen geführt. Von dem Joostenschen Verfahren unterscheidet es sich dadurch, daß die Verfestigung von den Kalksilikathydraten des Zements ausgeht, die hohe Festigkeiten erreichen, während bei Wasserglaseinpressung nur weniger feste Kieselsäurehydrate entstehen (vgl. Abb. 47)[1].

Über die Anwendung der Zementinjektionen, also der Zementeinpressung unter den verschiedenen Verhältnissen gibt das „Cementbulletin der technischen Forschungs- und Beratungsstelle der E. G. Portland Wildegg (Jahrg. 11, Nr. 21, Sept. 1943) neben einer Literaturangabe[2] eine übersichtliche Aufstellung, die im folgenden wiedergegeben wird:

Hauptzweck der Injektion:	Baugebiet:	Ursache:
Abdichtung	Stauanlagen	Durchlässiger Talboden.
		Spalten, Risse und Klüfte im anstehenden Felsboden.
		Nachträgliches Auspressen von Fugen in Sperren.
	Wasserbau	Wasserverluste und Gefahr von Auslaugung bei Flußdämmen.
		Seeuferbefestigungen.
	Erdbau	Verhinderung des Wasserzutritts zu rutschgefährdeten Böden.
Verfestigung	Hoch- und Tiefbau	Nachgiebiger, nicht standfester Baugrund.
		Konsolidierung tiefliegender, instabiler Bodenschichten.
		Schadhaftes Mauerwerk.
	Wasserbau	Verhinderung von Auskolkungen an

---

[1] Bernatzik, W.: Grundlagen der modernen Zementinjektion, Zement 1938, S. 578. — Azzini: Die Sicherung der Fundamente der Galleria di Riabla mit Hilfe von Zementsteinpressung in den Baugrund, Cemento armato 1936, Heft 1. — Caufourier, P.: Dichtung von drei Staumauern in der Nähe von Bombay mittels Zementsteinpressung, Génie civ. 1935, S. 198. — Pagliaro, F.: Die Wasser-Infiltration bei Staumauern, Ann. Lav. Pubbl. 1933, S. 212. — Hayes, J. B.: Mörteleinspritzungen in den Kern der Chickamauga-Sperre, Eng. News-Rec. 1939, S. 59. — Meyer, E.: Dammdichtung mittels Zement-Einspritzungen, Schweiz. Bauztg. 1931, Nr. 11. — Kollbrunner, C. F., u. Blatter, C.: Injektionen, Bericht Nr. 4, Ges. f. Bodenforschung und Erdbaumechanik, Verlag Leemann, Zürich 1941. — Maag, E.: Über die Verfestigung und Dichtung des Baugrundes, Erdbaukurs der E.T.H., Zürich 1938. Petzny: Über eine Fundamentabdichtung mit Cementeinpressungen: Schweiz. Baubl. Nr. 45, 1942.

[2] Das Joostensche Verfahren eignet sich auch für die Verstärkung und Tieferführung von Fundamenten und dergleichen, vgl. Krüger: Über die Haltbarkeit chemischer Bodenverfestigung, Zbl. Bauverw. 1937, Heft 39. — Dietz: Künstliche Sandverkieselung, Z. prakt. Geol. 1933, Heft 4. — Mast: Pfeilerverstärkung mit nachträglicher Tiefgründung an der Reichsbahnbrücke über den Humboldthafen in Berlin, Bauing. 1934, Heft 33/34. — Mast: Die Entwicklung des Joostenschen Bodenverfestigungsverfahrens in zehnjähriger Praxis, Bautechnik 1938, Heft 21.

Hinterfüllungs-arbeiten	Bergbau	Fluß- und Seeufern. Hohlräume zwischen Auskleidung und Fels bei Stollen und Tunnels. Auskleidung von Bohrlöchern. Versatz bei Senkungen.
	Tiefbau	Hohlräume hinter Stützmauern.

III. Kunststeine.

Kunststeine sind Bausteine oder Steinmassen, welche aus einem ursprünglich weichen, formbaren Stoff durch steinartige Erhärtung entstehen. Diese steinartige Erhärtung wird hervorgerufen durch chemische oder physikalische Veränderung, denen man die weichen formbaren Stoffe unterwirft. Sie können hervorgerufen werden entweder

1. durch Brennen, also durch Wasser a u s treibung, oder
2. durch Wasserhinzufügung, also durch Wasser a n lagerung.

1. Die Herstellung durch Wasseraustreibung und Sinterung ist schon seit vielen Jahrtausenden bekannt. Sie wird durchgeführt zur Härtung von Formlingen, die aus Lehm hergestellt sind, durch Brennen bei hohen Temperaturen und ergibt die altbekannten Ziegelsteine, oder bei noch höheren Temperaturen Klinker, Fliesen, porzellanartige Erzeugnisse u. dgl. Alle diese Steine werden im Sprachgebrauch nicht Kunststeine genannt, obgleich sie auf künstlichem Weg hergestellt sind. Sie sind dagegen unter dem Namen „Backsteine", „Ziegelsteine" (von lat. Tegula) jedem geläufig. Sie sind im Kap. IV S. 142 besprochen.

2. Steigende Bedeutung gewinnen in letzter Zeit diejenigen Steine, welche durch Anlagerung von Wasser an Mineralstoffe, welche dieses dann aufnehmen, entstehen. Auch hier spielt das Feuer, also die Hitze, eine ausschlaggebende Rolle, aber nicht zür Härtung der Steine, sondern um die Rohstoffe in reaktionsfähige Form überzuführen. Den Rohstoffen wird also gewaltsam Wasser, auch Kohlensäure entzogen und sie werden dann auf diese Weise zu Bindemitteln, die Wasserzufügung findet auf der Baustelle statt. Es gehören hierher: Gips, Kalk, Zement, Magnesit u. dgl.

Die Kunststeine kann man einteilen in zwei große Gruppen, in a) die nichtwasserbeständigen und b) wasserbeständigen.

a) Nichtwasserbeständige Kunststeine.

Bei den nichtwasserbeständigen Kunststeinen dienen als Bindemittel 1. Gips, 2. Magnesit.

1. Gips als Bindemittel.

Mit Gips als Bindemittel werden in der Hauptsache die weitbekannten Gipsdielen hergestellt. Um die Beständigkeit dieser Gipsdielen gegen Bruch zu erhöhen, armiert man sie häufig mit Holzlatten, Schliff u. dgl. mit gutem Erfolg. Gipsdielen sind nagelbar, gut wärmehaltend, aber nicht wasserbeständig, denn da Gips sich in Wasser löst,

„faulen" Kunststeine aus Gips leicht, d. h. sie erweichen und zerbrechen. Man kann allerdings ihre Wasserbeständigkeit erhöhen, indem man dem Gips vor oder nach dem Brennen Alaun zusetzt oder die Gipsdielen entsprechend tränkt. Eine völlige Wasserbeständigkeit wird aber nicht erreicht. Deshalb ist es zweckmäßig, Gipsdielen nur in solchen Räumen zu verwenden, die nicht dauernder Nässe ausgesetzt sind. Verwendet wird für die Herstellung der Gipsdielen nur Stuckgips, da allein dieser zu einem wärmehaltenden Erzeugnis erstarrt (über die Erhärtung des Gipses als Bindemittel ist das Notwendige auf S. 34 gesagt). Estrichgips wird nur bisweilen für Platten verarbeitet, da er sehr langsam erhärtet. Er spielt deshalb als Rohstoff für Kunststeine eine nur untergeordnete Rolle, zumal er sich nicht zu einem wärmehaltenden Gestein verfestigt.

2. Magnesit als Bindemittel (Steinholz).

Von den magnesithaltigen Bindemitteln ist das wichtigste der gewöhnliche Magnesit. Es ist dies Magnesiumkarbonat, welches bis zu fast völliger Entweichung der Kohlensäure gebrannt wird nach folgender Formel:

$$MgCO_3 \quad = \quad MgO \quad + \quad CO_2.$$

Magnesit	Magnesia	Kohlendioxyd
	(Im Handel fälschlich	(Kohlensäure-
	als Magnesit bezeichnet)	anhydrid)

Der so gebrannte Magnesit (MgO) nimmt unter Einwirkung von Magnesiumchloridlauge beim Erhärten wieder Wasser auf und wird zum Magesiumhydroxyd. Gleichzeitig bilden sich Magnesiumoxydchloride. Wasser allein als Anmachflüssigkeit führt zu nur so langsamer Erhärtung, daß man es im praktischen Betrieb nicht brauchen kann. Statt des Magnesiumchlorids kann man auch Magnesiumsulfat hinzufügen. Dieses zieht man häufig vor, da magnesiumchloridhaltige Erzeugnisse leicht Eisen zum Rosten bringen[1].

Magnesiumsulfat als Anmachflüssigkeit bringt aber geringere Festigkeiten als das Chlorid; mit ihm hergestellte Körper bedürfen meist nachträglicher Erhitzung.

Derartige Magnesitbindemittel heißen auch Sorelzemente, weil sie vor ungefähr 100 Jahren von dem französischen Professor Sorel erfunden wurden. Sorelzemente haben eine erhebliche Bedeutung bei der Herstellung von Estrich, Dielen, Platten u. dgl. Der Träger der Erhärtung im Sorelzement ist Magnesiumoxyd, das man fälschlicherweise aber ganz allgemein Magnesit nennt.

Als Zuschlag dienen Holzspäne, Holzmehl, Abfälle der Papierfabrikation, Leder- und Textilindustrie u. dgl. Der Vorzug des Sorelzementes ist, daß der erhärtende Magnesit alle möglichen organischen Substanzen, die Zement nicht zu binden vermag, steinartig verkitten kann, daß also auf diese Weise durch Einbettung entsprechender Zuschläge wärmehaltende Fußböden her-

---

[1] Pontoni: Magnesiazement: der Abbindevorgang, Baum. 1941, S. 481. — Krieger: Raumbeständigkeit von Soralzementmischungen, Baum. 1941, S. 612. — Shurawlew u. Sjabkin: Untersuchungen von Zementen vom Soreltyp zur Erforschung der Bindefähigkeiten von Verbindungen ähnlich derer von Sorelzementen, Ch. Zentr. 1942, II, S. 2835. — Kaufmann: Über die elektrische Leitfähigkeit von Steinholzfußböden, Fofoba Reihe A, Heft 6.

gestellt werden können. Eine wichtige Anwendungsart des Sorelzementes ist die Verkittung von Holzschliff, Holzwolle u. dgl. zu den bekannten Heraklithplatten. Hierbei wird als Lauge nicht Magnesiumchlorid, wie bei Steinholz, sondern Magnesiumsulfat herangezogen. Das Material erhält in Bandformmaschinen Plattenform. Der endlose Plattenstrang wandert langsam unter erhöhter Temperatur (Heißdampfverfahren) durch die Maschine und verläßt diese als fertige Platte. Die Heraklithplatten haben große Verbreitung gefunden zur Verkleidung von Häusern, hauptsächlich in Innenräumen, zur Herstellung von Ausstellungshallen und für Zwischenböden. Da sie recht gut aussehen, können sie auch ohne Verputz verwendet werden.

(Mit Zement als Bindemittel kann man in gleicher Weise arbeiten, wenn man die Holzwolle entsprechend vorbereitet. Diese Vorbereitung besteht meist in Tränkung des Holzes mit Wasserglas, wobei nicht zu viel Wasserglas genommen werden darf, um Ausblühungen zu verhindern.)

Weitere Kunststeinplatten werden in gepreßter Form mit Abfällen von Holz, bisweilen auch mit Sand als Zusatz in den Handel gebracht. Sie werden stets in Fabriken hergestellt und meistens noch poliert und gebohnert. Bei zweckmäßiger Herstellung ist ihr Wärmehaltungsvermögen gut, ihre Elastizität und ihre Druckfestigkeit bedeutend. Da sie sehr dicht sind, häufig auch noch mit Bohnerwachs u. dgl. behandelt werden, weisen sie eine sehr hohe Wasserbeständigkeit auf und können für viele Wohn- und Fabrikräume benutzt werden, zumal sie nicht stauben und schalldämpfend sind. Aus Badezimmern und dergleichen Räumen sind sie fern zu halten.

Für den Bauingenieur ist es wichtig zu wissen, daß bei Heranziehung von Steinholz zwei Maßnahmen getroffen werden müssen, nämlich

1. die Unterlage muß fest und dicht sein, damit das Steinholz gut haften kann, da es sonst Risse bekommt,

2. alle Eisenteile, die mit der Masse in Berührung kommen, sind zu schützen, ebenso der Putz. Es kann sonst geschehen, daß die Eisen rosten und daß im Putz Magnesiumchloridlauge hochsteigt und dann zu Ausblühungen führt. Die Einlagerung ungeschützter Eisen führt stets zu Rosterscheinungen. Ein Bitumenanstrich oder eine starke Überdeckung (3 cm) mit dichtem Beton ist deshalb zu fordern [1].

Fertige Kunststeinplatten sind natürlich bei weitem nicht so gefährlich wie die auf der Baustelle hergestellte Masse (Estrich). Sie werden entweder hergestellt durch Einstreichen der Steinholzmasse in Formen, wobei Holzabfälle u. dgl. genau wie beim gewöhnlichen Steinholz verwendet werden, oder durch Einpressen. Die Festigkeiten, die sie erreichen, sind sehr hoch (Betonwaren, Betonwerksteine, Kalksandsteine).

b) Wasserbeständige Kunststeine

Bei diesen dienen als Bindemittel entweder Kalk oder Zement [2].

1. Kalk als Bindemittel.

Kalk als Bindemittel wurde früher sehr viel benutzt zur Herstellung der Schwemmsteine (s. unten unter β). Auch heute noch zieht

---

[1] Vgl. Ullmann: Enzyklopädie der technischen Chemie, 2. Aufl., Bd. 9, S. 614, Kapitel „Steinholz".

[2] Nach den Normenvorschriften sollen in Zukunft mit Zement als Bindemittel und Kies u. dgl. als Zuschlag hergestellte Kunststeine wie folgt be-

man ihn zu diesem Zwecke heran, setzt allerdings stets Zement hinzu, um die Erhärtung zu beschleunigen.

Die Erhärtung von Zement kann beschleunigt werden durch Einbringung der Körper in Dampf mit oder ohne Überdruck. In beiden Fällen tritt eine Verkürzung des Erhärtungsprozesses ein und die Festigkeiten steigen stark. Die Ursache hierfür ist, daß die Reaktionen, welche zur Erhärtung des Zements führen, sich bei den höheren Temperaturen schnell abspielen, bei Temperaturen über 100°, also bei Druckhärtung, tritt außerdem die Reaktion zu dem Kalk des Zements und der Kieselsäure des Zuschlages also Kalziumoxydbildung ein, welche von der Kalksandsteinfabrikation her bekannt ist.

α) **Kalksandsteine.** Ohne Zementzusatz werden heute nur noch die sog. Kalksandsteine hergestellt. Ihre Erhärtung beruht auf der Umsetzung des Kalkes mit der Kieselsäure des Sandes. Man stellt sie her aus Branntkalk durch Mischen des Kalkes mit Sand, Pressen des Mischgutes und Erhitzung der Rohlinge in gespanntem Wasserdampf. Die Erhitzung nimmt man in Härtekesseln vor bei 8—12 atü, also bei Temperaturen, die bei 170° liegen während 10 Stunden. Hierbei bilden sich Kalksilikate, also Salze des Kalkes mit der Kieselsäure des Sandes[1]. Die Erhärtung ähnelt also der des Zementes. Infolgedessen sind die Steine wasserbeständig. Bei richtiger Herstellung, also bei nicht zu dichter Beschaffenheit und genügender Härtung, haben sie ähnliche Eigenschaften wie gewöhnliche Ziegelsteine (DIN 106).

Die Festigkeit der Kalksandsteine ist die der Mauerziegel 1. Klasse 150 kg/cm². Neuerdings werden auch Kalksandsteine als Porenbetonmassen hergestellt, die entsprechend ihrem Luftgehalt wärmehaltend sind und besonders für den Wohnungsbau Bedeutung erhalten werden.

β) **Bimssteine.** Bimssteine haben als Rohmaterial entweder natürlichen oder künstlichen Bims. Naturbims kommt nur im Rheinland, in allerdings großen Mengen vor und ist entstanden aus glühendflüssiger Lava. Der Vorgang, der zur Aufblähung des Bimses führte, ist folgender.

Im Berg stand eine Gesteinsschmelze, die mit Gasen, vor allen Dingen Kohlensäure gesättigt war, welche also das Gas gelöst hatte, unter hohem Druck. Bei einer durch ein Erdbeben oder Eindringen von Wasser hervorgerufenen Explosion wurde dieser hohe Druck plötzlich aufgehoben und die glühendflüssige Masse in die Luft geschleudert. Nun vermag nach physikalischen Gesetzen eine Flüssigkeit um so weniger Gas aufzulösen, je geringer der Druck ist, unter dem sie steht. Auf Grund dieser Tatsache entwich das gelöste Gas bei der durch die Eruption hervorgerufenen Aufhebung des Druckes plötzlich, da die Flüssigkeit, die Lava, es nicht mehr gelöst zu halten vermochte. Dabei blähte sich die Gesteinsmasse auf und erstarrte in der Luft bei der starken Abkühlung in dieser aufgeblähten Form als Ge-

zeichnet werden:

Betonwaren: nicht nachträglich steinmetzmäßig bearbeitete Bauteile
Betonwerksteine: —   „   „   „   „
[1] Hundeshagen: Zur Frage der Silikatbildung in Kalkmörteln und Kalksandsteinen, Zement 1937, S. 628.

steinsschaum. Der so entstandene Bims bedeckt das ganze Koblenz-Neuwieder Becken am Rhein in 2—3 m hohen Schichten.. Der Vorgang ist zu vergleichen mit dem Bilden von Schaum beim Öffnen einer Bierflasche. Man denke sich den Schaum plötzlich gefroren, das Eis würde dann eine ähnlich gefügte Masse darstellen wie der Gesteinsschaum des Bimses.

Hochofenbims oder Schaumschlacke wird in ähnlicher Weise hergestellt. Als Rohmaterial dient glühendflüssige Hochofenschlacke, der man wenig Wasser zufügt. Der plötzlich entstehende Wasserdampf bläht bei seiner Entstehung die Schlacke auf, und in diesem Zustand erstarrt sie[1].

Als Bindemittel diente früher bei der Verkittung des Bimses zu Steinen Kalkhydrat. Es fand dann bei langsamer Erhärtung zwischen Kalk und Bimsstein bzw. Hochofenschlacke eine Wechselwirkung statt, die zur Erhärtung unter Bildung von Kalksilikaten führte. Da dieser Erhärtungsvorgang nur sehr langsam vonstatten geht und ein sehr langes Lagern der Steine bedingt, fügt man heutzutage Zement hinzu.

2. Zement als Bindemittel[2].

Zement dient als Bindemittel bei Herstellung all der Erzeugnisse, die man gemeinhin Kunststeine u. dgl. nennt.

a) **Kunststeine im allgemeinen** (Betonwerksteine für nachträglich bearbeitete Betonwaren, für nicht nachträglich bearbeitete: Betonsteine). Für die Kunststeine im allgemeinen gibt es zahlreiche Bezeichnungen. Betonstein, Zementsteine usw. Die Werke, in denen sie hergestellt werden, nennt man Betonwerke. Diese eigentlichen „Kunststeine" finden als Rohre, Masten, Betonstufen, Platten u. dgl. eine ausgedehnte Verwendung. Letztere werden bisweilen mit einer Glasur (Kaltglasur) versehen, die ihnen das Aussehen von keramischen Platten gibt. Wichtig ist für die Widerstandsfähigkeit die Verdichtung, die durch Stampfen, Rütteln oder Schleudern vorgenommen wird. Je besser die Verdichtung, desto höher die Widerstandsfähigkeit gegen Druck und chemische Einflüsse. Als Zuschlag dienen je nach dem Zweck, den man verfolgt, entweder gemischtkörnige Sande, es entstehen dann dichte Erzeugnisse, oder aber grobkörnige Kiese für Drainrohre u. dgl. Verdichtet wird entweder durch Stampfen oder durch Pressen, bei Rohren u. dgl. und durch Schleudern. Eiseneinlagen erhöhen die

---

[1] Die Gesamtmenge Hüttenbims, die im letzten Jahre angefallen ist, beträgt nach Angabe der „Arbeitsgemeinschaft zur Erforschung von Leichtbeton" 250 000 cbm. Zweifellos ist diese Zahl noch im Steigen begriffen.

[2] Bemerkenswerte Ausführungen von Industriehallen in Fertigkonstruktionen aus Eisenbeton, Dt. Baum. 1940, II, S. 13. — Orth: Fertigteile aus Beton, Bauing. 1938, S. 481. — Widerstandsfähigkeit hochwertiger Rohre, VDI 1940, S. 673. — Gaede: Verwendung, Prüfung und Gestaltung von Betonrohren, Beton u. Eisen 1941, S. 226. — Lenk: Spannbetonrohre, Beton u. Eisen 1942, S. 137. — Weise: Beurteilung der Kornzusammensetzung der Zuschläge bei der Herstellung von Betonwaren, insbesondere Betonrohren, Betonsteinztg. 1941, S. 87.

Widerstandsfähigkeit, so daß geschleuderte Zementrohre aus eisenbewehrten Kunststeinen sehr hohen Druck auszuhalten vermögen [1].

Die Fertigbauteile aus Beton und besonders aus Stahlbeton werden zweifellos in allernächster Zeit eine ganz besondere Bedeutung zur Wiedererrichtung bombenzerstörter Städte bekommen, da einerseits die Betonteile schnell und billig herzustellen sind und nur auf maschinellem Wege hergestellte Betonteile den Bedarf decken können, andererseits die Fertigteile schnell verbaut werden können und völlige Feuerbeständigkeit aufweisen [2]. Dazu kommt noch, daß durch die Erfindung des Franzosen Freyssinet, die in der letzten Zeit von verschiedenen anderen ausgearbeitet wurde, in immer steigendem Maße in die Praxis umgesetzt wird. Nach dieser werden nicht wie bisher spannungslos eingelegte Stahlstäbe als Bewehrung benutzt, sondern vorgespannte Saiten (Stahlsaitenbeton). Balken u. dgl. werden nach dem neuenVerfahren mindestens in 100 m und mehr Länge in mehreren Bahnen nebeneinander gestampft, dann zerschnitten und in dieser leicht beweglichen Form in den Handel gebracht. Der vorgespannte Stahl behält infolge der großen Haftfähigkeit des Betons seine Spannung und verhindert Rissebildung.

Ein Entwurf für Richtlinien bei der Herstellung von Fertigbauteilen aus Stahlbeton ist im Juli 1943 erschienen. Diese bestimmen unter vielen anderen, hier nicht interessierenden Einzelheiten folgendes:

1. Leitung des betr. Werkes durch einen Fachmann.

2. Geschlossene Räume zur Herstellung, die so groß sind, daß die Körper 3 Tage lagern können und die Temperatur nicht unter $+ 5^0$ sinkt.

3. Zweckmäßige Lagerräume für Lagerung von Zement u. dgl.

4. Verdichtungsvorrichtung für den Beton.

5. Prüfvorrichtung für den Zement und für den Beton [3].

β) **Pfähle.** Auch Pfähle werden in dieser Weise hergestellt. Die für den Bauingenieur besonders wichtigen Pfähle sind eingeteilt in die sog. Rammpfähle, die in der Betonwarenfabrik hergestellt werden und zu verarbeiten sind wie Rammpfähle aus Holz oder Spundwände, und in die sog. Ortpfähle, bei welchen man ein Loch in den Boden bohrt, das dann mit Betonmasse ausgestampft wird [4].

Schutz von Betonpfählen gegen aggressive Einflüsse hat man schon dadurch versucht, daß man sie entweder mit Bitumen umkleidete, oder

---

[1] Hoyer: Der neue Stahlsaitenbeton, Baumarkt 1938, S. 1083. — Anwendung von Vorspannungen im Eisenbetonbau, Bautechn. Mitt. 1938, Okt. — Freyssinet: Spannbetontragwerke, Bautechnik 1942, S. 447. — Lenk: Die Herstellung der Spannbetonrohre, VDI 1943, S. 313.

[2] Vgl. Fertigbauteile aus Stahlbeton, Beton- u. Stahlbetonbau 1943, Heft 13/14, Entwurf Juli 1943. — Lenk: Die Entwicklung des Spannbeton, Beton- u. Stahlbetonbau 1943, Heft 1920, S. 145. — Vgl. Sonderdruck aus der Zeitschrift Beton- u. Stahlbetonbau, 42. Jahrg., Heft 13/14).

[3] Grün: Die Verwendung von Frischbeton und Betonfertigteilen im Bergwerk, Zement 1943, S. 11.

[4] Vgl. Grün: Neuzeitliche Betonpfahlgründung, Z. VDI 1943, S. 663.

die Rammpfähle einfach anstrich. Das Verfahren hat eine Bedeutung in solchen Böden, in denen der Anstrich erhalten bleibt. In vielen Fällen reibt sich dieser Anstrich beim Rammen selbst ab. Ein Vorversuch mit einem Betonpfahl ist deshalb anzuregen. Meist wird aber ein Anstrich gar nicht notwendig sein, wenn die Pfähle mit geeignetem Zement sehr dicht hergestellt sind und vor allen Dingen lange lagerten, ist kaum eine wesentliche Einwirkung aggressiver Lösungen zu erwarten, zumal sich das Erdreich um die Pfähle ja beim Rammen stark verdichtet. Bei Ortpfählen spielt gleichfalls diese Verdichtung häufig eine Rolle, beispielsweise bei Frankipfählen, deren Beton bei zweckmäßiger Arbeitsweise so dicht wird, daß er nur noch eine Wasseraufnahme von 1—2 % aufweist bei gleichzeitiger starker Verdichtung des Bodens. Gearbeitet wird bei diesen und ähnlichen Pfählen so, daß man den Beton durch Druck, z. B. starkes Stampfen, in den Boden preßt, so daß der Boden verdrängt und durch Beton ersetzt wird. Durch die starke Stampfung entsteht ein sehr dichter Beton, dessen Widerstandsfähigkeit gegen aggressive Lösungen sehr hoch ist. Die verschiedene Dichtigkeit der einzelnen Bodenschichten ruft außerdem Wulstbildung und damit Erhöhung der Tragfähigkeit hervor, da der Beton in die Zonen geringeren Widerstandes tiefer eindringt.

Eine andere Sorte von Ortpfählen wird in der Weise hergestellt, daß man das Erdreich herausbohrt und das entstehende Loch mit Beton füllt. Der Vorteil dieser Arbeitsweise ist, daß Erschütterungen wie bei den Rammpfählen oder bei Frankipfählen nicht entstehen. Häufig gibt man diesen Pfählen noch einen verbreiterten Fuß, beispielsweise Lorenz Betonbohrpfählen, um die Tragfähigkeit zu erhöhen.

Aus Furcht vor chemischen Einflüssen aggressiven Wassers auf den Zement der Pfähle hat man auch schon „Pfähle" aus reinem Kies hergestellt, indem man nach dem Verdrängungsverfahren, d. h. durch Einrammen von Kies ohne Herausbohren des Erdreichs, verdichtete Kiessäulen herstellte. Das Verfahren hat sich, soweit der Erfolg bis jetzt überblickt werden kann, bewährt, ich halte aber eine Zufügung von Zement geeigneter Zusammensetzung in genügender Menge für unbedenklich, wenn nicht ganz besonders abnorme Verhältnisse vorliegen, wie Gründung in gipsreichem Untergrund, da die Verwandlung die Versteinerung des Kieses zu Beton die Tragfähigkeit der Pfähle stark erhöht ohne wesentliche Heraufsetzung der Kosten für den Einzelpfahl. Die Zahl der Pfähle kann aber bei so stark hinaufgesetzter Tragfähigkeit unter gleichzeitiger Verkürzung der Bauzeit wesentlich vermindert werden.

c) Fußböden.

An Ort und Stelle werden auch die sog. Terrazzoböden hergestellt, die aus Kalkstein und ähnlichen weichen Steinen verschiedener ziemlich grober Körnung und wechselnder Färbung bestehen, die man mit Zement bindet. Sie werden genau wie ein gewöhnlicher Zementestrich gestampft, nach der Erhärtung aber abgeschliffen, so daß das Korninnere zutage tritt und die bekannten, gesprenkelt aussehenden Terrazzoböden bildet. Bei Herstellung von Terrazzoböden muß man darauf achten, daß nicht zu große Flächen hergestellt werden, da sonst sehr häßliche Risse infolge des Schwindens eintreten. Säurebeständig sind Terrazzoböden nicht, eignen sich also nicht für Betriebe, in denen mit Säuren, wenn es auch nur schwache Säuren sind, gearbeitet wird, da nicht bloß der Zement durch die Säure zerstört wird, sondern auch die Zuschlagsstoffe.

In die Oberfläche von Fußböden, Treppenstufen u. dgl. werden häufig Hartzuschläge eingebracht, um die Abnutzung des Betons herabzusetzen. Allgemein bekannt ist grob gekörntes, also gebrochenes Gußeisen oder Gußstahl. Dem fertigen Erzeugnis hat man früher den Namen „Stahlbeton" gegeben, ein Ausdruck, von dem man in letzter Zeit abgekommen ist, da neuerdings der bisher Eisenbeton genannte bewehrte Beton „Stahlbeton" heißen soll. Der Zuschlag von Stahlkörnern setzt tatsächlich weitgehend die Abnutzbarkeit des Betons herab; bisweilen werden aber die so hergestellten Betonoberflächen, z. B. Treppenstufen auf Bahnhöfen, im Gebrauch sehr glatt. Man setzt deshalb auch Kunstkorund hinzu, der die Eigenschaft hat, bei überaus großer Härte nicht glatt zu werden. Kunstkorunde sind Massen, die aus geschmolzenem Aluminiumoxyd bestehen und die in ihren Eigenschaften dem natürlichen Korund ähnlich sind. Das Aluminiumoxyd wird hergestellt aus Bauxit durch Schmelzen auf elektrischem Weg. Der Preis wird bestimmt durch den Preis des elektrischen Stromes; deshalb entstehen die entsprechenden Industrien überall da, wo dieser Strom billig zur Verfügung steht. Um eine Entstehung von Aluminium zu verhindern, arbeitet man mit Wechselstrom von über 100 V und größer Stromdichte von mehreren 1000 Amp. im elektrischen Lichtbogen.

d) Putze[1].

Edelputze und Steinputze, die heutzutage viel verwendet werden, gehören gewissermaßen auch zu den Kunststeinen. Sie bestehen aus Zement mit etwas Kalkzusatz, als Steinkörnung nimmt man solche Steine, die möglichst schön aussehen. Wichtig ist bei ihnen, daß man sowohl Zuschlagsstoffe als auch Bindemittel und Farben nimmt, die nicht zu Ausblühungen neigen. Man versichere sich also stets, daß das Putzmaterial keinen zu hohen Sulfat- und Alkaligehalt hat, da sonst entweder Ausblühungen oder sogar Treiben im fertigen Putz auftritt.

e) Gegossene Steine.

Gegossene Steine werden entweder hergestellt aus Kupferschlacke, Basalt oder aus Hochofenschlacke. Am bekanntesten sind die in Mansfeld aus Kupferschlacke gegossenen Pflastersteine. Wichtig ist die Temperung, d. h. langsame Abkühlung, um gute Kristallisation und dichtes Gefüge bei gleichzeitigem Spannungsausgleich zu erzwingen.

---

[1] Verwendet Kalkmörtel richtig, Baumarkt 1938, S. 1189. — Verhüten von Fehlern beim Putz, Baumarkt 1940, S. 426.

Schlecht getemperte Steine springen, werden glasig, oder in der Struktur zu feinkristallin und infolgedessen glatt im Gebrauch. Hochofenschlacke als Rohstoff ist in gleicher Weise verwendbar. Für sie gilt das gleiche wie für die Mansfelder Schlacke. Ebenso kann man Basalt heranziehen, der ein besonders dichtes Gefüge ergibt[1].

f) Betonleichtsteine.

Leichtes Gefüge des Steines kann man sowohl durch Heranziehung leichter Zuschlagsstoffe, wie Holz (vgl. S. 133), Bims (vgl. S. 135) als auch dadurch erreichen, daß man Zement aufbläht zu dem sog. Porenbeton. Der Porenbeton wird in zweierlei Weise hergestellt, entweder, indem man Luft zur Aufblähung verwendet, oder durch besondere Gase, die man im Zement selbst erzeugt (Abb. 48).

Abb. 48. Porenbeton. Das Bild zeigt die gleiche Zementmenge, einmal als Purzement, angemacht wie Mörtel, das andere mal, aufgebläht durch Gase (rechts). Die Poren im Beton erhöhen dessen Wärmehaltung.

α) **Schaumbildner.** Luft als Aufblähungsmittel erfordert den Zusatz einer schaumbildenden Masse. Mit dieser als Anmachwasser macht man den Zement an und schlägt dann die Masse zu einem Schaum, der infolge seines Zementgehalts erstarrt. Man muß bei dieser Arbeitsweise die Steife der Masse in Beziehung bringen zu ihrer Erstarrungsdauer, d. h. wenn beim Schlagen in der Mischmaschine u. dgl. der Zementschaum entstanden ist, muß er auch möglichst bald erstarren (Betocel-Beton), damit er nicht wieder zusammenfällt, wie beispielsweise Schaum in einem Bierglas, das lange stehen bleibt.

β) **Gasentwicklung.** Die Gaserzeugung mit Hilfe des Zements wird hervorgerufen entweder dadurch, daß man Wasserstoff, oder dadurch,

---

[1] Grün: Kunststeine, Ullmann, Enzyklopädie der techn. Chemie 1930, Bd. VII. — Sselin: Steingießen aus glühflüssigen Hochofenschlacken, Ch. Zentr. 1937, II, S. 1065. — Gregor: Die Herstellung von Pflaster- und Bausteinen aus Kupolofenschlacke, Ch. Zentr. 1938, II, S. 2476.

daß man Sauerstoff entwickelt. Zum Zweck der Wasserstoffentwicklung fügt man dem Zement Zinkstaub, Aluminiumstaub, Magnesiumstaub u. dgl. zu und macht das Anmachwasser gleichzeitig alkalisch durch Zusatz von Natronlauge. Es bildet sich dann aus dem Aluminium-

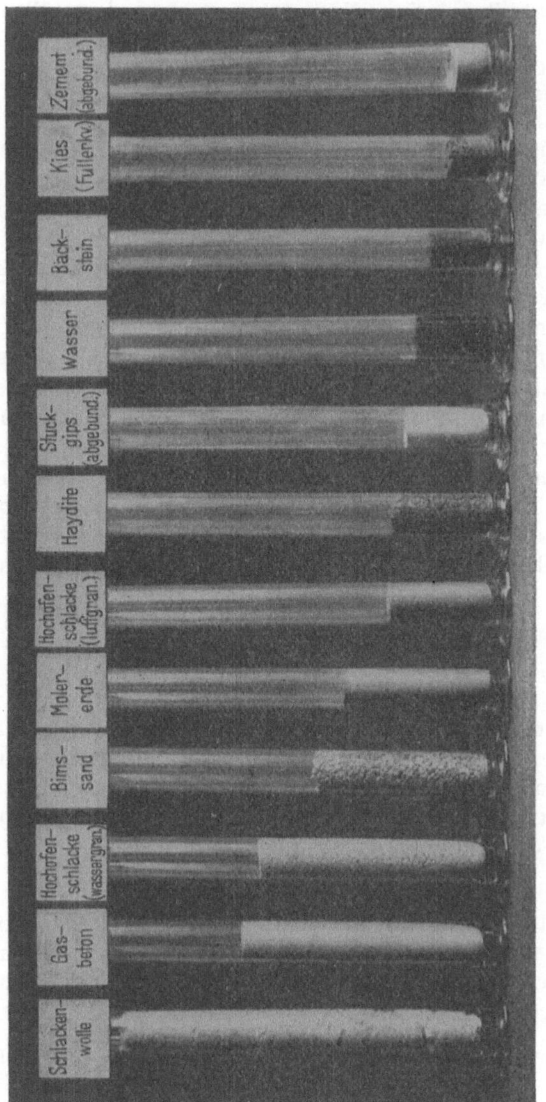

Abb. 49. Gewichte von Bims, Zement und Stückschlacke. In den Zylindern sind jeweils gleiche Gewichte verschiedener Baustoffe eingebracht. Es zeigt sich, daß das Raumgewicht und somit auch die Wärmehaltung besonders bestimmt ist durch die Form: Beispielsweise nimmt Stückschlacke einen nur geringen Raum ein, Schlackenwolle dagegen einen vielfachen, da sie stark aufgebläht ist. Hüttenbims liegt dazwischen auf derselben Stufe wie gewöhnlicher Bims. Der Rohstoff für alle drei Schlacken ist der gleiche, die Eigenschaften bezüglich Wärmehaltung werden nicht durch die chemische Zusammensetzung, sondern durch den physikalischen Formzustand bedingt.

staub und dem Alkali des Zements bzw. des künstlich alkalisch gemachten Anmachwassers, Wasserstoff nach der Formel

$$\text{Al} + 3\,\text{NaOH} = \text{Na}_3\text{AlO}_3 + 1^1/_2\text{H}_2$$
Natronlauge   Natriumaluminat   Wasserstoffgas..

Statt des Wasserstoff erzeugenden und so die Schaumbildung hervorrufenden Stoffe kann man auch Sauerstoff abgebende Flüssigkeiten gebrauchen, indem man als Anmachwasser Wasserstoffsuperoxyd nimmt (H_2O_2), welches dann beim Anmachen zerfällt. Den Zerfall beschleunigt man durch Zufügung von Chlorkalk, welcher auch seinerseits dann zur Gasbildung beiträgt. Das Wasserstoffsuperoxyd zerfällt nach der Formel

$$H_2O_2 \quad = \quad H_2O \quad + \quad O$$
Wasserstoffsuperoxyd   Wasser   Sauerstoffgas

Alle auf diese Weise erzeugten Zementschäume haben die Neigung, sehr stark zu schwinden. Man kann diese Schwindneigung etwas herabdrücken durch Zufügung von Feinsand, Bims, Flugasche u. dgl., aber nicht ganz vermeiden. Sandzufügung erhöht natürlich das Gewicht. Um Schwundrißneigung in den Gebäuden zu verhindern, werden deshalb gewöhnlich die Zementsteine in der Fabrik hergestellt und einige Zeit lagern gelassen oder bei hohen Temperaturen gehalten, um die Schwindung schon in die Fabrik zu verlegen. Die vermauerten Steine schwinden dann nur noch wenig, hauptsächlich, wenn sie alt sind. Man verlange deshalb abgelagerte Steine.

Ein guter Porenbeton hat eine bessere Wärmehaltung als Ziegelmauerwerk, bei allerdings geringerer Festigkeit. Verlangt werden im allgemeinen Druckfestigkeiten von ungefähr 20 kg/cm², die aber meist in der Praxis etwas überschritten werden. Zu bemerken ist, daß Porenbeton infolge seines Gefüges zum Teil wasseraufsaugend wirkt. Er muß also vor Schlagregen, Bodenfeuchtigkeit u. dgl. geschützt werden [1].

IV. Ziegel- und Tonwaren.

Ziegel, Backsteine, Dachziegel, Tonplatten, Wandplatten und ähnliche Erzeugnisse wie Irdengut sind die ältesten bekannten, durch einen physikalischen Vorgang erhärteten Baustoffe[2], deren Herstellung der Menschheit mindestens schon seit 8 000 Jahren geläufig ist. Verwendet wird für die Herstellung all dieser Stoffe Ton.

a) Herstellung.

Der Ton ist entstanden durch Verwitterung von feldspathaltigen Urgesteinen, wie Granit, Gneis u. dgl., die unter dem Einfluß kohlensäurehaltigen Wassers einen Teil ihrer Bestandteile, hauptsächlich den Alkalien, abgegeben haben unter gleichzeitiger Aufnahme von

---

[1] Die Herstellung von Porenbeton, Betonsteinztg. 1941, S. 171. — Keil u. Gille: Druckfestigkeit und Raumgewicht von Leichtbeton aus Hüttenbims, Zement 1942, S. 533. — Graf u. Weise: Tragfähigkeit von Mauerwerk aus Schwemmsteinen sowie Hohlblocksteinen aus Bimsbeton, ferner aus Mauerziegeln bei langdauernder und bei allmählich gesteigerter Belastung, Fofoba Reihe B, Heft 1. — Graf: Rißbildung in Außenmauern aus Leichtbetonsteinen und ihre Verhütung, Fofoba Reihe B, Heft 1.

[2] Vgl. auch Drögsler: Alte Dachziegel, Tonind.-Ztg. 1938, Nr. 31/32. — Endell: Quellfähigkeit der Tone und ihre technische Bedeutung, VDI 1941, S. 687.

ungefähr sechs und mehr Prozent Wasser; sie wurden dabei kieselsäureärmer und infolgedessen tonerdereicher. Tonsubstanz zeichnet
sich dadurch aus, daß sie mit Wasser eine plastische Beschaffenheit
annimmt, also bildsam wird. Die reinste Tonsubstanz, die in der Natur
vorkommt, ist das Kaolin ($Al_2O_3 \cdot 2 SiO_2 + 2 H_2O$). Seiner Zusammensetzung nach wird diese Verbindung vom chemischen Standpunkt als
ein Salz der Kieselsäure mit der Tonerde, also als ein Aluminiumsilikat aufgefaßt (Tonerde darf nicht mit Ton verwechselt werden; im
chemischen Sinn ist Tonerde reines Aluminiumoxyd (Al_2O_3)). Aus
dem reinen Kaolin entsteht beim Brennen bei Temperaturen von etwa
1000° (Weißglut) unter Wasseraustritt ein gefritteter Scherben, den
wir als Porzellan kennen. Verunreinigungen, wie Eisenoxyd, führen
zur Färbung. Sandgehalt, der bei mechanischer Umlagerung des Kaolins oder des Tones in Flüssen und Meeren zugetreten ist, setzt die
Plastizität, gleichzeitig aber auch die Schwindneigung herab. Ein
plastischer Ton vermag sehr viel Wasser aufzunehmen bis zur sog.
„Wassersteife". Er ist dann ein ausgezeichnetes Mittel zur Herstellung wasserdichter Bauwerke, beispielsweise zur Auskleidung von
Kanalbetten oder zum Schutz von Beton gegen angreifende Flüssigkeiten (Umstampfung mit Lehm).

Bei Kanalbetten verfährt man in der Weise, daß man den Boden
und die Wände nach gehöriger Verdichtung durch Rüttel- oder Stampfmaschinen mit drei Lagen von je etwa 20 cm Ton bedeckt, die jede
für sich mit Walzen (Straßenwalzen) verdichtet werden. Völlige Austrocknung ist zur Verhinderung von Rißbildung zu vermeiden.

Als Bauuntergrund eignet sich Ton nicht, beim Straßenbau wird
deshalb Ton wenn irgend möglich entfernt. Auch in Böschungen wirkt
er leicht nachteilig wegen der auftretenden Rutschgefahr, besonders
wenn er schräg streicht.

Die Plastizität wird nach den meistgeltenden Theorien zurückgeführt auf Entstehung von Kolloiden, also von leimartigen, quellenden
Stoffen und auf die Molekularanziehung zwischen den sehr feinen
Tonteilchen und dem Wasser. Die Aufquellung wird durch länggere Lagerung vergrößert, man lagert deshalb Tone, welche recht bildsam und verformbar sein sollen, längere Zeit, man läßt sie altern oder
mauken[1].

Beim Trocknen und Brennen unterscheidet man drei verschiedene
Abschnitte.

Im ersten Stadium entweicht das Wasser aus den Gelschichten, dadurch schwindet der Ton, das entweichende Wasser nennt man das
Schwindungswasser.

Im zweiten Stadium beginnt die Plastizität zu verschwinden und
das adsorbierte Wasser entweicht.

Im dritten Stadium sintert dann der Ton zusammen zu dem uns bekannten Gefüge des Backsteins oder des Porzellans. Dabei verliert er
nun auch das chemisch gebundene Wasser.

[1] Wartenberg: Die Festigkeit ungebrannter keramischer Massen, Ang.
Chemie 1937, S. 734.

Die entstehende Brennfarbe wird bedingt in der Hauptsache durch
den Eisengehalt. Eisenfreie Tone werden zu einer weißen Scherbe,
dem uns bekannten Porzellan. Wenig Eisen führt zu geringer Färbung.
Hierher gehören die Steinguttone. Hoher Eisengehalt erzeugt blaß-
gelbe bis lederbraune Färbung (bis zu 6 %/o Eisenoxyd). Steigt der Eisengehalt weiter unter gleichzeitigem Schwinden des Tonerdegehalts, so
tritt rote, bei besonders hoher Brenntremperatur blau-schwarze (Klinker) Färbung ein, gleichzeitig geringer Kalkgehalt gibt die bekannten gelben Ziegel.

Der Name „Klinker" für hoch erhitzte, stark gesinterte Ziegelsteine ist
auch von der Zementindustrie übernommen worden und zwar für die Bezeichnung des gesinterten, also zu Zement gewordenen Rohmehls. Die bei diesem

Abb. 50. Anlage zur Herstellung von Rohsteinen für Ziegel: Durch den Kastenbeschicker werden die richtig zusammengestellten Stoffe (Ton und Sand) dem Kollergang zugeführt, der
sie knetet und durchmischt. Darauf passieren sie dann Walzwerke und werden den Ziegel-
pressen zugeführt wo sie ihre Form erhalten. Leistung 250 cbm in 8 Stunden bei 200 PS
Bedarf (Modell: Händle & Söhne, Mühlacker).

Prozeß entstandenen Klinker sind sehr hart und fest, werden aber als Baustoff nicht verwendet. Sie sind hoch im Kalkgehalt, beispielsweise bei Portlandzement 64%/o CaO, beim Vermahlen entsteht der uns bekannte Portland
zement. Diese Vermahlung erfolgt in großen eisernen Mühlen (vgl. S. 62)
gewöhnlich mit 2—3 %/o Gipszusatz. Die Klinker der Ziegelindustrie unterscheiden sich grundsätzlich von diesen Zementklinkern, schon deshalb, weil
sie eine ganz andere chemische Zusammensetzung haben (ganz wenig Kalk,
viel Kieselsäure und Tonerde) und weil sie ganz anderen Zwecken dienen.
Das Mehl von Ziegelklinkern hat — im Gegensatz zu dem Mehl aus den Port-
landzementklinkern — praktisch keinerlei hydraulische Eigenschaften, d. h.
es erhärtet nicht beim Anmachen mit Wasser. Wohl aber ist das Mehl aus
Ziegelsteinen, die weniger hoch gebrannt sind, eine Puzzolane, d. h. es vermag beim Mischen mit Kalk und Anmachen mit Wasser — allerdings sehr
schwach — zu erhärten. Deshalb verwendeten auch die Römer Ziegelmehl
als Zusatz zu ihren Mörteln; auch heute noch ist in den Tropen, wo kein
Zement zur Verfügung steht, diese Bauweise üblich.

Zur Herstellung von Ziegeln werden die Tone, wenn sie nicht von Anbeginn Sand enthalten, mit Sand gemagert, um die Schwindneigung beim Trocknen und Brennen herabzusetzen (Abb. 50). Notwendig ist, daß die Tonsubstanz keine löslichen Salze, wie beispielsweise Sulfate enthält, und daß ihr beim Brennen solche löslichen Salze nicht zugeführt werden. Die Zuführung kann erfolgen durch Brennen mit schwefelhaltiger Kohle. Die Folge des Gehaltes des Tones an solchen löslichen Salzen oder der nachträglichen Zuführung ist das gefürchtete Ausblühen im fertigen Bauwerk, das zu schweren Schädigungen, vor allen Dingen deshalb führen kann, weil es die Bauwerke unansehnlich macht (Abb. 51).

Abb. 51. Ausblühungen an Ziegelmauerwerk. Die Ausblühungen sind entstanden durch Sulfat, welches mit dem Kalk des Mörtels Gips bildet. Diese Ausblühungen sind schwer abwaschbar.

Das Entstehen der Ausblühungen ist wie folgt zu erklären: Durch Eintreten des Wassers bildet sich zunächst in den Poren des Ziegels eine Salzlösung. Durch Verdunstung wird auf der Oberfläche, wo ja allein die Verdunstung stattfinden kann, die Konzentration so weit erhöht, daß das Wasser das Salz nicht mehr in Lösung zu halten vermag, weil die Konzentration die Lösungsfähigkeit des Wassers übersteigt, das Salz kristallisiert aus. Aus dem Steininnern dringt durch die Saugwirkung der Kapillaren (wie bei Löschpapier) neue Salzlösung nach und wird wieder durch die Wind- und Sonnenwirkung konzentriert und Verstärkung der Auskristallisation ist die Folge. Wiederholte Durchfeuchtung beschleunigt den Vorgang und führt dazu, daß schließlich alle im Mauerwerkinnern vorhanden gewesenen leicht löslichen Salze sich als winzige Kristalle, als „Ausblühung" auf der Steinoberfläche finden. Auch ganz geringe Mengen reichern sich durch diesen „Transport" nach außen an und verunstalten das Bauwerk[1].

Gebrannt wird bei Tonwaren, die für das Bauhandwerk in der Hauptsache in Betracht kommen, meist mit direktem Feuer, also z. B. in Ringöfen. Indirektes Feuer, also Einsetzen der Tonwaren in Muffeln

[1] Matthies: Wie vermeidet man Ausschläge? Bw. u. Bw. 1943, S. 25. — Hauenschild: Ausschlag auf Zementdachsteinen, Betonsteinztg. 1941, S. 162. — Moll: Vom angeblichen Mauersalpeter, D. Bauhütte 1940, S. 270. — Suensen: Salzausschlag auf Mauern, Bautenschutz 1940, S. 270.

u. dgl. wendet man an für besonders hochwertige Tonwaren, die sehr
langsam erhitzt und abgekühlt und gegen direktes Feuer, Staub und
Gase geschützt werden sollen. Zu geringe Brenntemperaturen führen
zu verwitternden Ziegeln, die unter Umständen auch unter Putz durch
Wasseraufsaugung und Frost nach wenigen Jahren zugrunde gehen

Dies Zugrundegehen ist einerseits zurückzuführen auf die bekannte
Sprengwirkung des Frostes[1], andererseits aber hat auch eine Wasseraufnahme, die mit Raumvergrößerung und Zerfallen des Ziegelgefüges verbunden
ist, die Schuld. Bei niedrigem Brennen von Tonen ist nämlich der Vorgang
der Wasseraustreibung, der ja zur Erhärtung führt, „reversibel", d. h. das bei
der Ziegelherstellung innerhalb weniger Stunden beim Brennvorgang ausgetriebene Wasser tritt später im Lauf von Jahren wieder in das Tongefüge
ein, „der Ziegel wird wieder zu Ton" und zerfällt. Aufgebrachte Putzschichten
verhindern diesen Vorgang nicht, im Gegenteil, sie beschleunigen ihn, da
sie die Ziegel immer feucht halten, vorausgesetzt, daß das Bauwerk nicht
dauernd trocken ist (vgl. Abb. 52).

Abb. 52. Gemauerter, mit Putz umkleideter Gartenpfeiler, zerstört durch einen einzigen ungenügend stark gebrannten Ziegelstein.

Wichtig für den Bauingenieur zu wissen ist noch, daß man auch
unreine Tone zu reinfarbigen Ziegelsteinen u. dgl. verarbeiten kann,
wenn man sie „engobiert". Das Engobier- oder Begußverfahren besteht darin, daß man die Steine vor dem Brennen, um ihnen eine schöne
Farbe zu geben, mit feiner Tonmasse, die durch Oker, Mangansalze,
Kobalt u. dgl. gefärbt ist, in dünner Schicht überzieht. Hat nun Grundmasse und Überzug nicht das gleiche Schwindmaß bei der Trocknung,
so kann Abspringen im Bauwerk auftreten. Die Aufbringung geschieht
durch Bespritzen oder Eintauchen, bei Wand- oder Fußbodenplatten

---

[1] Vgl. Walz in Fofoba, Reihe B, Heft 3.

auf hydraulischen Pressen mit einer nur ungefähr 1 mm starken Be-
gußschicht.

Glasartige Überzüge[1], die den Zweck haben, nicht nur dem Scherben ein schöneres glänzenderes Aussehen zu geben, sondern ihn auch
dicht zu machen, also abzudichten gegen das Eindringen von Flüssigkeiten und Fett usw., nennt man Glasuren. Als Glasuren dienen alle
möglichen, zu einer glasartigen Substanz schmelzenden und sich mit
dem Ton verbindenden Salzmischungen. Feldspatglasuren sind schwer-
flüssig und werden auf Steinzeug verwendet. Leichter flüssig sind die
Blei-, Zink- und ähnliche, sowie die Salzglasuren, zu welch letzteren
man einfach Kochsalz verwendet, welches beim Brennen in den Ofen-
raum eingestreut wird. Das Kochsalz zersetzt sich in der Hitze zur
Salzsäure, welche entweicht und in Natriumoxyd, welches sich mit
dem Aluminiumsilikat zu Natriumaluminat verbindet.

Um die Ziegel leichter zu machen, versieht man sie entweder mit
Löchern oder aber man bringt in den Ton herausbrennende Substanzen
ein, um das Gefüge zu lockern. Je nach der Art des Tones und dem
Brenngrad entstehen bei den Ziegeln verschiedene Festigkeiten, bei
höherer Temperatur erhält man die höchsten Festigkeiten, gleichzeitig aber schrumpft der Scherben sehr stark und erhält feine Risse,
die dazu führen können, daß das Bauwerk, hauptsächlich auf der
Schlagwetterseite nicht wasserdicht wird. Wird eine Schlagwetterseite aus derartig stark gerissenen Klinkern und unter Verwendung
eines undichten Mörtels gemauert, so vermag der Baukörper, hauptsächlich wenn die Klinker auch noch mit einem Glasurhauch versehen
sind, das Wasser nicht dauernd abzuhalten. Dieses dringt dann durch
Risse in die Wand ein und kann nun, gefangen wie in einer Mausefalle,
bei Bestrahlung des Bauwerks durch die Sonne nicht mehr entweichen.
Es wird im Gegenteil nach innen gedrängt und erzeugt die bei Klinker-
bauten so gefürchteten feuchten Flecke an den Innenwänden (Abb. 53).
Schlagseiten sind deshalb, falls Klinker herangezogen werden, stets
mit rissefreien Klinkern in Zementmörtel herzustellen[2].

b) Ausblühungen[3].

Ein besonderes Wort sei noch den Ausblühungen, die für die Architekten besonders peinlich werden können, gewidmet.

Am Mauerwerk werden viele Arten von Ausblühungen unter-
schieden und zwar 1. Salpeter, 2. Natriumsulfat, 3. Calciumsulfat,
4. Calciumkarbonat.

---

[1] Jenckel: Physikalische Chemie der Silikatgläser und der glasigen
Kunststoffe, Chemie 1941, S. 475. — Matthies: Kaltglasuren, Betonwerk 1942,
S. 50.

[2] Vgl. auch Kohl-Bastian: Fachkunde für Maurer, Berlin 1938. —
Pisternik: Dehnungsfugen im Mauerwerk, Bautenschutz 1941, S. 25.

[3] Stutz: Die Bildung leicht löslicher Magnesium- und Alkalisulfate,
Toni 1942, S. 243. — Lipinski: Über wasserlösliche Bestandteile in Ziegeln
und Tonen. Toni 1940, S. 109.

1. Salpeter; Kalium- oder Natriumnitrat (K, NaNO₃).

Im Volksmund werden meist alle Ausblühungen als Salpeter oder
Mauersalpeter bezeichnet, obwohl gerade die Salpeterausblühungen
überaus selten sind. Sie kommen nur vor in Mauern, die mit Erdreich
hinterfüllt sind, in welchem sich verwesende organische Substanzen
befinden. Kenntlich ist Salpeter daran, daß er überaus feine lange Nadeln bildet, die zu einem Filz zusammenwachsen. Die Nadeln lösen
sich leicht in Wasser und können durch einfaches Abwaschen mit
Wasser entfernt werden. Sie schmecken „kühlend".

Abb. 53. Klinkerbau: gegen Schlagregen nicht geschützte, infolgedessen wasserdurchlässige
Giebelmauer. Der Wassereintritt ist an den dunklen Stellen, die nach Westen liegen (Schlagregen!) deutlich zu sehen. Das bei unseren Vätern übliche Hervorragenlassen des Daches
über den Giebel hinaus hatte also seine Berechtigung als Wandschutz. Das in obigem Bild
zur „Verzierung" waagerecht an der Giebelwand entlanglaufende Band von hervorstehenden
Klinkern hat weiter dazu geführt, daß das an dem Giebel herablaufende Wasser auf seinem
Weg aufgehalten und zum Eintritt in das innere des Hauses veranlaßt wurde (falsche Baugestaltung!) [1].

2. Natriumsulfat; schwefelsaures Natron (Na₂SO₄ Glaubersalz).

Weitaus die meisten Ausblühungen bestehen aus Natriumsulfat.
Das Natriumoxyd stammt aus den Ziegelsteinen, der Sulfatanteil aus
der Kohle, mit welchem die Steine gebrannt werden; es wurde also
mit den Rauchgasen den Steinen zugeführt. Man setzt deshalb dem
Ton zum Brennen von Ziegelsteinen häufig Bariumcarbonat zu, um das

[1] Vgl. auch Bautenschutz durch handwerksgerechtes Bauen, Baumarkt 1938,
S. 1367.

Sulfat in unlösliches Bariumsulfat (Schwerspat) überzuführen, das nicht zu Ausblühungen führen kann, da es fast völlig wasserunlöslich ist. Natriumsulfat ist in Wasser leicht löslich und kann durch häufiges Abwaschen entfernt werden. Es schmeckt etwas bitter und salzig.

3. Calciumsulfat; schwefelsaures Calcium; Gips (CaSO₄, + 2 H₂O) [1].

Aus Umsetzungen des Natriumsulfats aus den Ziegeln mit dem Kalk des Mörtels entsteht das Calciumsulfat, der Gips, der auch aus hochgegipsten Zementen allein auskristallisieren kann. Im Gegensatz zu den unter 1. und 2. genannten Ausblühungen ist Gips nur schwer in Wasser löslich und deshalb durch Abwaschen nicht zu entfernen. Salzsäure löst ihn schneller auf, bei Behandlung mit Salzsäure muß aber gut nachgewaschen werden, um das nachträgliche Entstehen von Chloriden, die gleichfalls löslich sind und ausblühen können, zu verhindern.

Während die unter 1. und 2. genannten, aus leicht in Wasser löslichen Ausblühungen, wenn Regen die Mauer trifft, meist nach einiger Zeit verschwinden, ist das bei Gips nicht zu erhoffen, da er für diesen natürlichen Vorgang des Abwaschens durch die Niederschlagswässer zu schwer löslich ist.

Abb. 54. Kalkausblühungen. Aus dem sehr stark kalkhaltigen Mörtel hat sich Kalk als doppeltkohlensaurer Kalk gelöst und als harte weiße Schicht wieder abgeschieden.

4. Calciumkarbonat, kohlensaurer Kalk (CaCO₃).

Das Calciumkarbonat bildet sich nur aus dem Mörtel, hauptsächlich bei Verwendung von viel Kalk und von sehr kalkreichen Zementen.

---

[1] Lachlan: Die Rolle der Sulfate beim Zerfall von Bausteinen, Mörteln und Ziegeln, Ch. Zentr. 1941, II, S. 1896.

Es löst sich im Wasser als wasserlösliches Calciumbikarbonat oder doppeltkohlensaures Calcium, aus welchem sich dann wieder unlösliches Calciumkarbonat unter Entweichen von Kohlensäure zurückbildet, oder aber bei sehr hohem Kalkgehalt als Calciumhydroxyd, welches mit der Kohlensäure der Luft zu kohlensaurem Kalk zusammentritt. Der kohlensaure Kalk löst sich in Wasser praktisch überhaupt nicht und kann nur durch Absäuern mit Salzsäure etwa 1 : 10 entfernt werden. Er verwandelt sich hierbei unter Kohlensäureentwicklung (Aufbrausen) in Chlorcalcium, welches durch Abwaschen mit Wasser leicht aus dem Mauerwerk zu entfernen ist[1].

Allgemein ist wichtig, unter Verwendung sulfatfreier Steine und nicht zu hochkalkigen Mörtels zu arbeiten, so daß die Ausblühungen von vornherein vermieden werden.

Auch auf Putz können Ausblühungen der beschriebenen Art aus der Ziegelsteinunterlage entstehen, da naturgemäß die in Wasser gelösten Salze auch den Putz durchdringen. Falls das Mauerwerk also lösliche Salze enthält, sind solche Putzstörungen zu erwarten, da die in dem Putz auskristallisierenden Salze diesen zersprengen. Auch unsachgemäße Einlegung von wasserdichten Streifen im Verputz kann zu derartigen Stein- und Putzzerstörungen führen, wenn nämlich das Wasser auf diesen Streifen stehen bleibt und gefriert oder zu Salzanreicherung führt, die durch die alleinige Kristallisationskraft Putz und Steine im Laufe der Jahre zerstört[2].

V. Eisen und Stahl.

Das Eisen ist im chemisch reinen Zustand ein verhältnismäßig weiches silberglänzendes Metall, welches in reiner Form in der Praxis keine Verwendung findet, da seine Eigenschaften nicht den praktischen Bedürfnissen entsprechen, abgesehen davon, daß Reinherstellung zu teuer würde. Die verschiedenen Eisensorten, welche wir aus dem täglichen Gebrauch kennen, sind durchweg kein reines Eisen, sondern kohlenstoffhaltige Arten, die außer dem Kohlenstoff noch geringe Mengen andere Elemente enthalten. Eine hervorstechende Eigenart des Eisens ist nämlich die, daß durch verhältnismäßig geringe Beimengungen seine Eigenschaften in sehr weitem Umfange verändert werden. So kann man beispielsweise mit einem Stahlmesser, dessen Rohmaterial ja geringe Mengen Kohlenstoff enthält, reines Eisen zerschneiden. Die weitere Tatsache, daß man Eisengegenstände mit Stahlmeißeln bearbeiten kann, beispielsweise beim Drehen oder Hobeln, ist bekannt.

Für den Baumeister kommen nicht nur die gewöhnlichen weichen Eisensorten in Frage (Moniereisen, Bewehrungseisen für Beton), sondern auch Gußeisen und schließlich heutzutage besonders hochwertige

---

[1] Grün: Lösungserscheinungen an Beton, Bauing. 1930, Nr. 26.

[2] Ullmann: Enzyklopädie der techn. Chemie, Bd. 10 (1928), S. 117 ff. — Toni 1932, Nr. 93.

[3] Körber: Ziele und Wege der Eisenforschung, Stahl u. Eisen 1942, S. 893.

Eisensorten für Bauten, die besondere Eigenschaften haben sollen. Aus diesem Grunde seien im nachfolgenden kurz beschrieben: a) Die Rohstoffe für das Eisen. b) Die Herstellung. c) Verschiedene Eisensorten.

a) Rohstoffe.

Die reinsten Eisenerze sind der Magneteisenstein (Fe_3O_4) und der Roteisenstein (Fe_2O_3)[1]. Beide kommen in Schweden vor, außerdem auch an manchen Stellen in Deutschland. Geringer prozentige Erze sind das Brauneisenerz ($Fe_2O_3 \cdot 2 H_2O$), der Spateisenstein ($FeCO_3$ kohlensaures Eisen, Eisencarbonat) und der Pyrit oder Eisenkies (FeS). Der letztere ist besonders weit verbreitet als Verunreinigung in sehr vielen Gesteinen, bei deren Entstehen organische Vorgänge mitspielten: Die Eisenverbindungen, die in den verwesten Organismen vorhanden waren, welche die Gesteine bildeten, sind zu Eisenkies geworden, einer gelbglänzenden, häufig schön kristallisierten Verbindung, die man bisweilen in Kohlen, oder besonders gut ausgebildet in Ölschiefer findet, der sich aus Tiefseeschlamm bildete. Das Eisen ist teilweise Träger des Schwefels in der Kohle oder im Posidonienschiefer, der Schwefel, der später zu dem hohen Sulfatgehalt der Kesselschlacke oder zu dem hohen Sulfidgehalt der Hochofenschlacke führt, stammt hierher.

Alle Eisenerze enthalten in mehr oder weniger großem Umfang Quarz (SiO_2 und andere, häufig tonerdehaltige oder kieselsäurehaltige, Gesteine [Gangart]). Die Gangart muß beim Verhüttungsprozeß beseitigt werden.

b) Gewinnung des Eisens.

Gewonnen wird das Eisen im Hochofen, einem Schachtofen, in welchen die Eisenerze zusammen mit Kalkstein und Koks eingebracht werden. In den Hochofen wird von unten durch ein Gebläse der sog. „Wind" eingedrückt, das ist Luft, die um die Temperatur zu erhöhen, vorerhitzt ist. Im Hochofen spielt sich dann folgender Vorgang ab: Zunächst verbrennt der Koks (C) zu Kohlenmonoxyd (CO) und erzeugt dadurch Hitze

$$C \quad + \quad O \quad = \quad CO$$

Kohlenstoff   Sauerstoff   Kohlenmonoxyd.
(Koks)   (Luft)   + Wärme

Gleichzeitig bildet sich unmittelbar vor den Formen, d. h. vor den wassergekühlten Rohren, durch die der Wind in den Hochofen gedrückt wird, Kohlensäure. Aus dieser Kohlensäure entsteht mit weiterem Kohlenstoff des Kokses gleichfalls Kohlenmonoxyd nach folgender Formel

$$CO_2 + C = 2 CO.$$

Durch das bei der Verbrennung des Kokses entstandene Gas Kohlen-

---

[1] Natürlich können Erze nicht durch eine chemische Formel wiedergegeben werden, da die Eisenoxyde immer noch Gangart enthalten. Dennoch soll die Formel zeigen, in welcher Oxydform das Eisen vorliegt.

monoxyd (CO) wird das Eisenoxyd des Erzes zu Eisen reduziert nach folgender Formel:

$$Fe_2O_3 + 3\,CO = 2\,Fe + 3\,CO_2,$$

Die so entstandene Kohlensäure wird durch den niedergehenden Koks bei Temperaturen über etwa 800° wieder zu Kohlenmonoxyd (CO) reduziert, das seinerseits den Sauerstoff des Eisenoxydes wieder binden kann. — Das Eisenoxyd wird jedoch nicht nur durch das Kohlenmonoxyd (indirekte Reduktion) reduziert, sondern es kann bei höheren Temperaturen auch durch den festen Kohlenstoff (hellglühender Koks) reduziert werden (direkte Reduktion). Das reduzierte Eisen vermag in diesem reinen Zustand nicht zu schmelzen, da sein Schmelzpunkt viel zu hoch liegt. Aus einem Teil des bei der Verbrennung des Kokses entstandenen Kohlenoxyds nimmt das Eisen etwas Kohlenstoff auf nach folgender Formel:

$$2\,CO = CO_2 + C.$$

Durch diese Kohlenstoffaufnahme sinkt der Schmelzpunkt des Eisens, das kohlenstoffhaltige Eisen schmilzt bei ungefähr 1200° (diese Temperatur richtet sich jeweils nach der Höhe des aufgenommenen Kohlenstoffgehaltes) und sammelt sich im unteren Teil des Hochofens als Roheisen an. Die Gangart, d. h. die Kieselsäure und die Tonerde, verbindet sich mit dem gleichzeitig zugesetzten Kalk zu Kalksilikat oder Kalkaluminat nach folgender Formel:

$$CaCO_3 + SiO_2 = CaSiO_3 + CO_2.$$

In gleicher Weise entstehen auch Aluminium- und Doppelsalze, sowie verschiedene Melilithe (vgl. Dreistoffsystem, S. 57), die durchweg einen tiefen Schmelzpunkt haben. Der Kalkzusatz hat also den Zweck, derartige Verbindungen mit tiefem Schmelzpunkt (Eutektikum) zu bilden, da die Gangart allein, die ja in der Hauptsache aus Kieselsäure und Tonerde besteht, bei den Hochofentemperaturen nicht schmelzen würde. Die so entstandene Schlacke nimmt gleichzeitig den Schwefel auf als Calciumsulfid, eine sehr wichtige Funktion, da der Schwefel das entstehende Eisen brüchig machen würde. Gleichzeitig schwimmt sie im Hochofen auf dem Eisen wie Öl auf Wasser und schützt so das entstehende Eisen vor der Wiederoxydation durch den Gebläsewind.

Das entstehende Roheisen ist je nach der Möller-Beschaffenheit, also nach der Beschaffenheit des aufgegebenen Erzes und Gesteins und nach der Hochofenführung entweder graues oder weißes Gußeisen.

Die Hochofenschlacke, welche den Ofen als glühendflüssige Schmelze verläßt, ist nur dann imstande, den Schwefel (als Calciumsulfid) mitzunehmen, wenn sie einen ziemlich hohen Kalkgehalt hat. Sie muß deshalb kalkreich gehalten werden. Neuerdings verzichtet man in manchen Betrieben auf die Entschwefelung des Eisens im Hochofen von der Schlackenseite her und entschwefelt das Eisen nachträglich durch Sodazusatz. Man kann dann die Schlacke kalkärmer halten und kommt mit geringerem Kalksteinzusatz zum Möller aus.

c) Verschiedene Eisensorten.

Das graue Gußeisen, uns allen bekannt von den gewöhnlichen Haushaltwaren, enthält ungefähr $3^1/_2\%$ Kohlenstoff (C), welcher in Form von Graphitkristallen ausgeschieden ist. Beim Auflösen in Salzsäure bleibt dieser Kohlenstoff als aus kleinen schwarzen Kristallen bestehendes Pulver (Graphit) zurück. Diese Ausscheidung kristallinen Kohlenstoffs bedingt die Farbe des grauen Gußeisens und seinen grobkörnigen Bruch. Infolge dieser Art des Bruches ist die Festigkeit des

Abb. 55. Schema eines Hochofens. In den Hochofen werden von oben (von der Gicht) Eisenerze, Kalkstein und Koks eingebracht. Der Koks reduziert beim Verbrennen das Eisenoxyd zu metallischem Eisen, dessen Schmelzpunkt durch Kohlenstoffaufnahme stark erniedrigt wird, worauf es dann schmilzt. Die Gangart (Ton und Sand) verbindet sich mit dem eingebrachten Kalkstein zu Hochofenschlacke, die in dem Gestell des Hochofens sich in glühend-flüssigem Zustand von dem Eisen scheidet und auf diesem schwimmt. Beide Schmelzen, Schlacke und Eisen, verlassen den Ofen durch die Abstichformen.

Gußeisens nicht besonders hoch; es kann durch einen gewöhnlichen Hammerschlag zerbrochen werden. Beim Guß ist es sehr leichtflüssig, es zieht sich beim Erkalten zusammen, doch geht dieser Schwindung während und unmittelbar nach der Erstarrung eine Ausdehnung des Gußeisens voraus. Es füllt deshalb die Form und ist für scharfkantige Gußstücke geeignet. Sein Siliciumgehalt beträgt ungefähr 2%. Vor allem hohe Siliciumgehalte des Gußeisens bewirken eine starke Graphit-(Kohlenstoff-)ausscheidung und damit ein graues Erstarren. Bei sehr geringer Abkühlungsgeschwindigkeit können auch schon geringe Siliziumgehalte ein graues Erstarren bewirken.

Manganhaltiges Eisen, hergestellt aus manganhaltigen Erzen oder unter Zuschlag von Manganerzen, scheidet keinen Graphit ab, wenn der Mangangehalt gegenüber dem Siliziumgehalt hoch ist. Es erstarrt dann beim Abkühlen zu einem weißen Roheisen. In diesem weißen Roheisen ist der Kohlenstoff nicht ausgeschieden wie beim grauen Gußeisen, sondern es enthält ihn gelöst. Bei Auflösen in Säure bleibt deshalb kein kristalliner Kohlenstoff, sondern ein amorphes Pulver zurück. Weißes Roheisen ist feinkörnig, fester als graues Gußeisen und schwer zu bearbeiten. Es zieht sich beim Abkühlen zusammen und füllt die Form trotz seines niedrigen Schmelzpunktes von etwas über 1200° nicht scharf aus.

Beim Gießen von grauem Gußeisen in stark abgekühlte Formen vermag sich infolge der schnellen Abkühlung der Oberfläche, die mit den Formen in Berührung kommt, der Kohlenstoff außen nicht kristallisiert abzuscheiden; derartiges Eisen ist dann mit einer harten Schicht von weißem Roheisen überzogen. So entstandene Gußstücke haben also eine glasharte Oberfläche.

Da die vorliegenden Roheisenarten nur für untergeordnete Zwecke verarbeitbar sind, ist es notwendig, sie überzuführen in andere Formen. Es geschieht dies entweder nach dem Konverter-Verfahren oder nach dem Siemens-Martin-Verfahren. Beim Konverter-Verfahren (Bessemer-Verfahren) bringt man das glühend-flüssige Roheisen in die Bessemerbirne. Diese, ein mehrere Meter hohes, feuerfest ausgemauertes kippbares Gefäß (Bessemer Birne) hat im Boden Löcher, durch welche Luft durch das innen befindliche Eisen gedrückt wird. Hierdurch verbrennt der hohe Kohlenstoffgehalt (C) von ungefähr 3% zu Kohlenmonoxyd (CO), das als Gas entweicht und an der Luft zu Kohlendioxyd (CO_2) verbrennt, ebenso das Silizium (Si) zu Kieselsäure (SiO_2), die in die Schlacke übergeht. Der der Güte des Eisens abträgliche Phosphor (P) phosphorreichen Roheisens wird in der Thomasbirne zu Phosphorsäure (anhydrid) (P_2O_5) verbrannt. Das basische Futter der Thomasbirne (basisch im Gegensatz zum sauren Futter der Bessemerbirne) und zugeschlagener Kalk binden die Phosphorsäure zu Calciumphosphat, das unter dem Namen „Thomasschlacke" als vorzügliches Düngemittel gemahlen in den Handel kommt. Das so behandelte Eisen hat nun noch $1/_{10}$% Kohlenstoff und seine Eigenschaften sind weitgehend verändert. Es besitzt einen sehr hohen Schmelzpunkt, der bei ungefähr 1500° liegt, ist stark plastisch, also nicht gießbar, und läßt sich schmieden, da es weit unterhalb seines Schmelzpunktes weich wird.

Das Siemens-Martin-Verfahren beruht letzten Endes auch auf der Verbrennbarkeit des Kohlenstoffs, nur wird bei diesem Verfahren die Verbrennung langsam durchgeführt und nicht plötzlich wie bei der Bessemerbirne.

Wichtig ist noch die Möglichkeit der Beeinflussung der Eigenschaften der Stähle durch verschiedene andere Metalle. So macht Nickel den Stahl außerordentlich zäh, Wolfram, Molybdän und Vanadin machen ihn sehr hart und wärmebeständig, so daß Drehstähle (Schnelldrehstähle) aus derartigem molybdän- oder wolframhaltigen Eisen selbst bei hohen Temperaturen zu gebrauchen sind, da die Schneide nicht stumpf wird. Außerdem kommen noch Mangan, Chrom usw. hier in Frage. Auf dem Gehalt an derartigen Metallen beruht auch die Verhinderung des Rostens (nichtrostender Stahl)[1].

Für hoch beanspruchte Bauwerke werden neuerdings auch hochwertige Eisensorten verwendet, um möglichst geringe Abmessungen mit möglichst hoher Beanspruchungsfähigkeit zu vereinen. (Die Unterlagen für die Herstellung von Betonbauwerken mit Eisen-Einlagen oder mit hochwertigen Eisen sind in den Bestimmungen des Deutschen Ausschusses für Stahlbeton vereinigt und dort nachzuschlagen.)

Sehr erhebliche Ersparnisse an Gewicht und an Fracht lassen sich erzielen durch Anwendung hochwertiger Baustähle. So würden die heutigen großen Stahleisenbahnbrücken bei den gewaltigen Lasten unserer Lokomotiven und unserer großen Güterwagen gar nicht mehr gebaut werden können, wenn nicht der hochwertige Baustahl St 52 vorhanden wäre. Dieser, in gemeinsamer Arbeit der deutschen Stahlwerke, des Deutschen Stahlwerksverbandes und der Deutschen Reichsbahn unter Zusatz von Silicium, Mangan, Chrom, Kupfer oder Molybdän entwickelt, ist zu so gewaltigen Festigkeitseigenschaften gebracht worden, daß man die zulässige Beanspruchung 50 %$_c$ höher steigern konnte als bei dem früher häufig verwendeten Baustahl St 37[2]. S c h a p e r gibt an, daß die Brücke über den Kleinen Belt in Dänemark, die mit Baustahl St 52 erbaut ist, ein Stahlgewicht von 13 800 t hat, während sie bei St 37 über 22 000 t Gewicht hätte, so daß also 38 % Gewichtsersparnis vorhanden sind, die somit für den Eisentransport und für den Gerüstbau, besonders aber auch für die Schweiß- und Niettechnik von großer Bedeutung sind.

Neuerdings zieht man sogar Eisen, die vorgespannt sind, zur Bewehrung des Betons heran und erreicht dadurch, daß bei Überbelastung entstandene Risse sich wieder schließen. Diese Tatsache ist besonders wichtig beispielsweise für Rohrleitungen[3].

Die allerletzte Entwicklung ist die Heranziehung von Stahlsaiten, die bekanntlich in der Beanspruchung das Zehnfache aushalten wie gewöhnliches Eisen, so daß man mit einem Zehntel der Bewehrung auskommt. Auch die Stahlsaiten werden vorgespannt. Betonbalken, die in dieser Weise bewehrt sind, biegen sich bei Überbelastung durch und erhalten Risse; bei Aufhebung der Belastung werden sie wieder gerade und die Risse schließen sich. Anlagen für die Ausführung derartiger Betonwerkstätten sind sehr teuer und kosten über 250 000 DM. Ausführende Firmen u. a. Dyckerhoff, Amöneburg.

---

[1] H o f f m a n n: Lehrbuch der organischen Chemie. — D u r r e r: Erzeugung von Eisen und Stahl, Dresden und Leipzig 1936. — J o h a n n s e n: Geschichte des Eisens.

[2] S c h a p e r: Der hochwertige Baustahl St 52 im Bauwesen, Bautechnik 1938, S. 649.

[3] Hier sind Namen wie Freyssinet und Hoyer zu nennen. Das Verfahren wird von W a y ß und F r e y t a g u. a. durchgeführt.

Im Stahlbeton wurde bisher vorwiegend der Stahl St 37 verwendet. Erst in der Neufassung der Bestimmungen von 1932 im Jahre 1937 wurde hochwertiger Baustahl erwähnt. Die Streckgrenze dieses hochwertigen Baustahles liegt bei 3600 kg/cm², die Bruchfestigkeit bei 5200 kg/cm². Der heutige Stand der Verwendung von hochwertigen Baustählen ist nachstehend kurz umrissen:

1. Isteg-Stahl, Drillwulststahl und Torstahl. Wird ein Stahl bis über die Streckgrenze hinaus vorbelastet, so zeigt sich, daß der Stahl höher als vorher auf Zug beansprucht werden kann und sich elastisch verhält (Vorrecken des Stahles). Solche vorgereckten Stahlsorten können für den Stahlbetonbau besser ausgenutzt werden. Die drei genannten Stahlsorten nutzen dieses Vorrecken aus.

Der Istegstahl besteht aus zwei Rundeisenstäben St 37, die miteinander verwunden werden, unter Halten der beiden Endpunkte in gleicher Entfernung. Die zulässige Beanspruchung wurde zu 1800 kg/cm² gewählt gegenüber 1200 kg/cm² für den Ausgangsbaustahl.

Im Drillwulststahl wird ein besonderer Querschnitt (meist kreuzförmig) verwendet.

2. Legierte Stähle. Außer den hochwertigen Baustählen gibt es noch verschiedene legierte Stähle, die im Stahlbetonbau verwendet werden: Baustahlgewebe, Nockenstahl usw.

3. Vorgespannte Systeme. Die letzte Entwicklung ist die Heranziehung von Stahlsaiten mit etwa 24 000 kg/cm² Festigkeit als Bewehrung von Beton bei Biegungsbeanspruchung im Stahlsaitenbetonbau. Die Stahlsaiten werden mit 12 000 kg/cm² ausgenutzt, also zehnfach so hoch wie der übliche Handelsbaustahl. Daher ist auch der Stahlbedarf nur etwa ein Zehntel des von Handelsbaustahl. Bei diesen vorgespannten Systemen werden die Stähle vor dem Betonieren auf die zulässige Spannung gebracht. Die Vorspannung wird nach genügender Erhärtung des Betons auf den Beton übertragen, der dadurch unter Druckspannung steht. Eine nachfolgende Zugbeanspruchung ergibt dann im Beton keine Zugspannungen, da die Betondruckspannungen vorher erst aufgezehrt werden müssen. Durch diese Erhöhung der Zugfestigkeit des Verbundbaustoffes ergibt sich, daß auch die Durchbiegungen unter der Nutzlast viel kleiner sind.

Zur Herstellung der Stahlsaiten wird hochgekohlter Stahl verwendet (etwa 3% Kohlenstoffgehalt). Zusätze von Mangan u. ä. sind nicht erforderlich. Dadurch ergibt sich, daß keine Rohstoffe zur Herstellung eingeführt werden müssen.

Schutz gegen Rostbildung bietet neben dem schon erwähnten Versetzen des Eisens mit geringen Mengen besonderer Metalle, wie beispielsweise Kupfer, entweder Ummantelung, beispielsweise durch Beton, oder Anstrich. Als Anstrich nimmt man zur Gründung meist Mennige (d. h. Bleioxyd), die fein verteilt ist. Die Mennige wird mit Leinöl zu einer Suspension angerührt und dann aufgebracht. Das Leinöl oxydiert sich an der Luft und bildet auf dem Eisen so den Schutzfilm. Auch Bitumenanstriche oder Teerpechanstriche haben sich gut bewährt. Wichtig ist in allen Fällen

1. den Anstrich nur auf rostfreiem Eisen anzubringen, da sonst die Rostvorgänge unter dem Anstrich weitergehen können und

2. den Schutzfilm dicht zu gestalten.

3. Rostiges Eisen kann auch durch besondere Schutzmittel, die den Rost einhüllen, vor weiterem Verrosten geschützt werden. Es handelt sich aber um Spezialfälle, die nur im Einvernehmen mit den liefernden Firmen geklärt werden können.

Der häufig an Eisenkonstruktionen bei Lieferung von der Schmiede aufgebrachte Mennigeanstrich ist oft schädlicher als nützlich, wenn er zu dünn ist. Mehrmaliger Anstrich ist stets erforderlich, wenn der Film dicht sein soll; selbstverständlich ist weiter Erneuerung des Anstrichs mehr oder weniger häufig, je nach den Einflüssen, denen der Anstrich ausgesetzt ist, denn jeder Anstrich geht im Laufe der Zeit infolge seiner organischen Grundlage zugrunde. Wichtig ist zur Erhaltung von Bauwerken, rechtzeitig die Schutzanstriche zu erneuern. Starke Verrostungen verteuern die Erneuerung ungemein, da der Rost schwer zu entfernen ist und häufig nur mit Sandstrahlgebläse beseitigt werden kann. Bei der Konstruktion sehe man darauf, daß sich keine Winkel und Ecken bilden, in denen Wasser stehen bleiben kann und die außerdem für die Anbringung des Anstrichs stets schwer zugänglich sind. Gerade solche Wasserecken, in denen sich kohlensäurehaltiges und schwefelsäurehaltiges (Rauchgase!) Wasser ansammeln kann, sind die Ausgangspunkte für die Verrostungen, die in kurzer Zeit so stark werden können, daß sie selbst die Standfestigkeit des Bauwerks beeinträchtigen. Auch Schmutzecken wirken im gleichen Sinne schädlich, da der sich anhäufende Ruß besonders stark schwefelsäurehaltig ist. Den Nietköpfen ist ebenfalls besondere Aufmerksamkeit zu widmen, da diese leicht überstrichen werden und zu Rostnestern Veranlassung geben.

d) Rosten des Eisens.

Das Rosten des Eisens ist eine Oxydation.

Unter einer Oxydation versteht man die Zufügung von Sauerstoff oder dem Entzug von Wasserstoff von einem vorhandenen Element oder einer Verbindung. Es bildet sich bei der Oxydation des Eisens also Eisenoxyd und zwar über dem Umweg von Eisenhydroxyd (das ist also wasserhaltiges Oxyd) und Eisenkarbonat. Eisen kommt zwei- und dreiwertig vor. Zunächst bilden sich die Verbindung der zweiwertigen Form. die aber sehr schnell in die der dreiwertigen Form übergehen. Auch Mischungen von Verbindungen zwei- und dreiwertigen Eisens kommen vor, beispielsweise „Hammerschlag" beim Schmieden durch Verbrennung des Eisens (Fe_3O_4) an der Luft[1].

Das Rosten findet überall da statt, wo Eisen mit Wasser und Sauerstoff in Berührung kommt. Trockenes Eisen reagiert bei gewöhnlicher

---

[1] Die beim Schmieden oder Gießen unter blendender Lichterscheinung wie Feuerwerk in der Luft zerplatzenden Teilchen sind „brennendes Eisen".

Temperatur nicht mit Sauerstoff, um so schneller dagegen feuchtes und ganz besonders intensiv ist die Reaktion, wenn geringe Mengen von Säure, seien es auch nur schwache Säuren, also beispielsweise Kohlensäure, oder Salze, zugegen sind. Deshalb rosten Eisen in stark kohlensäurehaltiger Luft, beispielsweise in Treibhäusern oder in Bergwerken besonders intensiv und schnell, ebenso in Mooren und aggressiven Wässern, wenn die Aggressivität durch Kohlensäure oder Schwefelsäure hervorgerufen ist. Bekannt sind die starken Anfressungen von Eisenrohren von Wasserleitungen, denen kohlensäurehaltiges Wasser zugeführt wird. In vielen Städten sind dadurch umfangreiche Zerstörungen hervorgerufen worden. Um diese zu verhindern, ist es notwendig, das Wasser, bevor es in die Leitung kommt, kohlensäurefrei zu machen durch Überfließenlassen über kohlensaurem Kalk oder durch Lüftung. Bei der Lüftung entweicht die Kohlensäure als Gas. Bei Überfließen über kohlensauren Kalk löst die Kohlensäure den Kalk auf und wird dadurch abgesättigt, das Wasser wird hierbei allerdings härter. Auch der intensive Rostvorgang unter Steinholzfußböden ist auf diese Beschleunigung der Reaktion durch Magnesiumchloridlauge zurückzuführen. Die schnelle Rostbildung in meerwasserhaltiger Luft, also an der Küste, ist bekannt. Hier sind es vor allen Dingen die Kochsalznebel, die sich aus dem Meerwasser durch Sturm bilden, welche die Rostbeschleunigung im Gefolge haben.

Die einfachste Formel für das Rosten ist:

$$2\,Fe \quad + \quad 3\,O \quad + \quad 3\,H_2O \quad \longrightarrow \quad 2\,Fe(OH)_3$$
$$\text{Eisenhydroxyd}$$
$$2\,Fe(OH)_3 \quad = \quad Fe_2O_3 \quad + \quad 3\,H_2O.$$

Als Zwischenstadium bildet sich auch Eisenhydroxydul ($Fe(OH)_2$), welches aber schnell in Fe_2O_3 übergeht und Eisenkarbonat (kohlensaures Eisen). Diese Zwischenreaktionen sind trotz ihrer Wichtigkeit aber für das Verständnis der Vorgänge nebensächlich.

Reduktion: Die Reduktion ist der Gegensatz zur Oxydation: Sie bedeutet Sauerstoffentziehung oder Wasserstoffzufügung. Bei der Sauerstoffentziehung werden Metalloxyde zu Metallen, d. h. sie werden aus dem Oxydzustand in den Metallzustand „reduziert". FeO wird beispielsweise zu Fe. Im gleichen Sinne wirkt die Zufügung von Wasserstoff, da sie gleichfalls eine Sauerstoffentziehung im Gefolge hat. Man kann sich vorstellen, daß der Wasserstoff Sauerstoff an sich reißt und Wasser bildet nach der Formel:

$$H_2 + O = H_2O.$$

Die der Rostbildung entgegengesetzte Reaktion ist also die Reduktion des Rostes zu Eisen, d. h. die Bildung des reinen Metalls aus seinem Oxyd. Hierher gehört der Verhüttungsvorgang im Hochofen, der ein reiner Reduktionsvorgang ist, indem die Eisenoxyde, die mit Gangart verunreinigt als Erze in der Natur vorkommen, unter Entziehung ihres Sauerstoffs zu Metall reduziert werden nach der Formel:

$$Fe_2O_3 + 6\,H = Fe_2 + 3\,H_2O \text{ (Wasser)}.$$

Als Reduktionsmittel dient meist Kohlenstoff (Koks), da dieser die Eigenschaft hat, sich selbst zu oxydieren und dabei Sauerstoff an sich zu reißen nach der Formel:

$$C + 2\,O = CO_2.$$

Verbrennen von Kohlenstoff zu Kohlensäure.

Im Hochofen wird also der Kohlenstoff als Reduktionsmittel verwendet, da er dem Eisenoxyd des Erzes unter Zurücklassung von metallischem Eisen den Sauerstoff entreißt. Dabei verbrennt er selbst zu Kohlensäure, die entweicht (Näheres s. S. 152).

Wird beim Rosten des Eisens die Temperatur des einwirkenden sauerstoffhaltigen Wassers erhöht, so wird der Rostvorgang deshalb beschleunigt, weil dann die gelösten Gase aus dem Wasser durch die Temperaturerhöhung freigemacht werden, und zwar ist besonders kritisch die Temperatur über 50°. Aus diesem Grunde rostet Eisen besonders stark im Innern von Heißwasserbereitern. Hier ist der sog. Lochfraß zu erwarten, d. h. es treten, begünstigt durch elektrolytische Vorgänge, besonders intensive Rosterscheinungen an einzelnen Punkten auf, die oft nach verhältnismäßig kurzer Zeit, also nach wenigen Jahren, selbst dicke Eisenwandungen zerstören. Es ist deshalb zweckmäßig, bei Warmwasserbereitern die Temperatur des Wassers nicht dauernd allzu hoch zu halten.

Bei Warmwasserheizung sind die auftretenden Rosterscheinungen nur sehr gering, wenn diese ordnungsgemäß betrieben wird, wenn sie also immer mit dem gleichen Wasser arbeitet, und zwar deshalb, weil die schädlichen Anteile an Kohlensäure und Sauerstoff, die bei einer einmaligen Füllung mit dem Wasser in das Rohrnetz kommen, nur sehr gering sind; weitgehende Rosterscheinungen können diese kleinen Mengen nicht erzeugen. Nur wenn das Wasser häufig erneuert wird, beispielsweise durch widerrechtliche Entnahme von warmem Wasser aus der Heizung, wird durch das dauernde Zuführen stets neuen Wassers mit schädlichen Anteilen ein sehr schnelles Rosten herbeigeführt. Die Entnahme von Wasser aus der Heizung, beispielsweise für Reinigungszwecke, ist deshalb unter allen Umständen zu verhindern, da sonst mit einer Zerstörung der Heizkörper und Rohre zu rechnen ist. Wird die Heizung immer mit dem gleichen Wasser betrieben, also nur selten nachgefüllt, so sind die auftretenden Rosterscheinungen minimal und ohne Bedeutung für die Lebensdauer der Anlage.

VI. Leichtmetalle.

Das wichtigste und am meisten verwendete Leichtmetall ist Aluminium, welches aus Tonerde gewonnen wird und das aus diesem Grunde bei seinem ersten Auftreten auf der Weltausstellung 1855 in Paris, wo es durch St. Claire-Deville gezeigt wurde, als „Silber aus Lehm" bezeichnete.

Aluminium ist ein weiches weißes Metall, welches sich gut hämmern läßt, das aber durch Trink- und Gebrauchswasser leicht und stark angegriffen wird, besonders, wenn andere Metalle zugegen sind. Es ist verhältnismäßig säurebeständig, wird aber von Alkalien gelöst, z. B. durch Natronlauge unter Wasserstoffentwicklung. An der atmosphärischen Luft bedeckt es sich sofort mit einer hauchdünnen Oxydschicht, die es matt macht, aber gleichzeitig gegen den weiteren An-

griff der Luft schützt. Aluminium ist durch sein Vorkommen im Ton
als Aluminiumsilikat das verbreitetste Metall auf der Erde, dennoch
wurde es, da es nur auf elektrischem Weg bei hoher Stromdichte und
starkem Verbrauch an Elektrizität hergestellt werden kann, erst als
eines der allerletzten Metalle dem menschlichen Gebrauch zugänglich
gemacht. Es kostete das kg

      1854 . . . . 800 RM.
      1892 . . . . 5 RM. (Vervollkommnung der Methode und Einfüh-
                          rung der Elektrolyse).
      1909 . . . . 1,40 RM.
      Heute etwa . 1,— DM.

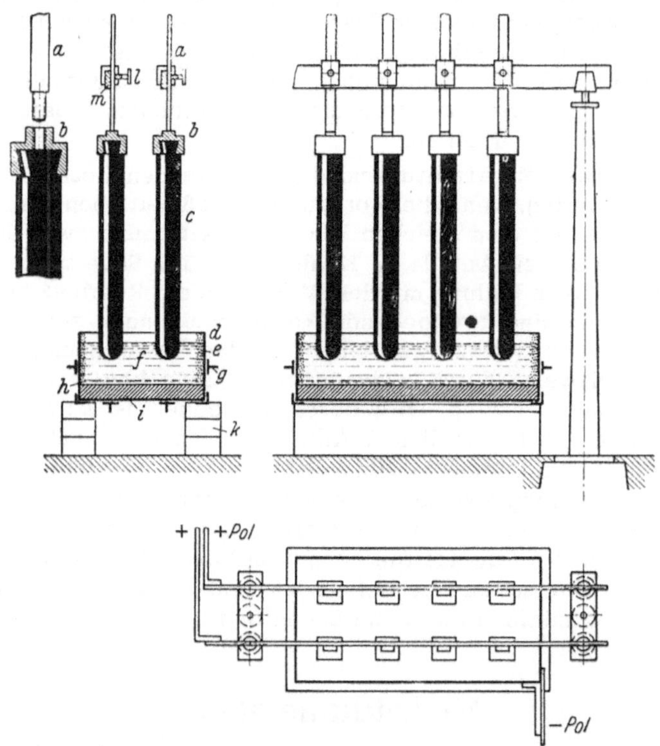

Abb. 56. Aluminiumherstellung aus Tonerde nach WINTELER.
a Kupferstangen; *b* Elektrodenhalter; *c* Kohleelektroden; *d* schmiedeeiserner Kasten; *e* erstarrte
Schmelze; *f* Schmelze; *g* Versteifung; *h* abgeschiedenes Aluminium; *i* Kohleboden; *k* Ziegel;
l Klemmen; *m* Stromzuführung.

In der Schmelze (*f*) aus Kryolith ist reine Tonerde (Al_2O_3) gelöst. Diese wird durch den
Stromdurchfluß gespalten in Aluminium (Al) und Sauerstoff (O). Der Sauerstoff verbrennt mit
dem Kohlenstoff der Elektroden (c) zu Kohlensäure (CO_2), die als Gas entweicht. Das Aluminium scheidet sich glühendflüssig unter der Kryolith-Schmelze ab (*h*). Die nötige Tonerde
kann aus Ton in beliebigen Mengen gewonnen werden.

Die Gewinnung des Aluminiums geschieht heutzutage ausschließ-
lich auf elektrolytischem Wege und zwar in folgender Weise[1]:

---

[1] Näheres siehe Ullmann: Enzyklopädie der technischen Chemie, 2. Aufl.
Bd. I S. 252, Abb. 96.

Die reine Tonerde, die man entweder aus Bauxit, neuerdings auch aus gewöhnlichem und in ungeheuren Mengen billig erhältlichen Ton (Lehm) gewinnen kann, wird in einem Bad von einem in der Glut flüssigen Salz gelöst. Das Bad befindet sich in einem Blechkasten, dessen Boden aus Kohle besteht, während in das Salzbad selbst mehrere Kohleelektroden in Reihen von 5—10 Stück oder mehr von oben eintauchen. Das Bad besteht in der Hauptsache aus Kryolith mit Zusatz von Flußspat oder anderen Flußmitteln und vermag 20 % reine Tonerde zu lösen. Durch dieses glühendflüssige Bad mit seinem Gehalt an gelöster Tonerde wird nun elektrischer Strom mit niederer Spannung von ungefähr 7 V geschickt. Die Ofenfütterung bildet die Kathode und auf ihr scheidet sich das glühendflüssige Aluminium bei einer Badtemperatur von ungefähr 800—900 ° ab; bei dieser Zerlegung des Aluminiumoxyds (Al_2O_3) in Aluminium (Al) und Sauerstoff (O) scheidet sich der Sauerstoff an der von oben her in das Bad eintauchenden Kohlenanode ab und verbrennt hier mit deren Kohlenstoff zu Kohlensäure, die entweicht. Die im Bad gelöste Tonerde wird also dauernd zu Aluminium reduziert und muß deshalb durch dauernde Zugabe von Tonerde ungefähr auf gleicher Höhe gehalten werden (Abb. 56). Die Elektroden verbrennen durch die Aufnahme des Sauerstoffs und sind deshalb von Zeit zu Zeit zu erneuern. Das glühendflüssige Aluminium wird durch Abstechen oder Herausschöpfen entnommen.

Verwendung. Neben der seit Jahren gebräuchlichen Verwendung zu Kochgeschirren, Feldflaschen u. dgl. wird neuerdings das Aluminium in größtem Umfang für das Nahrungsmittelgewerbe, für Isolation, Schutz gegen Feuchtigkeit, Flugzeugbau usw. herangezogen. Da es gelungen ist, durch Zusatz geringer Mengen anderer Metalle das Aluminium schweißbar zu machen und durch sonstige Zusätze die Qualität der Legierungen so zu verbessern, daß man diese sogar als Leitungsdraht (mit und ohne Stahlseele) für elektrischen Strom verwenden kann, ist der Anwendungsbereich des Aluminiums und des ähnlichen Magnesiums so erweitert, daß wir zweifellos einem Leichtmetallzeitalter entgegengehen. Denn wir sind ja imstande, Aluminium in beliebigen Mengen aus Tonerde zu gewinnen, wenn uns nur genügend elektrischer Strom zur Verfügung steht, während uns andere Metalle wie Kupfer praktisch unerreichbar sind. Über die wichtigsten Legierungen und ihre Zusammensetzung gibt die nebenstehende Zusammenstellung eine schnelle Übersicht.

Die zur Herstellung des Aluminiums nötige Tonerde wird aus tonerdereichen Gesteinen

Tabelle 12.

Legierungen des Aluminiums:

	Al	Si	Mg	Cu	Mn
Aldrey . . .	99,5	0,5	0,5	—	—
Aludur . . .	99,5	—	0,5	—	—
Duralumin . .	95,5	—	0,5	3	1
Lautal . . .	94	2	—	4	—
Elektron . .	9	—	90	0,5	0,5

(Bauxit) gewonnen, indem man diese glüht und auf diese Weise aufschließt und dann die Tonerde mit Säuren herauslöst. Neuerdings versucht man auch, gewöhnlichen Ton heranzuziehen, den man mit Kalk sintert. Es entstehen dadurch aus den Aluminiumsilikaten des Tones Kalkaluminate, d. h., das Aluminiumoxyd wird von einer Base, die es ja im Aluminiumsilikat darstellt der starken Base Kalk gegenüber, zu einem Säurerest und bildet „aluminiumsauren Kalk". Dieser ist in Wasser löslich und wird ausgelaugt. Die Auslaugung muß mit großen Mengen Wasser (wegen der geringen Löslichkeit des Kalkaluminats) erfolgen und schnell durchgeführt werden wegen der leichten Zerfallbarkeit des Kalkaluminats. Die Rückstände dieses Prozesses kann man unter Kalkzusatz zu Zement brennen.

Eigenschaften. Das spezifische Gewicht des Aluminiums ist 2,7. Die Festigkeit seiner Legierungen beträgt 38—42 kg je qmm. Die Drähte können bis zu großer Dünne ausgezogen werden. Wie die obige Zusammenstellung zeigt, bestehen alle Erzeugnisse mit über 94 % aus Aluminium (bzw. Magnesium). Die geringen Beimengungen anderer Metalle, wie Silicium, Magnesium, Kupfer und Mangan beeinflussen aber ähnlich wie bei Eisen die Eigenschaften des Aluminiums in sehr weitem Raum. Nach Mitteilung der Vereinigten Deutschen Metallwerke, Frankfurt a. M. ist die korrosionsbeständigste Legierung $MgMn_2$. Folgende Festigkeiten kommen für einige Legierungen in Frage (siehe nebenstehende Tabelle). Eine interessante Legierung ist auch das Elektron, welches nur 9 % Aluminium enthält, dafür aber zu 90 % aus Magnesium besteht. Wie stark der Leichtmetallverbrauch im Zuge der modernen Entwicklung auf den Kopf der Bevölkerung gestiegen ist, zeigt die umstehende Tabelle (Abb. 57).

Tabelle 13.

DIN-Bezeichnung	Zerreiß-festigkeit kg mm²	Bruch-dehnung %
$MgAl_3$ . . .	25—28	8 —12
$MgAl_6$ . . .	28—32	11 —16
$MgMn_2$ · · .	19—23	1,5— 5

Die Erzeugung und der Verbrauch ist in den folgenden 10 Jahren durch den Krieg und ein ungeheures Ansteigen der Aluminiumproduktion ganz erheblich beeinflußt worden.

Der Verbrauch wird zweifellos in dem angegebenen Sinne noch weiter steigen.

Für den Bauingenieur ergibt sich aus der Heranziehung des Aluminiums für seine Bauten eine aussichtsvolle Möglichkeit, Steinbauwerke durch Aluminiumfolien abzudichten und Bauwerksteile, Armaturen u. dgl. zur Gewichtserleichterung aus Aluminium herzustellen. Es ist kein Zweifel, daß durch den Ausbau unserer Wasserkräfte der Preis des Aluminiums noch sinken wird, da sein Preis in der Hauptsache bestimmt wird durch den Strompreis. Nach Mitteilung von Seebauer[1] sind zur Erzeugung von 1 t Aluminium 22 000 kWh Strom erforderlich. Auch Kalziumkarbid, Buna, Stickstoff und Edelstahllegierungen sind derartige „Elektrizitätsfresser", da der Aufwand für einige dieser Rohstoffe bis zu 30 000 kWh pro Tonne geht.

---

[1] Vgl. Umschau 1939, S. 140.

Die Verarbeitbarkeit des Aluminiums in technischer Beziehung ist ähnlich wie die von Eisen und Stahl. Es läßt sich schmelzen und gießen, pressen, walzen, prägen, ziehen, drücken und hämmern. Seine praktische Beständigkeit gegen Korrosion ist gut, es darf nur nicht mit. einem anderen Metall bei Gegenwart einer Flüssigkeit in Berührung kommen, da es sonst durch elektrolytische Vorgänge, wie das Zink in

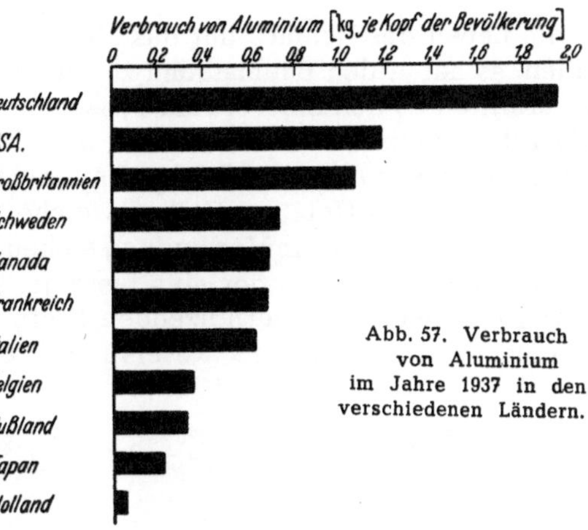

Abb. 57. Verbrauch von Aluminium im Jahre 1937 in den verschiedenen Ländern.

einer Taschenlampenbatterie gelöst wird. Deshalb muß beim Nageln von Aluminiumblechen auf Holz der Eisennagel von dem Aluminium durch ein Gummiplättchen od. dgl. getrennt werden[1].

B. Organische Baustoffe.

Die organischen Baustoffe sind entstanden durch Tätigkeit von Tieren oder Pflanzen und enthalten deren Erzeugnisse: Zellstoff, Harz, Leim usw. Meist ist Kohlenstoff in reduzierter Form, d. h. an Wasserstoff gebundener Form, ihr Hauptbestandteil. Allerdings ist Kalkstein auch durch die Tätigkeit von Lebewesen (Schnecken, Muscheln, Korallen) aufgebaut. Auch er enthält Kohlenstoff, aber in oxydierter Form als CO_2 (Kohlensäure) an Sauerstoff gebunden. Man nennt aber solche Verbindungen der Kohlensäure mit Kalk nicht organische Erzeugnisse, da sie nur noch ganz geringe Mengen von Kohlehydrat und Kohlenwasserstoff u. dgl. enthalten, die beim Sterben der Tiere zurückgeblieben sind.

Der wichtigste organische Baustoff ist das Holz. Holz können wir nicht „aufbauen" wie Beton, oder rein darstellen wie Eisen oder Aluminium, es muß „wachsen". Demgemäß ist der für uns hier wichtigste Abschnitt der Schutz gegen die Tätigkeit anderer Lebewesen, die es unter Kohlensäureentweichung zu vernichten drohen, gewidmet. Zur Abschließung dienen nicht nur Dachpappen und Kitte, sondern auch Anstrichfarben. Zur Aneinanderfügung von Holz dient weiter der Leim. Dementsprechend sind auch weiter besprochen Dachpappe, Leim und Kitt, sowie die so überaus wichtigen Anstrichfarben.

---

[1] Näheres vgl. Ullmann: Enzyklopädie der technischen Chemie, 2. Aufl., Bd. I, S. 246.

I. Holz[1].

Im Leben des Baumes hat das Holz verschiedene Aufgaben zu erfüllen, es hat 1. den Baumstamm zu bilden, der die Blätterkrone trägt, 2. vermittelt es den Saftverkehr zwischen dieser Blätterkrone und den Wurzeln, schließlich dient es noch 3. als Speisekammer für Reservestoffe, wie beispielsweise Stärke. Entsprechend dieser vielfachen Aufgabe besteht das Holz aus Zellen, welche hauptsächlich in der Längsrichtung miteinander in Verbindung stehen. Das Baumaterial der Zellen ist Zellstoff (Zellulose), der eine faserige Beschaffenheit hat; der Zellstoff ist durch einen verholzenden Stoff, das Lignin, starr gemacht. Eingelagert ist Stärke als Reservestoff, die uns hier nichts angeht,

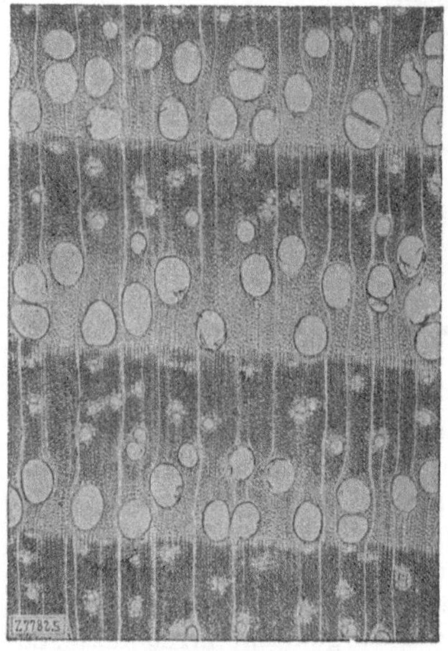

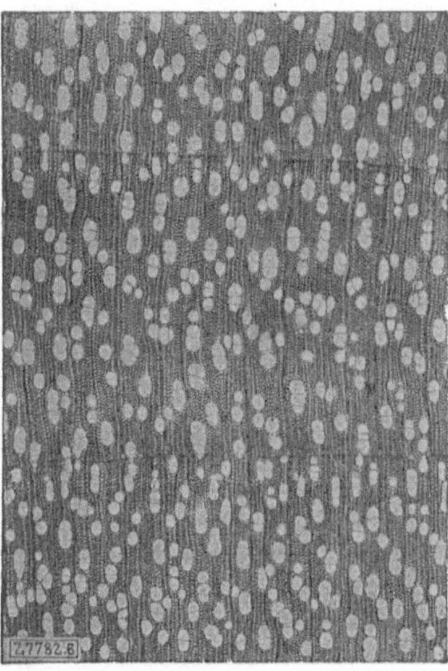

Abb. 58a u. b Mikroaufnahmen von Holzdünnschnitten
Abb. 58a und b aus: Kollmann: Stand der Wissenschaft vom Holz, VDI Zs. 1943, S. 738,

ebenso Harze und ähnliche Verbindungen. Da wir uns hier mit Baustoffen beschäftigen, interessiert uns vor allem die Standfestigkeit und die Beständigkeit des Holzes und ihre Beeinflußbarkeit.

a) Eigenschaften des Holzes.

Nach seiner chemischen Zusammensetzung besteht das Holz zur Hälfte aus Kohlenstoff. Im übrigen sind noch Wasserstoff und Sauer-

---

[1] Vgl. K o l l m a n n : Technologie des Holzes, Berlin: Springer 1936. — B a u m a n n : Das Holz als Baustoff. Aufbau, Wachstum, Behandlung und Verwendung für Bauteile. Zweite Auflage des gleichnamigen Werkes von L a n g unter Mitarbeit von G r a f , H a r s c h , H i m m e l s b a c h - N o ë l . — Vgl. auch Merkhefte der Deutschen Gesellschaft für Holzforschung (Zusammenfassung in Fofoba, Heft 4, Reihe B von M e t z). — K o l l m a n n : Stand der Wissenschaft vom Holz, VDI Zs. 1943, S. 737.

stoff vorhanden. Manche Hölzer haben außerdem noch geringe Mengen Gerbstoff, wie beispielsweise das Eichenholz, oder Farbstoffe, wie die sog. Farbhölzer, die zum Färben dienen. Die Asche des Holzes, welche nur ungefähr 3% der ganzen Substanzmenge beträgt, besteht zu einem Drittel aus Kaliumverbindungen, die bekanntlich, wenn sie in die heiße Flamme gehalten werden, diese violett färben. Daher die violette Verfärbung heißer Gasflammen beim Hineinhalten einer Zigarre.

Die Wasserdurchlässigkeit des Holzes ist entsprechend seiner Funktion als Leiter im Baumstamm in den verschiedenen Richtungen ganz verschieden. Während Wasser, das von der Stirnseite in das Holz eindringt, also in Richtung der Faser des gewachsenen Baumes, das Holz verhältnismäßig schnell zu passieren vermag, tritt Wasser quer zur Faser nur langsam durch das Holz hindurch, so daß man gequollenes Holz als wasserdicht bezeichnen und aus ihm Kübel u. dgl. herstellen kann, vorausgesetzt, daß die Wassereinwirkung quer zu den Leitungsbahnen erfolgt. Man betrachtet die Zellulose und das Lignin sowie die zuckerartigen Stoffe, die noch außerdem vorhanden sind, als Gele. Solche Gele haben ein erhebliches Absorptionsvermögen, also ein Aufsaugungs- und Festhaltungsvermögen für Salze, außerdem eine erhebliche Quellbarkeit, deshalb schwinden sie beim Austrocknen, quellen aber bei der Befeuchtung unter Raumvergrößerung wieder auf. Die hierbei auftretenden Kräfte sind so groß, daß die Alten durch ausgetrocknete Holzkeile, die sie nach dem Eintreiben mit Wasser begossen, Steine sprengten.

Austrocknung vermag die im grünen Holz enthaltene Feuchtigkeit von rd. 50% auf 10% zurückzudrängen. Solches Holz wiegt dann nur noch die Hälfte von Wasser, quillt aber in diesem Wasser sehr schnell wieder auf, weil die Gele Wasser aufnehmen und dabei eine mehr schwammige Beschaffenheit annehmen. In trockener Luft schwindet dann das Holz wieder, wobei die Schwindung soweit gehen kann, daß die Struktur zerstört wird und das Holz zerreißt. Abwechselndes Schwinden und Quellen nennt man „arbeiten". Höhere Temperaturen, wie beispielsweise 120°, verdrängen zunächst den Feuchtigkeitsrest von 10% bei luftgetrocknetem Holz, bei 175° fängt das Holz an, sich zu zersetzen, um bei 250° zerstört zu werden. Bei dieser Zerstörung (trockene Destillation bis zu 400°) entweicht Kohlensäure, Kohlenoxyd, Holzessig, Grubengas u. dgl.

Chemischen Agenzien gegenüber verhält sich das Holz verschieden. Die Luft bleicht zwar das Holz zu grauer Farbe, vermag es aber, wenn es in dicken Schichten vorliegt, nicht zu zerstören. In dünnen Schichten erliegt es der Einwirkung allerdings sofort, wie das schnelle Mürbwerden von Papier, das ja in der Hauptsache aus Holzstoff besteht, an der Sonne zeigt.

Säuren zerstören das Holz bald, hauptsächlich wenn sie konzentriert sind, oder wenn die Temperatur über 40° ansteigt. Hierbei wird die Zellulose verändert und in Hydrozellulose verwandelt (Wasseraufnahme, Hydrierung). Auch verdünnte Säuren zerstören bei höheren Temperaturen und bei Druck die Zellulose und verwandeln sie in Zucker: Holzverzuckerung, die zweifellos zur Herstellung von Nahrungsmitteln und von Alkohol aus Holz in Zukunft große Bedeutung erhält (Scholler, Bergius).

Salze werden häufig verwendet, um das Holz gegen Bakterienfraß, Wurmfraß oder Verfaulung zu schützen; sie verändern, vorausgesetzt, daß es nicht saure Salze sind, das Holz nur unwesentlich. Oxydationsmittel dagegen verbrennen das Holz, ähnlich wie Feuer, auch wieder unter Bildung von Säuren, wie Essigsäure.

b) Zerstörung des Holzes.

Besonders wichtig ist die Holzzerstörung durch Pilze, im minderen Grade auch durch Lebewesen, wie Holzwürmer und Larven von Holzwespen. Bei der Fäulnis unterscheidet man zwischen Destruktions- und Korrosionsfäule.

Bei der Destruktionsfäule bleibt der Bau des Holzes völlig erhalten, das Holz wird aber mürbe und leicht zerstörbar, bei der Korrosionsfäule geht die Zellstruktur verloren und es treten Hohlräume auf. Als Beispiel der Destruktionsfäule seien die bekannten großen Zerstörungen, veranlaßt durch Trockenfäule, erwähnt, welche dann auftritt, wenn von den diese Fäule veranlassenden Pilzen befallenes Holz so eingebaut wird, daß es nicht trocknen kann, z. B. unter Linoleum. Man lasse deshalb stets einem Fußboden genügend Zeit zum Trocknen, wenn man gezwungen war, ihn aus „grünem" Holz herstellen zu lassen und eile nie mit dem Aufbringen von Linoleum oder Anstrich. Kurze, beim Bau ersparte Zeiträume können die Ursache für sehr teure, zeitraubende Reparaturen sein. Von Trockenfäule befallenes Holz wird, ohne seine Form zu ändern, mürbe. Es sieht trocken aus, macht keineswegs einen nassen Eindruck und zerfällt bei geringer mechanischer Beanspruchung. Möbel auf Linoleum „brechen ein" wie in eine mürbe Eisdecke. Die Zerstörung kann in 1 bis 2 Jahren eine völlige sein.

Als Beispiel für die Korrosionsfäule sei verwiesen auf die Zerstörung durch den berüchtigten Hausschwamm. Dieser kommt wesentlich seltener vor als die Trockenfäule, wirkt aber dann auch um so energischer, er vermag das Holzwerk eines vielstöckigen Hauses in wenigen Jahren völlig zu vernichten. Besonders bemerkenswert bei der Zerstörung durch den Holzschwamm vom chemischen Standpunkt ist die Tatsache, daß dieser die Zellsubstanz in der Weise abbaut, daß er aus ihr Wasser frei setzt, so daß beim Befallen des Holzes durch den gewöhnlichen Hausschwamm wieder Wasser gebildet wird, welches ihm, da er Wasser zu seinem Leben braucht, eine geradezu unbegrenzte Lebensdauer sichert. Der Hausschwamm ist besonders leicht übertragbar, seine Sporen bleiben ein Jahr am Leben und können infolge ihrer Leichtigkeit schon durch einen Luftzug, durch Stiefel, Hände usw. verschleppt werden. Bei der Wiederherstellung eines mit Hausschwamm befallenen Hauses müssen deshalb die befallenen und benachbarten Balken möglichst an Ort und Stelle sofort verbrannt werden, die Neuauflagefläche für neue Balken ist mit Teer gut anzustreichen und auf diese Weise zu desinfizieren, es darf nur imprägniertes Holz verwendet werden. Nach meinen Erfahrungen ist es in solchen Fällen sogar zweckmäßig, eine Steineisendecke an Stelle einer Holzdecke einzuziehen, um gegen alle Rückschläge gesichert zu sein.

Tierische Schädlinge sind die bekannten Holzwürmer, die wegen des Klopfens, das sie bisweilen im Holz hervorrufen, welches natürlich in stillen Nächten von wachenden Kranken leicht gehört wird, als Totenuhren bezeichnet werden. Solche Holzwürmer kommen hauptsächlich in Frage in Möbeln, die sie völlig zu zerfressen vermögen. Die Zerstörung ist von außen nicht zu erkennen, da die Holzwürmer die Anbohrung der obersten Schicht vermeiden. Gute Erfahrungen zur Beseitigung dieser Holzwürmer habe ich gemacht mit der Einspritzung in das Holz von einer Mischung von Aceton oder Benzol und Benzin (Achtung! Feuergefährlich!). Auch Schwefelkohlenstoff vermag hier zu helfen, wenn die Geruchsbelästigung nicht befürchtet wird. Die Einspritzung muß aber in zahlreiche Bohrlöcher erfolgen und wiederholt werden, so daß auch die Puppen erfaßt werden.

Abb. 59. Beispiel einer Zerstörung durch Holzbock: Der Holzbock zerfrißt das Holz. Er tritt in letzter Zeit in steigendem Maße auf. Da die Oberfläche zunächst intakt bleibt, werden leicht Zerstörungen bei Festigkeitsuntersuchungen erst später entdeckt[1]. Abhilfe ist nur möglich durch Vergiftung des Holzes.

folgen und wiederholt werden, so daß auch die Puppen erfaßt werden. Die in dieser Weise behandelten Hölzer werden nicht weiter zerstört, besonders wenn neue Infizierungen vermieden werden.

In neuerer Zeit breitet sich der Hausbock in zunehmendem Maße aus, gegen den ein energischer Kampf geführt werden muß[2]. Man be-

---

[1] Über die Zerstörung durch den Hausbockkäfer (Hylotrupes bajalus L.) vgl. Madel: Speckkäferlarven zerstören Holz- und Mauerwerk. Bautenschutz 1939, S. 12.

[2] Hespeler: Neuere Erfahrungen in der Hausbockbekämpfung, Bauing. 1938, S. 283.

kämpft den Hausbock entweder mit Heißluft oder mit Blausäure. Die Vergasung darf aber nur von Fachleuten vorgenommen werden, da Blausäure ebenso giftig ist wie Zyankali und bereits unter Umständen ein Atemzug genügt, um einen Menschen zu töten. Allergrößte Vorsicht ist daher geboten (Abb. 59). Besonders großer Schaden wird auch durch Bohrfraß von Muscheln, die wurmgleich bis zu 40 cm lang, und am Kopf mit Platten aus kohlensaurem Kalk versehen sind, angerichtet. In wenigen Jahren vermögen diese „Muscheln", die gar nicht mehr aussehen wie Muscheln, sondern wie Würmer, große Landungsbrücken zu zerstören. Abhilfe bringt nur Beseitigung bereits befallener Hölzer, da die Vernichtung der Tiere unmöglich ist. Am besten hat sich als Vorbeugungsmaßnahme bei uns die Anwendung von Hölzern aus den Tropen bewährt. Diese Hölzer werden aber von tropischen Bohrmuscheln in den Heimatorten dieser Hölzer gleichfalls vernichtet. Anstriche sind zwecklos, dagegen ist Beschlagen mit Nägeln in kurzer Entfernung, und vor allen Dingen Imprägnierung mit Teerölen von Vorteil. Die in den Seehäfen von Bohrmuscheln verursachten Schäden gehen jährlich in die Millionen; allein in San Franzisko belief sich der Schaden in den Jahren 1917 bis 1921 auf 25 Mill. Dollar[1].

Bei Einwirkung von Feuer zerfällt das Holz wieder in seine ursprünglichen Bestandteile: Kohlensäure und Wasser. Holz wird bekanntlich gebildet unter der Einwirkung von Chlorophylls der Blätter, aus der Kohlensäure (CO_2) der Luft und dem Wasser aus der Erde. Die Pflanze setzt aus der Kohlensäure den Sauerstoff in Freiheit, der ausgeatmet wird, während der Kohlenstoff mit Wasser (H_2O) sich zu dem Kohlehydrat, der Zellulose, dem Hauptbestandteil des Holzes ($C_6H_{10}O_5$ xmal) verbindet, das also nach seiner Formel ähnlich zusammengesetzt ist wie z. B. Zucker ($C_6H_{12}O_6$). Aus diesem Grunde kann ja auch durch bestimmte Verfahren die Zellulose aufgespalten und in Zucker verwandelt, also verzuckert werden. Bei Einwirkung des Feuers bildet sich nun wieder unter Zutritt des Sauerstoffs aus der Luft Kohlensäure (CO_2) zurück, gleichzeitig Wasser aus dem Wasserstoffanteil, und es bleiben nur diejenigen anorganischen Substanzen in der Asche zurück, welche das Holz neben dem Zellstoff enthielt und aus der Erde durch die Wurzeln aufgenommen hat. Bei unvollkommener Verbrennung, also bei Luftmangel, verbrennt ein Teil des Kohlenstoffs nicht und bildet Holzkohle.

c) Schutz des Holzes.

Der Schutz von Holz gegen Fäulnis und Feuer ist selbstverständlich bei der Empfindlichkeit dieses Baustoffes gegen die genannten Einflüsse von großer Wichtigkeit[2].

---

[1] Roch: Holzfressende Muscheln als Großschädlinge, Umschau 1938, S. 1128 — Vgl. auch Bärenfänger: Biologische Faktoren bei Unterwasseranstrichen im Meer, Angew. Chem. 1939, S. 72.

[2] Vgl. auch: Der Schutz feuchten Holzes im Bau, Baumarkt 1938, S. 1268 und 1293. — Mörath: Holzschutz, Holzverbindungen und holzsparende Bauweisen, Bautechn. 1938, S. 645. — Holzschutz im Hochbau, Berlin: Bauwelt-

Die Maßnahmen zum Schutze des Holzes gliedern sich in solche, die es entweder vor Fäulnis oder vor Feuer schützen sollen.

Die erste Vorbedingung für die Haltbarkeit des Holzes ist die möglichst weitgehende Herabdrückung der Menge solcher Substanzen, welche die Fäulnis befördern. Man schlägt das Holz deshalb in der Zeit, in der es möglichst saftarm ist, oder läßt es, wenn es im Sommer geschlagen wird, belaubt liegen, damit möglichst weitgehend die in Lösung befindlichen Eiweißstoffe und sonstigen Salze des Holzsaftes aus dem Holz entfernt werden.

Als weitere Maßnahmen kommen in Betracht die Fernhaltung der Luft durch entsprechende Schutzschichten oder die Vergiftung des Holzes, damit es den Lebewesen, die es zerstören, nicht mehr zur Nahrung dienen kann. Zur Abschließung von der Außenwelt mit all ihren Schädlichkeiten kommen entweder in Betracht verschiedenartige Schutzschichten, wie Metallbeschlag oder Anstrich. Unter Luftabschluß befindliches Holz hält sich geradezu unbegrenzte Zeit. Man hat aus Kiesgruben 100 000 Jahre alte Baumstämme ausgegraben, die noch vollkommen erhalten gewesen sind. Ebenso bekannt ist die Tatsache, daß Pfähle, auf denen altertümliche Bauwerke ruhen, solange unversehrt bleiben, als sie sich ganz unter Wasser befinden.

Die Senkung mittelalterlicher Bauwerke durch Verfaulen der Holzpfähle, auf welchen sie gegründet sind, in neuerer Zeit ist darauf zurückzuführen, daß infolge des großen Bedarfes der Großstädte an Wasser der Grundwasserspiegel absank und die Köpfe der Pfähle der Luft ausgesetzt wurden; nachdem sie unter Wasser jahrhundertelang sich unversehrt gehalten hatten, gingen sie erst jetzt durch den Luftzutritt schnell zugrunde, da nunmehr die Lebensbedingungen für die Zerstörungspilze geschaffen waren.

Ein neues Mittel gegen den so überaus schädlichen Bohrwurm empfiehlt das dänische Wasserbaudirektorium: Die Oberfläche des Holzes wird angebrannt und angekohlt und dieses so vorbehandelte Holz in Teer, der mit Zement gesättigt ist, einige Zeit gekocht. Nach kurzer Lufttrocknung kann das Holz dann unter Wasser eingebaut werden. Auch Einrammen ist zulässig, da die Schale aus Teer und Zement sehr zäh ist, das Rammen aushält und für Bohrwürmer undurchdringlich ist. In der Schale soll dann der Zement weiter hydratisieren[1].

d) Schutz gegen Fäulnis[2].

Der Schutz gegen Fäulnis kann in zweierlei Weise vorgenommen werden, entweder durch den gewöhnlichen Anstrich oder durch Imprägnierung.

Verlag 1939. — Wagner: Der Schutz des Bauholzes, Baumarkt 1940, S. 490. — Holzschutzmittel. Prüfung und Forschung. Herausgegeben vom Präsidenten des Staatl. MPA Berlin-Dahlem, Berlin 1940.

[1] Vgl. Beton- und Stahlbetonbau 1943, Heft 19/20, S. 151. — „Ein Schutzmittel gegen den Bohrwurm", aus Ingeniren 1942, Nr. 82.

[2] Mahlke-Troschel: Handbuch der Holzkonservierung, Berlin 1928.

Der Anstrich wird in den meisten Fällen durchgeführt mit Ölfarben, die auf Leinölbasis beruhen. Diese Anstriche bestehen also
einerseits aus Leinöl oder ähnlichen Ölen, andererseits aus dem Pigment. Das Pigment hat die Aufgabe, den Anstrich zu färben und ihn
dadurch lichtundurchlässig zu machen. Diese Lichtundurchlässigkeit
ist notwendig, um bei der Bestrahlung des Anstriches durch Sonnen-
licht die inneren Anstrichteile vor der Zerstörung durch das Licht zu
schützen. Es handelt sich bei dieser Art von Schutz nur um einen einfachen Abschluß durch einen Überzug, der im Laufe der Zeit zugrunde
geht und deshalb häufig wiederholt werden muß. Will man höchste
Beständigkeit erreichen, so ist es zweckmäßig, beim Bau die zu ver-
wendenden Hölzer an den Stößen bereits vor der Verbauung mit Leinöl (oder Karbolineum u. dgl.) zu streichen. Die Lebensdauer wird dadurch stark hinaufgesetzt. Ein derartiger Leinölanstrich wird zweckmäßig bereits auch angebracht, bevor man mit pigmentversetztem
Leinöl, also mit der fertigen Ölfarbe streicht. Außer den gewöhnlichen
Leinölanstrichen gibt es noch Nitro-Zelluloseanstriche und Emulsionen.
Näheres über Anstriche s. S. 194.

Die Imprägnierung ist im allgemeinen wirksamer als der Anstrich, wenn sie auch dem Holz nicht das gleiche schöne Aussehen
verleiht. Sie kann entweder durchgeführt werden mit Ölen, die das
Wasser fernhalten, oder mit wässerigen Flüssigkeiten, in welchen
ein Gift gelöst ist, wie beispielsweise Sublimat, welches dann die
Lebenstätigkeit der das Holz zerstörenden Pilze und Schwämme unter-
bindet. Als Imprägnieröle dienen destillierte Teeröle, Braunkohlen-
Teeröl-Derivate, Karbolineum und Holzteer. Als wässerige Imprägnierflüssigkeit kommen Sublimat, also Quecksilberchlorid („Cyanisieren"),
Kupfersalze u. dgl. in Betracht. Der wichtigste Teil beim Imprägnieren
ist das Verfahren, mit dem die Imprägnierflüssigkeit dem Holz zuge-
leitet wird. Beim einfachen Anstrich wird nur die oberste Schicht des
Holzes erfaßt. Der Kern bleibt nicht imprägniert und wird infolgedessen nach wie vor leicht zerstört. Auch einfaches Einlegen ist nur
von geringem Erfolg begleitet. Wesentlich wirksamer sind deshalb
diejenigen Verfahren, bei welchen das Holz durch und durch mit der
Imprägnierflüssigkeit getränkt wird.

Einige Verfahren der Imprägniertechnik seien, da sie von allge-
meinem Interesse sind, kurz geschildert.

Durchtränkung der Holzstämme wird dadurch erreicht, daß man
diese an einer Rohrleitung wasserdicht durch Muffen anschließt, welche
mit einem ungefähr 10 m hohen aufgestellten Gefäß, in dem sich die
Imprägnierflüssigkeit befindet, verbunden ist. Nach 14 Tagen sind die
Stämme durchtränkt. Der Verbrauch an Lösung ist hierbei aber sehr
groß. Der gleiche Übelstand ist vorhanden beim Vollimprägnierver-
fahren, bei welchem man die Holzteile in ein hohes Vakuum bringt,
in welchem sie in der Imprägnierflüssigkeit untergetaucht liegen. Bei
Herstellung des normalen Luftdruckes wird diese dann in die Stämme
eingepreßt und so völlig verbraucht. Zweckmäßiger ist es deshalb, zu-

erst das trockene Holz einem Luftdruck von 4 atü auszusetzen, bis es sich völlig mit Luft von diesem Druck gefüllt hat, dann unter noch höherem Druck die Imprägnierflüssigkeit einzupressen (6 atü) und

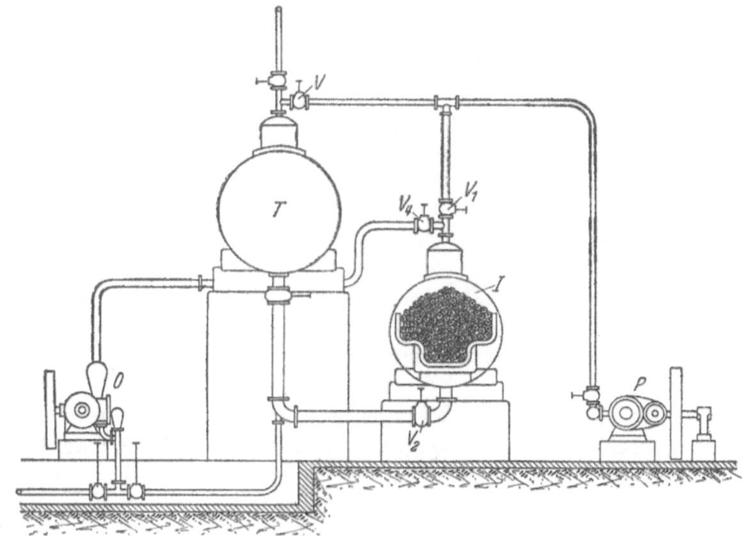

Abb. 60. Holzimprägnierung. Das Holz wird in einem geschlossenen Kessel zunächst unter Druck gesetzt, um die Poren mit der Luft zu füllen. Darauf wird die Imprägnierflüssigkeit unter Beibehaltung des Druckes aus dem Kessel T zugelassen und der Druck dann erhöht. Durch die Erhöhung des Druckes wird die Imprägnierflüssigkeit unter Zusammenpressung der bereits im Holz befindlichen Luft in das Holz gedrückt. Bei der dann folgenden völligen Aufhebung des Druckes preßt die im Holz wie eine Feder zusammengedrückte Luft die Imprägnierflüssigkeit wieder aus dem Holz heraus; die geringen zurückbleibenden Mengen genügen zum Schutz des Holzes. Würde man die Imprägnierung ohne vorherige Unter-Drucksetzung des Holzes vornehmen, so würden viel zu große Mengen Imprägnierflüssigkeit in dem Holz zurückbleiben, das Verfahren zu teuer und das Holz zu naß werden.

schließlich den Druck aufzuheben. Hierbei wirkt die vorher eingepreßte Luft wie eine Feder, die komprimiert war, und drückt die Imprägnierflüssigkeit, die auf diese Weise größtenteils zurückgewonnen wird, wieder aus dem Holz heraus. Die Imprägnierung der Holzzellen mit dem Gift genügt hierbei vollkommen, um seine lange Beständigkeit zu gewährleisten (Abb. 60). Durch diese Art der Imprägnierung steigt die Lebensdauer verschiedener Hölzer wie folgt:

Für Eisenbahnschwellen Kiefer von 5 Jahre auf 18 Jahre, für Eiche von 13 auf 25 Jahre, für Buche von $2^1/_2$ auf 30 Jahre, für Telegrafenstangen von 8 auf 15 Jahre bei Cyanisierung, auf 21 Jahre bei Steinkohlenteerimprägnierung, für Grubenhölzer von 1 Jahr auf 6 Jahre.

Die Kosten für Grubenhölzer 1 m³ einschließlich Einbaukosten fallen also beispielsweise durch Fluornatrium-Imprägnierung von 48 DM auf 9,35 DM[1].

Selbstverständlich bieten diese Imprägnierverfahren auch Schutz gegen den gefährlichen Wurmfraß.

---

[1] Vgl. Ullmann: Enzyklopädie der techn. Chemie, 2. Aufl., S. 164.

Als ausgezeichnetes Holzschutzmittel hat sich das Karbolineum[1], das Avenarius erfunden hat, erwiesen. Dieses hat sich dem Steinkohlenteer, den man auch häufig benutzt, als überlegen erwiesen. Karbolineum wird aus Anthraceenöl, das selbst ein Destillationsprodukt des Steinkohlenteers ist, hergestellt. Karbolineum kann auf das Holz sofort durch Anstrich oder Eintauchen aufgebracht werden, vorausgesetzt, daß das Holz trocken ist.

e) Schutz gegen Schadenfeuer[2]·

Als Verbrennungsschutz sei zunächst angeführt die Ummantelung des Holzes durch Rabitzputz u. dgl., weiter seine Tränkung. Als Tränkungsmittel ist am bekanntesten Wasserglas, welches das Holz schwer entflammbar macht. Weiter werden noch herangezogen Ammonsalze, kohlensaure Salze, die bei Erhitzung Kohlensäure und andere unbrennbare Gase abgeben und so die Entflammung hinauszögern, und schließlich schmelzende Salze, wie Borsalze, die einen dünnen Überzug hervorbringen.

Bereits im Altertum bekannt waren weiter Alaunarten, die mit hohen Anzahlen von Molekülen an Kristallwasser kristallisieren, also Wasser festhalten und dieses bei der Verbrennung wieder abgeben; nach Art des Leidenfrostschen Phänomens (Tanzen eines Wassertropfens auf einer glühenden Herdplatte) wird so das Holz mit einer die Hitze schwer leitenden Dampfhülle umgeben und so vor der Entflammung einige Zeit geschützt.

Allen diesen Mitteln ist gemeinsam, daß sie bei höheren Temperaturen auf die Dauer versagen, also die Inbrandsetzung des Holzes nur hinauszögern, nicht aber bei hoher Hitzeeinwirkung (Thermitbomben) verhindern können. Gewisse Fortschritte sind hier in den letzten Jahren erreicht worden, wenn man nämlich durch und durch das Holz in der oben beschriebenen Weise mit den genannten Salzen imprägniert und nicht nur von außen anstreicht.

II. Asphalt, Bitumen, Teer, Pech.

Diese oft mit dem Sammelnamen „bituminöse Massen" bezeichneten organischen Baustoffe von durchweg dunkler Farbe haben alle folgendes gemein:

---

[1] Vgl. Moll: Karbolineum als Holzschutzmittel, Holz-Zentralbl., Stuttgart 1939, Nr. 54. — Der Name „Carbolineum" ist vom Erfinder Avenarius geprägt, das Wort ist aber infolge Fehlens eines Wortschutzmarken-Gesetzes nicht geschützt und ging deshalb in den Gebrauch für viele Stoffe über, die teilweise für die Holzkonservierung weniger tauglich sind. Beim Einkauf von Carbolineum ist deshalb Vorsicht geboten (vgl. Taschenbuch des chemischen Bautenschutzes, Wissenschaftl. Verlags-Ges. m.b.H., Stuttgart, 2. Aufl. 1943).

[2] Vgl. auch Nowak: Der Feuerschutz des Holzes und seine Prüfung, Mitt. Wiener Städt. Prüfanst. Baustoffe 1938, Folge 1. — Walz: Putz- und Holzbehandlung durch Anstrich, Fofoba Reihe A, Heft 1. — Metz: Einheitsfeuerschutzmittel für Holz, Fofoba Reihe A, Heft 3. — Ikert: Die Fluorbestimmung in der Holzkonservierungstechnik, Chem. Ztg. 1939, S. 754.

1. Sie werden bei Erwärmung weich. Wissenschaftlich ausgedrückt heißt dies: Sie haben keinen bestimmten Schmelzpunkt wie Eis, wenn es sich in Wasser verwandelt (0°), sondern der Übergang vom festen in den flüssigen Zustand erfolgt allmählich. Sie haben also einen Erweichungspunkt.

2. Auch in „festem" Zustand haben sie noch eine gewisse „Plastizität" oder Formbarkeit. Sie sind also gar nicht ganz fest, wie z. B. Stein oder Stahl oder erhärteter Zement, sondern sie haben stets noch eine gewisse „Fließbarkeit". Daraus ergibt sich ein gewisses „Anpassungsvermögen". In einem Belag entstandene Risse vermögen noch „zuzuwachsen". Unter Druck, z. B. bei Straßendecken, werden sie nicht zertrümmert, sondern im Gegenteil durch den Wagenverkehr noch verdichtet.

3. Sie bestehen aus organischen schwarzen (selten braunen) Massen von harzartiger Beschaffenheit und stellen Gemische von vielen verschiedenen Kohlenwasserstoffen dar. Diese haben verhältnismäßig große Moleküle, die vermutlich sehr lang sind (in der Form von Regenwürmern) und deren Form die eigentlichen physikalischen Eigenschaften bedingt.

4. Das Hauptverwendungsgebiet ist neben Bitumen- oder Teerpappenherstellung (S. 180) und Dichtung (S. 123 u. 181) der Straßenbau.

Das Wesen der mit den oben genannten Bitumina usw. hergestellten Straßendecken besteht darin, daß Gesteinstrümmer (Basalt, Granit, Hochofenschlackensplitt) mit organischen harzigen Stoffen, den Bitumina, dem Pech oder dem Teer zu einer Art „Beton" verkittet werden. Richtig hergestellte Straßen sind griffig, beständig und fest, falsch hergestellte glatt, rissig oder weich und unbeständig.

Alle hier genannten Bitumina, Teere und Peche haben das eine verwandte, daß sie brennbar sind, dunkel, meist schwarz aussehen und chemisch ähnlich aufgebaut sind. Sie haben sich aus organischen Stoffen gebildet, ähnlich wie Kohle, sind deshalb stark kohlenstoffhaltig und enthalten den Kohlenstoff in Form von Kohlenwasserstoff. Man unterscheidet Asphalt, Straßendeckenteere, Kaltteere und Emulsionen.

Es gibt ganz harte und spröde Asphalte, ebenso mehr zähflüssige. In der Natur vorkommende Asphalte sind häufig mit Mineralien gemischt. Der Mineralienanteil wird oft so hoch, daß er den Hauptbestandteil der Masse ausmacht. Die letzteren Asphaltgesteine werden nicht durch Destillation weiter verarbeitet, sondern sie kommen unmittelbar in gemahlenem Zustand, hauptsächlich für Straßendeckenherstellung, zur Verarbeitung: Stampfasphalt (mit Bitumen angereichert verwendet man sie besonders als Gußasphalt)

a) Bitumen und Asphalt. 1. Bitumina sind die schwarzen klebrigen Massen, welche bei der Destillation von Naphta (Erdöl) zurückbleiben.

2. Asphalte sind mit Mineralstoffen (Gestein) gemischte Bitumina und zwar kommen die Naturasphalte in der Natur vor mit sehr stark wechselndem Gehalt an organischer Substanz.

Zu 1. Je nach der Beschaffenheit des Rohöls und der Verarbeitungsweise entstehen weiche bis harte Bitumina. Der Erweichungspunkt ist
also ganz verschieden. Er beeinflußt ausschlaggebend die Verarbeitung und die Eigenschaften. Weiche Bitumen entstehen bei gewöhnlicher Destillation, härtere bei Hochvakuumdestillation. Weiche Bitumina kann man durch Durchleiten von Luft in härtere verwandeln und
so durch Oxydation ihnen besondere Eigenschaften geben.

Verschnittbitumen sind mit Steinkohlenteeröl u. dgl. vermischte
und so in der Viskosität erniedrigte Bitumina[1].

b) Teer und Pech. Diese werden bei der Verkokung von Steinkohle
gewonnen. Die als Qualitätsbezeichnung meist zugefügten Zahlen-
angaben bedeuten die Zähigkeit im Straßenteerkonsistometer mit
10-mm-Düse. Die Annahme, daß sich für Abdichtungsstoffe nur Substanzen auf Bitumen-Grundlage eignen, ist unrichtig, auch auf Teerpechgrundlage lassen sich ausgezeichnet derartige Fabrikate herstellen. Ausführliche Angaben finden sich in den „Vorläufigen technischen Lieferbedingungen für Abdichtungsstoffe auf Teerpechgrundlage zu Ingenieurbauwerken", Drucksache 83 508 des Reichsbahn-
Zentralamts, Finanzbüro Berlin.

c) Straßendeckenteer. Den Teer kann man veredeln durch Abdestillation der leicht siedenden Bestandteile. Er wird dann zäher, je
nach dem Grad der einwirkenden Temperaturen. Auch verdünnen
kann man die Teere dadurch, daß man ihnen Steinkohlenteeröle bei-
mischt, ebenso kann man sie dicker machen durch Pechzusatz u. dgl.
Pech bleibt zurück bei Abdestillation der Teere (Pflastervergußmasse
ist ein Mischprodukt der Verarbeitung von Teer oder Bitumen mit
Gesteinsmehl, welch letzteres man zusetzt, um das Produkt dick-
flüssiger und beständiger zu machen).

d) Kaltteere. Kaltteere sind Teere mit oder ohne Zusatz von Flux-
mitteln (leicht siedenden Öle), welche nach der Verarbeitung verdunsten und dickflüssigen Teer zurücklassen. Auch verharzende Stoffe
werden zugesetzt, die dann die Dickflüssigkeit durch chemische Umlagerung erzwingen.

e) Emulsionen. Emulsionen sind feinst verteilte Aufschwemmungen
von Bitumen u. dgl. in Wasser, die für Anstriche, Straßenbau usw. verwendet werden (vgl. S. 194).

Da alle Bitumina, Peche und Teere besonders für Straßenbau verwendet werden, sei im nachfolgenden die Straßenherstellung kurz geschildert, da sie den besten Überblick über das Wesen und die Eigenschaften und die Verarbeitungsweise der Teere gibt.

Die Herstellung von Belägen, für Straßen, Flugplätze, Dächer usw.
erfolgt in drei hauptsächlichen Bauweisen:

---

[1] Vgl. D e u b n e r : Abdichtungsstoffe auf Teerpechgrundlage für Ingenieurbauwerke der Reichsbahn, Bauindustrie 1943, Nr. 10, S. 263. — G r ü n
und O b e n a u e r : Die Einwirkung von Bitumenzusatz auf Beton, Betonstr.
1940, S. 53. — M a l l i s o n : Über die Beurteilung der Haftfestigkeit bitumi-
nöser Bindemittel auf Gestein bei Wassereinwirkung, Bitumen 1940, S. 97.

1. Im Kalteinbau durch Mischung von Kaltteeren mit dem **Zuschlag** auf der Baustelle oder durch Aufwalzen von geteerten oder bituminiertem Splitt in mehreren Lagen.

2. Im Heißeinbau durch Verdichten oder Vergießen (Walzasphalt, Teerasphaltbeton, Gußasphalt) von heißem Rohmaterial.

3. Durch Verwendung von Emulsionen aus Wasser und Bitumen u. dgl.

Zu 1. **Kalteinbau.** Für den Kalteinbau kann die Mischung des Gesteinsmaterials mit dem Bindemittel auf der Baustelle vorgenommen werden, wenn man Kaltteere verwendet (Abb. 61).

Abb. 61. Mischen des Kaltteers mit dem Zuschlag aus Gesteinssplitt beim Straßenbau.

Die Kaltteere sind Teere mit verschiedenen Zusätzen, deren Festwerden nach dem Einbau entweder auf physikalischer oder auf chemischer Grundlage beruht.

a) Auf physikalischer Grundlage werden diejenigen Kaltteere fest, die hergestellt sind aus Teer (mit oder ohne Zusatz von Bitumen mit leicht siedenden Ölen [Fluxmittel]). Nach dem Einbau verdunsten die letzteren, es handelt sich also um einen Trocknungsvorgang.

b) Auf chemischen Umsetzungen beruht das Starrwerden der anderen Gruppe von Kaltteeren, welche Zusätze enthalten, die sich polymerisieren und verharzen. Hier handelt es sich also um einen Vorgang ähnlich dem Trocknen von Ölfarbe.

Der Mischung auf der Baustelle wird oft die Aufbereitung des Gesteinsplitts in der Fabrik vorgezogen (Abb. 62). Dieser wird dann überzogen mit einer Pech- oder Teerschicht geliefert und kann an Ort und Stelle in mehreren Lagen aufgebracht und jeweils durch Walzen verdichtet, verarbeitet werden. Die letztere Arbeitsweise ist einfacher und sicherer, da sich der Straßenbauer weder um das richtige Mischungsverhältnis Teer-Splitt, noch um die genügend starke und dichte Umhüllung des Splitts zu kümmern braucht.

Zu 2. **Heißeinbau.** Die Bindemittel für den Heißeinbau sind im Gegensatz zu den im Kalteinbau verwendeten flüssigen Teeren usw.

nur in heißem Zustand flüssig. Der Splitt muß also Hitzebeanspruchung aushalten, der Sand frei von Lehm und organischen Substanzen sein; für die Korngröße sind ähnlich wie bei Beton bestimmte Sieblinien vorgeschrieben. Die „Füller" sind Gesteinsmehle von Zementfeinheit,

Abb. 62. Anlage zur fabrikmäßigen Herstellung von Teersplitt für Straßenbau u. dgl.

bestimmt zum Ausfüllen der Hohlräume und Versteifen des Bindemittels. Heißeinbau erfordert natürlich einen größeren Maschinenpark als Kalteinbau und hohe Sachkenntnis.

Als Zuschlagstoff wird besonders gerne Hochofenschlacke zusammen mit Teer verarbeitet, da diese meist in der Nähe der Teer gewinnenden Anlagen (Kokereien) gewonnen und ihrer porigen Oberfläche (vielleicht zusammen mit ihrem Kalkgehalt) eine gute Wechselwirkung mit dem Teer zugeschrieben wird.

Für die Verarbeitung von Hochofenschlacke als Straßenbaustoff sind Gütevorschriften erschienen, welche die entsprechenden Anweisungen für die chemische Zusammensetzung, außerdem über Raumbeständigkeit, Gefüge und Körnungen geben. Es dürften demnach bloß saure Schlacken, also solche mit hohem Kieselsäure- und entsprechend geringem Kalkgehalt, wie sie in der Hauptsache bei der Herstellung von Thomas- und Stahlroheisenschlacke entstehen, herangezogen werden. Wetterbeständigkeit ist selbstverständlich erforderlich. An großblasigen Stücken darf der Gehalt nur bis zu 5 Gewichtsprozent betragen. Über Körnung u. dgl. vergleiche „Vorschriften über die Beschaffenheit von Hochofenschlacke als Straßenbaustoff, DIN 4301, März 1941.

Zu 3. Emulsionen. Emulsionen sind Aufschwemmungen allerfeinster Tröpfchen einer Flüssigkeit in einer anderen, in der sie nicht löslich ist. Zucker in Wasser ist eine Lösung, Milch ist eine Emulsion. Für Asphalt und Teer benutzt man als Emulsionsflüssigkeit Wasser und setzt Ton u. dgl. zu, um das Zusammenklumpen des emulgierten Stoffes

zu verhindern. Diese Zusätze (Stabilisatoren) umhüllen die Teer- usw.
Tröpfchen mit einer Schutzhaut, welche die Adhäsionskräfte so stark
schwächt, daß die Emulsion lagerbeständig wird. Emulsionen muß
man vor Frost schützen und darf sie nicht pumpen (!), da sie sonst
brechen, d. h. sich in Wasser und Bitumen trennen. Diese Trennung soll
erst auf der Straße stattfinden, wo das Wasser dann versickert oder
verdunstet und die vorher emulgierte Substanz zurückbleibt. Der Gehalt an emulgierter Substanz (Disperse oder innere Phase) beträgt
etwa 50 %. Die Herstellung erfolgt stets in Fabriken. Für den Verbraucher ist wichtig, festzustellen, ob die angelieferte Emulsion auch
noch eine solche ist, ob also nicht etwa das „Brechen" schon erfolgte.
Die Emulsion muß gleichmäßig sein, damit sie sich auch durch die
engen Düsen der Spritzmaschine pressen läßt, sie soll innerhalb einer
Stunde, nachdem sie mit dem Gestein in Berührung gekommen ist,
brechen und das Bindemittel soll dies gleichmäßig und gut klebend
überziehen. Spätestens fünf Stunden bei Bitumen, zehn Stunden bei
Teer nach der Verarbeitung soll das Gemisch Splitt - Bindemittel ab·
gebunden haben, d. h. fest und wasserbeständig geworden sein. Im
übrigen sei bezüglich Herstellung und Verarbeitung auf die Fach·
literatur hingewiesen, da im Rahmen dieses Buches nur die wichtigsten Vorgänge physikalischer und chemischer Natur behandelt werden können[1].

III. Kunstharze, Kunststoffe, Kunstharzpreßmassen.

Als Ausgangsstoffe für die Kunstharze kommen vier verschiedene
Gruppen von Stoffen in Frage, nämlich zunächst die Zellulose, welche
aus Holz gewonnen wird und dessen hauptsächlichsten Bestandteil
bildet. Wir kennen die Zellulose unter dem Namen Zellstoff. Weiter
das Kasein aus Magermilch, schließlich das Phenol als Destillationsprodukt der Steinkohle, welches wir unter dem Namen Karbolsäure
aus der Medizin kennen, und weiter Harnstoff, Phthalsäure und Azetylen. Da das Azetylen direkt aus Kohle dadurch gewonnen werden
kann, daß dies im elektrischen Lichtbogen mit Kalk zusammen in
Calciumkarbid verwandelt wird, spielen naturgemäß, da Kalk und
Kohle in genügenden Mengen vorhanden ist, die Kunststoffe, die aus
Azetylen hergestellt werden, also Polymerisate, Phthalate, Harnstoffharze und der künstliche Kautschuk in Zukunft eine besondere Rolle.
In der Tabelle 9 sind die Namen, Ausgangsstoffe und die Behandlungs-
weise sowie die Zwischenprodukte und der chemische Aufbau der
Kunststoffe übersichtlich zusammengestellt. Die Tabelle zeigt, daß

---

[1] Wie prüft man Straßenbaustoff, Berlin 1932, Allgemeiner Industrie-Verlag, Berlin SW 68. — O b e r b a c h : Teer- und Asphaltstraßenbau, Berlin 1939,
Allgemeiner Industrie-Verlag, Berlin SW 68. — Teerstraßen-ABC, herausgegeben von der Auskunfts- und Beratungsstelle für Teerstraßenbau, Essen.

Formaldehyd bei einem Teil dieser Kunststoffe eine wichtige Rolle spielt. Formaldehyd wird gewonnen bei der Destillation von Holz u. dgl. und kann auch aus Azetylen hergestellt werden, ist also in genügenden Mengen greifbar. Es ist ein Oxydationsprodukt des Methan (des Grubengases), also eine einfache Kohlenstoffverbindung mit nur einem Kohlenstoffatom von der Formel: CH_2O (bei seiner Oxydation entsteht Ameisensäure). Das Formaldehyd dient auch, da es beim Erhitzen gasförmig wird, zur Desinfektion von Räumen und in sehr verdünnter Form zur Haltbarmachung von Konserven. Gemeinsam ist allen Kunststoffen die Tatsache, daß sie Kondensations- oder Polymerisationsprodukte sind. Unter Kondensation versteht man die Anlagerung mehrerer Moleküle unter Wasseraustritt, unter Polymerisation die Anlagerung mehrerer Moleküle ohne diesen Wasseraustritt. Die Ausgangsprodukte sind in den meisten Fällen ungesättigte Verbindungen, also solche Verbindungen, die das Bestreben haben, sich abzusättigen, also sich mit anderen Stoffen oder sich selbst zur Absättigung der freien Valenzen zu vereinigen. Die Endprodukte sind hochmolekulare Verbindungen, die unter Aufhebung der Doppelbindung entstehen dadurch, daß zwei, meist aber mehrere bis zu tausend und mehr Moleküle zusammentreten. Die so entstehenden neuen Moleküle sind außerordentlich groß. Infolgedessen gehen auch die Stoffe bei der Polymerisation meist aus einem Aggregatzustand in den anderen über, d. h. sie sind ursprünglich flüssig, werden dann teigförmig und schließlich fest. Man kann sich die Polymeration so vorstellen, daß die Moleküle wie kleine Stäbchen, die an den beiden Enden klebrig sind, zusammentreten und perlenkettenartige Großmoleküle bilden, die sich dann wieder nach der Tiefe in gleicher Weise verbinden, so daß überaus große Zusammenschlüsse entstehen, die, da sie nunmehr weitgehend chemisch abgesättigt sind, hohe Beständigkeit gegen chemische und physikalische Einflüsse aufweisen.

a) Zelluloseabkömmlinge (Zellglas). Der Rohstoff ist die Zellulose, die aus Holz oder Baumwolle gewonnen wird. Für die Verarbeitung der Zellulose zu Zellglas wird der Zellstoff mit Natriumhydroxyd befeuchtet, aufquellen gelassen und die von überschüssiger Lauge befreite Natronzellulose mit Schwefelkohlenstoff sulfuriert. Die mit Natronlauge so entstehende Viskose wird in ein Füllbad eintreten gelassen, wo sie koaguliert. Darauf findet die mechanische Bearbeitung mit Walzen u. dgl. statt. Vulkanfiber ist einer in Form einer Papierbahn durch Einleiten in eine geeignete Salzlösung, wie Zinkchlorid aufgequollene Zellulose, welche in vielen Lagen durch Laufenlassen durch ein Walzenpaar aufgewickelt und dann getrocknet wird.

b) Kunsthorn. Kunsthorn wird aus Kasein hergestellt durch Behandlung mit Essigsäure, in welcher das Kasein aufquillt und durch nachträgliche Gerbung in Formaldehyd.

c) Phenolharze. Diese entstehen direkt aus Phenol und Formaldehyd entweder in Säure oder alkalischen Lösungen. Zunächst entsteht Phenolalkohol. Durch weitere Anlagerung entsteht Methylendiphenol und schließlich Polymerisationsprodukte durch Anlagern zahlreicher Moleküle. Die Kunstharze haben eine sehr große Widerstandsfähigkeit gegen chemische Einflüsse. Bemerkenswert ist bei ihnen, daß sie durch Hitze in einen für die meisten Lösungsmittel unlöslichen Zustand übergehen und deshalb Verwendung finden können, um Eisen, Holz und Beton gegen aggressive Lösungen zu schützen.

d) Harnstoffharze. Die Harnstoffharze, die auch Karbamidharze genannt werden, sind den Phenolharzen nahe verwandt. Auch bei ihnen spielt Formaldehyd eine große Rolle. Statt Phenol, wie bei den Polymerisaten, wird aber bei den Harnstoffharzen Harnstoff verwandt.

e) Phthalate. Bei der Phthalatbildung findet zunächst eine einfache Salzbildung, die man in der organischen Chemie Esterbildung nennt, statt, wobei die Base Glyzerin mit der Säure Phthalsäure zusammentritt. Bei der Erhärtung tritt dann Polymerisation ein.

f) Polymerisate. Diese sich von Azetylen ableitenden Kunststoffe entstehen durch die oben schon geschilderte Polymerisation aus Styrol, Vinylchlorid, Akrylsäureester, Methylakrylsäureester und ähnlichen Verbindungen, welche ganze ungesättigte Kohlenstoffgruppen enthalten. Als Ausgangspunkt dienen Vinylchloride, welches aus Azethylen nach folgender Formel durch Anlagern von Salzsäuregas an dieses erzeugt wird:

$$HC = CH \quad + \quad HCl \quad = \quad H_2C = CNCl$$
$$\text{Azetylen} \qquad \text{Salzsäure} \qquad \text{Vinylchlorid}$$

Unter Einwirkung von Kontaktstoffen (Katalysatoren) bei hoher Temperatur findet Polymerisation, also Zusammenschluß der kleinen Moleküle zu großen Molekülen statt. Der Aufbau der letzteren ist noch nicht völlig geklärt.

g) Künstlicher Kautschuk. Zunächst wird das Azetylen in Butadien verwandelt, ein Vorgang, der verhältnismäßig leicht von statten geht, da Azetylen eine ungesättigte Verbindung ist. Butadien ist ein Derivat der Buttersäure, die vier Kohlenstoffatome enthält und hat von dieser auch seinen Namen. Für die Polymerisation wird ferner Natrium gebraucht. Auf dieser Tatsache der Gegenwart einerseits der Buttersäure als Ausgangsprodukt und des Natriums andrerseits beruht der Name „Buna", das durch Polymerisation entsteht und dem Naturkautschuk in manchen Eigenschaften sogar überlegen ist. Butadien selbst ist ein Gas, das sich leicht zu einer Flüssigkeit verdichten läßt. Das Butadien wird in einer wässerigen Seifenlösung emulgiert, bei der es bei entsprechender Behandlung leicht polymerisiert und zu einem dem Latex des Kautschukbaumes (Gummimilch) ähnlichen Flüssigkeit polymerisiert, aus welcher dann durch entsprechende Behandlung der Rohkautschuk ausgeflockt wird. Dieser wird auf Walzen zu Kautschukfellen verarbeitet[1].

---

[1] Vgl. Pabst und Vieweg: Kunststoffe, Berlin 1938, VDI-Verlag.

Tabelle 14.

Ausgangsstoff	Behandlung	Zwischenprodukt	Endprodukt	Chemischer Aufbau
Zellulose (aus Holz) " "	Natronlauge und Schwefelkohlenstoff Salpetersäure Essigsäure	Zelluloseexanthogenat (Viskose) Zellulosenitrat Zelluloseexatat	Zellglas Zelluloid (Zellhorn) Cellon	Schwefelkohlensaures Natrium, Zellulose Salpetersäure Zellulose Essigsäure Zellulose
Kasein aus Magermilch	Formaldehyd	—	Kunsthorn	Kondensationsprodukt
Phenol (Carbolsäure)	Formaldehyd	Resol	Phenolharz mit Füllstoffen (Preßmasse) mit Papier oder Gewebe: Schichtstoffe	Polymerisiertes Methylendiphenol
Harnstoff	Formaldehyd		Harnstoffharze	Dimethylol
Phthalsäure	Phthalsäure, Glyzerin	Ester	Phthalate	Phthalsäureglyzerinester
Azetylen	Salzsäuregas	Vinylchlorid	Polymerisate	Polystyrol
Azetylen	Katalyse mit Natrium	Butadien	Buna[1] Künstlicher Kautschuk	Polymerisiertes Butadien

[1] Name aus **Bu**ttersäure, dessen Abkömmling das **Bu**tadien ist,
und **Na**trium, das als Katalysator dient.

IV. Dachpappe.

Die Dachpappe ist gewöhnliche, aus Holz hergestellte Zellstoffpappe, die getränkt ist mit Bitumen oder mit Teer. Es gibt demgemäß Teerdachpappe und Bitumendachpappe. Die Lebensdauer beider ist groß. Teerdachpappe hat häufig den Nachteil, daß der Teer bei großer Hitze abläuft. Die Pappe selbst wird hergestellt in der üblichen Weise aus Holzzellulose, Lumpen und anderen Stoffabfällen, wobei der Zusatz von Torf, Sägemehl, Holz und Stroh in anderer Form, sowie die sehr schwer machenden mineralischen Füllstoffen verboten sind. Die Pappe selbst muß etwas porös sein, damit sie das Tränkungsmittel gut aufnimmt. Die Eigenschaften der Pappe in bezug auf Reißfestigkeit usw. sind in verschiedenen Normenblättern niedergelegt sowohl für die Rohpappe als auch für die imprägnierte Pappe:

Rohpappe . . . . . . DIN 2132,
Teerdachpappe . . . . DIN 2121.

Hier wird ein Gehalt an Tränkungsmasse verlangt, die das 1,8 fache Gewicht der Rohpappe beträgt.

In DIN 2122, Tränkungsmasse für Teerpappe, ist beschrieben, daß die Tränkungsmasse gewonnen wird als Destillat von Steinkohlenteeröl u. dgl. Der Erweichungspunkt, der nicht unter 20° und nicht über 40° betragen darf, ist vorgeschrieben.

Prüfungsvorschrift für Tränkmasse . . . . DIN 2124,
Prüfungsvorschrift für Teerdachpresse . . . DIN 2123.

Weitere DIN-Blätter über Pappe 2125 bis 2131.

Für biegsame Dachpappe wird Wollfilzpappe, also sehr poröse Pappe verwandt. Meist wird die Dachpappe von der Oberseite, um das Kleben und Glattwerden zu vermeiden, mit mineralischen Stoffen eingepudert oder mit Sand bedeckt. Bitumendachpappe hat dieselbe Menge Tränkmasse wie andere Pappe, nämlich das Zweifache des Gewichts der Pappe[1].

a) Dichtung von Bauwerken[2].

Über die Dichtung von Bauwerken, besonders gegen Wasserzutritt, ist unter den einzelnen Arten von Bauausführungen, wie Holz, Backstein und Beton, das Notwendige gesagt. Allgemein ist zu betonen, daß die Dichtung in den Baustoff, der das Bauwerk trägt, verlegt werden muß, daß also nachträgliche Dichtung durch Schutzanstrich verschiedener Art, sowie Bleifolienumkleidung, Dachpappe- oder Bitumenpappeumkleidung erst in zweiter Linie in Frage kommt. Es ist also zu verlangen, daß das Bauwerk selbst in seinem Aufbau z. B. aus Beton oder Mauerwerk so dicht wie möglich hergestellt wird, denn alle Anstriche u. dgl. stellen nur zusätzliche Dichtungsmaßnahmen dar und haben, weil sie aus organischen Stoffen bestehen, eine meist beschränktere Lebensdauer als die Baustoffe selbst, besonders, wenn es sich um organische Baustoffe handelt.

Imprägnierung zur Erhöhung der Wasserdichtigkeit ist entweder durchführbar mit Ölen verschiedener Art oder mit wässerigen Flüssigkeiten.

Ölimprägnierung kommt in Frage für Holz (vgl. S. 168) und für Naturstein und Ziegelstein. Für Natursteine hat man zur Herabsetzung der Verwitterungsgefahr die besten Erfahrungen gemacht mit gekochtem Leinöl, welches schon mit gutem Erfolg im Mittelalter Verwendung fand und welches bisher als Imprägniermittel unübertroffen blieb. Selbstverständlich ist es auch für Beton anwendbar.

Eine gegenüber der Ölimprägnierung etwas andersartige Anwendungsweise von Ölen u. dgl. stellt das Czeremeley dar, welches vor langen Jahren erfunden, auch heutzutage noch unter verschiedenen Phantasienamen in den Handel kommt. Es handelt sich bei dem Czeremeley und der Schar von Mitteln, die nach seinem Vorbild zusammengesetzt werden, um Lösungen von Öl und Paraffin in Lösungsmitteln, wie Benzol, Trichloräthylen u. dgl. Das Öl bleibt nach Verdunstung

---

[1] Ullmann: Enzyklopädie der technischen Chemie, 2. Aufl. Bd. II, 1928, S. 60.

[2] Vgl. auch Ullmann: Enzyklopädie der techn. Chemie, Bd. III, 2. Aufl., S. 520.

des Lösungsmittels im Naturstein, Backstein, Holz oder Beton zurück
und macht ihn wasserabweisend (Vgl. S. 79). Die auf manchen Aus-
stellungen gezeigten wasserabweisenden Ziegelsteine, an denen das
Wasser herunterperlt, ohne einzudringen, sind in dieser Weise imprägniert. Zur Sicherung von Schlagwetterseiten, die undicht sind, ist
diese Arbeitsweise brauchbar. Bei höherem Druck wird aber das Wasser
durch die Poren des geölten Steines hindurchgepreßt und der Wasserdurchtritt beginnt. Bei Druck müssen also Schutzanstriche herangezogen werden.

Anorganische Tränkungsmittel sind Fluate, die verwendet werden zur
Herabsetzung der Fäulnisfähigkeit von Holz und zur Erhöhung der Wider-
standsfestigkeit von Beton gegen Abnutzung. Die gleichen Fluate kommen
unter sehr vielen verschiedenen Namen in den Handel, meistens wird das gewöhnliche Magnesiumfluat verwendet, aber auch Bleifluat, besonders als
Mittel gegen Sulfateinwirkung auf Beton, wird herangezogen (vgl. S. 121).

b) Umkleidung.

Die wirksamste Abdichtung von Bauwerken ist die Umkleidung mit
Lehm, Bitumenpappe, Bleifolienpappe u. dgl. Umkleidungen werden
hauptsächlich angewandt bei Bauwerken, die Grundwasserdruck ausgesetzt sind, bei Tunneln in nassen Gebirgen und bei Brücken. Bei dem
Verfahren, welches nur von Spezialfirmen ausgeführt werden kann,
werden die einzelnen Pappen etwa 10 cm überlappt verklebt und häufig
in mehreren Lagen aufgebracht, hauptsächlich dann, wenn der Wasserdruck hoch ist und größere Beständigkeit für das Bauwerk gefordert
wird, und wenn dieses Erschütterungen ausgesetzt ist. So werden die
Untergrundbahntunnels in Berlin stets mit dreifachen Lagen von Bitumenpappe von außen her abgedichtet. Dichtung von innen her ist
meist zwecklos, da die Dichtung dann durch den Wasserdruck hoch-
gehoben und dadurch unwirksam gemacht wird. Die Umkleidung muß
so gelegt werden, daß der Wasserdruck sie gegen das Bauwerk preßt
und so seinerseits zur Dichtung beiträgt.

Die Umkleidung mit Ziegelsteinmauerwerk, die man häufig Verblendung nennt, ist tatsächlich auch bis zu einem gewissen Grade
Blendwerk. Denn das Ziegelmauerwerk vermag auf die Dauer den da-
hinterliegenden Baustoff nicht zu schützen, wenn er porös ist (Abb. 45,
S. 126). So wurde beispielsweise Beton hinter steinharter Verblendung im Laufe der Zeit durch Meerwasser völlig zerstört. Die Zerstörung sah man erst, als das Ziegelmauerwerk sich aufzubauchen be-
gann infolge der Treiberscheinungen des Betons. Man stellt deshalb
moderne Schleusen ohne diese Verblendung her, damit man jederzeit
den Zustand des Bauwerks beobachten kann, da die „Verblendung"
doch nicht dicht hält. Wirksam ist die Umkleidung mit Klinkern oder
Ziegelsteinen nur dann, wenn eine völlig dichte Aneinanderfügung der
Ziegel möglich ist. Diese wird am besten durchgeführt durch Vergießen
der Fugen mit heißem Bitumen oder Pech, wobei darauf zu achten ist,
daß die Ziegel trocken und staubfrei sind, damit das Bitumen haftet,
und daß die Vergußmasse nach dem Erhärten nicht zu spröde wird. Bei
starker Säureeinwirkung ist es zweckmäßig, die Steine und ebenfalls
auch Natursteine (Sandstein, Grauwacke) mit Pech zu tränken.

Im einzelnen ist über die Abdichtung von Bauwerken folgendes zu sagen:

Die Abdichtung undichter Bauwerke oder von Untergrund unter zu errichtende oder schon errichteten Bauwerken kann erfolgen durch 1. a) Aufstampfen oder Aufwalzen einer Decke von Lehm, b) Asphalt; 2. Einpressen dichtender Lösungen, und zwar: a) Bitumen-Emulsion, b) Wasserglas und Chlorcalcium nach dem Joostenschen Verfahren; 3. durch Zement; 4. Anstrich[1] oder Umkleidung mit verklebter Dachpappe:

1. Abdichtung durch Lehm oder Asphalt.

Die Dichtung mit Lehm ist uralt und hat sich bei richtiger Durchführung stets bewährt. Sie kann entweder ganze Kanalböden umfassen oder nur Bauwerke, um welche eine Lehmschicht gestampft wird. Die Lehmdecke wird meist in verschiedenen Lagen aufgebracht; wichtig ist gute Verdichtung und sauberes Material (vgl. Abb. 1). Ein neuzeitlicher Ersatz für diese Lehmdecke ist eine Asphaltdecke, die, wie beispielsweise bei einer Macadamstraße als selbständiger Dichtungsbelag dienen kann.

Bodenvermörtelung[2]. Eine besondere Art dieser Dichtung und Verfestigung von Erdreich ist die Bodenvermörtelung. Bei dieser wird mit besonderen Maschinen der Boden aufgelockert und entweder mit Zement oder aber mit Bitumen vermischt und wieder an Ort und Stelle gebracht und verdichtet. Die Frage, ob Bitumen oder Zement zur Vermörtelung und Verfestigung bezüglich Verdichtung angewendet wird, läßt sich nur an Ort und Stelle unter Berücksichtigung der Bodenart und der zur Verfügung stehenden Rohstoffe entscheiden. Zur Auflockerung des ursprünglichen Bodens, zur Mischung und Wiederverbringung an Ort und Stelle dienen besondere Maschinen. Die technischen Einzelheiten können hier nicht interessieren, wohl aber die Möglichkeit der Heranziehung geeigneter Bindemittel. Bitumen oder Teerprodukte eignen sich im allgemeinen für die meisten Böden, bei Zement sind aber stark humushaltige weniger geeignet, da die Humussubstanzen leicht Treiben des Zementes hervorrufen und da außerdem hier die Korngröße eine besonders wichtige Rolle spielt. Für die Prüfweise des Bodens bezüglich der einzelnen Verwendungsmöglichkeiten sind besondere Methoden ausgearbeitet, die darin bestehen, daß in der üblichen Weise der Zement mit dem Boden gemischt und sowohl die Würfelfestigkeit als auch die Verdichtungsbeständigkeit geprüft wird.

2. Einpressen dichtender Lösungen.

a) Bei Einpressen von Bitumen wird eine Bitumen-Emulsion herangezogen, die in bezug auf ihren Gehalt an Stabilisatoren so ein-

---

[1] Brudersen: Schutzanstriche für Stahl, Holz und Stein im Bauwesen, Bautechnik 1943, S. 233.

[2] Vgl. Bodenvermörtelung mit bituminösen Bindemitteln und Zement von Ministerialrat Dr.-Ing. Rudolf Bilfinger, Volk und Reich-Verlag, Berlin 1943, sowie Prof. Dr. Hummel an gleicher Stelle über Teervermörtelung DRP 373/39 von Dr.-Ing. Schirott i. Fa. Sager & Woerner, Berlin.

gestellt ist, daß sie zur richtigen Zeit nach dem Einpressen „bricht",
d. h. also, daß das gerinnende Bitumen sich ausscheidet, ein Vorgang,
der mit dem Gerinnen einer Eiweißlösung bei Hitze annähernd verglichen werden kann. Das gerinnende Bitumen dichtet hierbei die

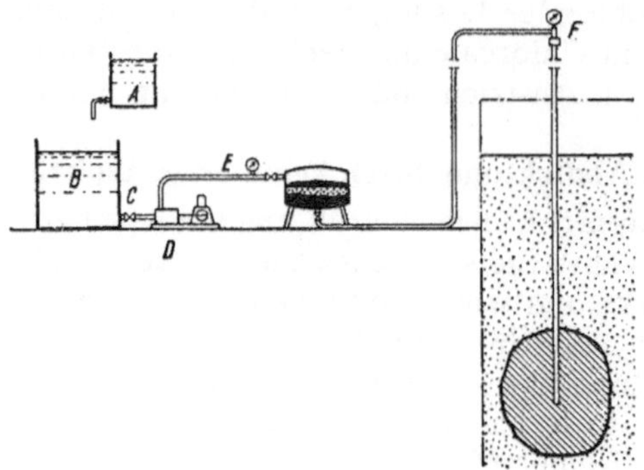

Abb. 63. Die Anordnung einer Einpreßvorrichtung.

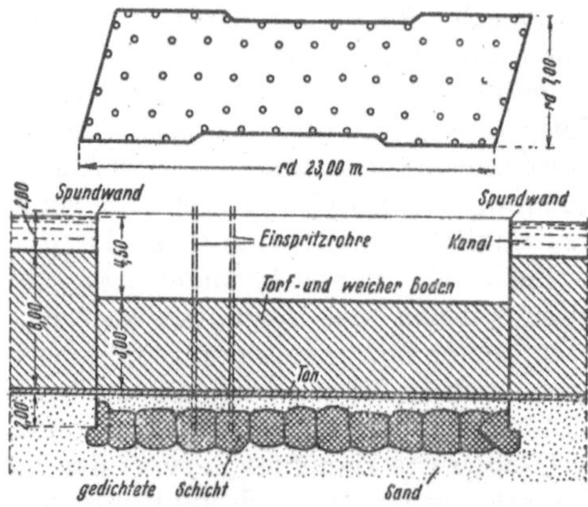

Abb. 64. Die Anordnung der einzelnen Bohrlöcher, die gedichtet werden müssen, um eine
zusammenhängende Abdichtungsschicht unter einer Baugrube u. dgl. zu erhalten.

feinen Poren im Untergrund und vermag beträchtliche Drucke aufzunehmen. Bei höheren Drucken genügt das Verfahren aber nicht. Bei
richtiger und sachgemäßer Anwendung sind gute Erfolge mit ihm erzielt worden[1].

<hr>

[1] Vgl. Veröffentlichung von Fr. J o e d i c k e, Hamburg: Neuzeitliche
Bauweisen zur wasserseitigen Dichtung von Erdbauten und zur Verdichtung
durchlässiger Bodenarten, Sonderdruck aus Der Bautenschutz, Jahrg. 1936,
Heft 11, Verlag Ernst & Sohn, Berlin W 9. — Vgl. Hans J ä h d e, Dipl.-Ing.,
Bergassessor a. D. Nordhausen: Die Dichtung eines Erddammes mit Bitumen-
Emulsion.

Das Verfahren ist bekannt unter der Bezeichnung: Shellperm-Verfahren. Auch Erddämme sind schon durch die Methode Shellperm mit gutem Erfolg gedichtet worden[1].

Zur Einpressung der Dichtungsemulsion dienen gewöhnliche Stahlrohre, die häufig eine verlorene Spitze haben. Nach dem Einrammen der Rohre bis zu der vorgesehenen Tiefe werden diese wenige Zentimeter angehoben, so daß zwischen der steckenbleibenden und verlorenen Spitze und dem Rohrende ein Hohlraum entsteht, in welchen das Bitumen eingepreßt wird, unter allmählichem Ziehen des Rohres. Die Drucke sind gering, sie betragen meist nur wenige Atmosphären.

b) Einpressen von Chemikalien-Lösungen. (Das Joostensche Verfahren.) Dieses arbeitet mit zwei Chemikalien, wobei die wasserglashaltge Lösung zunächst unter hohem Druck eingepreßt und eine Chlorcalcium-Lösung hinterher geschickt wird. Beim Zusammentreffen der beiden Lösungen scheidet sich kolloidale Kieselsäure gallertartig ab, die infolge ihrer gelartigen Beschaffenheit dichtend wirkt. Bei diesem Verfahren ist die Anwesenheit von Sand wichtig und Voraussetzung, da nur Sand in der beschriebenen Weise gut gedichtet und verkittet werden kann. Die Festigkeiten des so verdichteten Sandes können je nach der Sandart bis zu 90 kg betragen, sie sind also recht beträchtlich (Rheinsand 90—96 kg, Berliner Sand 25 bis 45 kg[2]). Das Verfahren eignet sich nicht nur zur Dichtung, sondern auch zur Verfestigung von Bauwerksuntergrund. Eine Austrocknung des gedichteten Sandes muß allerdings vermieden werden, da beim Austrocknen die kolloidale Kieselsäure schwindet, also sich zusammenzieht und dem Wasser den Durchgang freigibt.

Mit dem Verfahren wurden Dichtungen in Schächten gegen Drücke bis zu 80 Atm. ausgeführt bei bis zu 150 Atm. Druckleistung der Pumpen. Die Bauwerke haben teilweise schon eine Bewährungsdauer von 10 Jahren und darüber. Eingepreßt wird mit den bekannten Pumpaggregaten. Auch undichte Spundwände können neben Betonbauwerken oder Baugruben in der beschriebenen Weise dichtgemacht werden.

Über die Haltbarkeit chemischer Bodenverfestigung berichtet Prof. Dipl.-Ing. L. Krüger, Staatl. Materialprüfungsamt Berlin-Dahlem Gutes[3].

Während einer achtjährigen Lagerung in einem Versuchsschacht wurde eine Veränderung der Beschaffenheit des Kieselsäuregels und ein Nachlassen der Verfestigungen in der Wirksamkeit nicht festgestellt, so daß Krüger schreibt, es wäre zu erwarten, daß ein chemisch verfestigter Boden als Bauteil die gleiche Lebensdauer aufweisen wird,

---

[1] Vgl. H. Jähde: Die Dichtung eines Erddammes mit Bitumen-Emulsion.

[2] Vgl. A. Mast: Die Entwicklung des Joostenschen Bodenverfestigungsverfahrens in zehnjähriger Praxis. — Joosten: Neuzeitliche Abdichtungsverfahren mit Einpressen von Dichtungsmitteln, Deutsche Wasserwirtschaft 1937 (Franckh'sche Verlagshandlung, Stuttgart).

[3] Vgl. Zentralbl. der Bauverwaltung, 1937, S. 987.

wie sie andere Bauteile aus anderen geeigneten Baustoffen besitzen[1].

3. Zement als Dichtungsmittel.

wird gleichfalls seit Jahren mit bestem Erfolg verwendet. Die mit Zement hergestellten Dichtungen sind in bezug auf Druckfestigkeit fester als die der bisher beschriebenen Verfahren; die Einpressung ist aber schwieriger, zunächst weil die Zementaufschwemmungen sich schwerer drücken und verarbeiten lassen und außerdem, weil leicht Verstopfungen vorkommen, wenn der Zement während der Arbeit abzubinden beginnt. Wichtig ist also eine dauernde Kontrolle des Erstarrungsvorganges des Zements. In besonderen Fällen kann der Erstarrungsvorgang beschleunigt werden dadurch, daß man der Zementbrühe Chlorcalcium oder ähnliche Abbindebeschleuniger zusetzt[2].

Am schwierigsten ist naturgemäß die Durchführung der Einpressung von Zement. Die Wirksamkeit bei diesem Verfahren ist aber in bezug auf Festigkeit besonders gut, wenn auch das Verfahren teuer ist, zumal dann, wenn große Zementmengen herangezogen werden müssen. Dieses ist häufig der Fall und kann nie vorausgesehen werden. Es sind Fälle vorgekommen, in denen man mit wenigen Sack rechnete und mehrere Waggons benötigte. Man kann entweder bei der Dichtung von Bauwerken zunächst wenig tief bohren und dann dichten; das gedichtete Loch wieder aufbohren und weiter bohren, kann aber auch andererseits angetroffene Spalten sofort mit vollem Druck verfüllen. Die Erfolge auch dieses Verfahrens sind gut. Es eignet sich sowohl zur Dichtung von Untergrund als auch zur nachträglichen Dichtung von Temperaturrissen im Beton. Verbunden wurde es schon mit dem Joostenschen Verfahren z. B. bei der Dichtung von Unterläufigkeiten bei der Kallbachtalsperre und zur nachträglichen Dichtung von Temperaturrissen und der Dichtung von Sohlenwasserspalten bei der Bleilochtalsperre[3].

4. Dichtung von Bauwerken durch Umkleidung.

Die Dichtung von Bauwerken kann neben dem bekannten Verfahren durch Anstrich und wasserdichtem Putz sowie neben dem Umkleben mit Dachpappe auch durchgeführt werden durch Umkleben mit Folie. Früher wurde allgemein Blei herangezogen, in neuerer Zeit hat man aus Mangel an Material das Blei verlassen und ist mit vollem Erfolge übergegangen zu Aluminium und seinen Legierungen. Auch Kupfer, welches besonders bei Fugen, also beispielsweise bei der

---

[1] Weitere Literatur siehe: Grafenhan: Bauwelt 1931, Heft 5; Schröder: Die Bautechnik 1931, Heft 30; Mast, Der Bauingenieur 1934, Heft 33/34; Roßmann: Die Bautechnik 1936, Heft 2; Kleinlogel: Bautenschutz 1932, Heft 5 u. 12; Guttmann: Bautenschutz 1931, Heft 1; Marbach: Glückauf 1931, Heft 28; Dietz: Zeitschrift für praktische Geologie 1933, Heft 4.

[2] Haller: Erfahrungen beim Bau von Straßentunneln, Bautechnik 1939, S. 140. — Kunde: Bodenvermörtelung mit Zement beim Straßenbau im Osten, Die Straße 1941, S. 380. — Bernatzik: Die Zementeinpressung und ihre Überprüfung durch Zementbohrkerne, Ch. Zentr. 1942, II, S. 1047.

[3] Vgl.: Hugo Joosten: Neuzeitliche Abdichtungsverfahren mit Einpressen von Dichtungsmitteln. Berlin, Deutsche Wasserwirtschaft 1937.

Verwendung verschiedener Baublöcke an Talsperren, herangezogen wurde, ist zu Gunsten des Aluminiums verlassen.

Über die mechanischen Eigenschaften von Blei, Kupfer und Aluminium und seinen Legierungen gibt die nachfolgendeTabelle schnellen Überblick:

Tabelle 15. Mechanische Eigenschaften von Blei, Kupfer, Aluminium und Al-Legierung DIN 1713 AlMn[1].

Eigenschaften	Blei	Kupfer weich	Aluminium weich	Al-Lg Din 1713 AlMn
Streckgrenze kg/mm²	—	5-6	2,5-3,5	4 6
Zugfestigkeit kg/mm²	1,12-1,92	21-24	7-11	10-12
Bruchdehnung %	68-50	50-38	45-30	40-30
Biegezahl bei Hin- u. Herbiegen um 180⁰ (Halbmesser 5 mm und Blechdicke 2 mm)	33	9	15	12
Ziehtiefe mm	13,9	14,9	13,6	13,1

Als Auflage bei der Abdichtung von Ingenieurbauwerken dienen Blechbänder von 0,1 mm Dicke. Notwendig ist zunächst natürlich ein guter Schutz des Aluminiums gegen Korrosion, weiter sorgfältige Aufklebung, ferner erstklassige Nahtverbindung und schließlich naturgemäß gute Behandlung bei der Verarbeitung.

Die schon geäußerten Bedenken, daß die genannten Dichtungen bei Tiefentemperatur nicht verarbeitet werden könnten, sind zerstreut durch bei — 25° in dem strengen Winter 1939/40 durchgeführte Arbeiten, die im Klebeverfahren stattfanden und über die Haefner: („Die Abdichtung von Ingenieurbauwerken unter Verwendung dünner Blechbänder" in der „Bautechnik" 1941, Heft 26/27) berichtet. Das Aluminium ist bekanntlich außerordentlich empfindlich gegen Korrosion in alkalischer Lösung. Es muß deshalb gegen Alkalien und den freien Kalk im Beton geschützt werden. Dieser Schutz erfolgt durch Erzeugung einer Aluminiumchromoxydschicht auf der Oberfläche und weiter durch Anbringung von Schutzlacken, die auf der Oxydschicht gut haften. Bei direkter Einbetonierung der Fugenbleche u. dgl. muß diese Lackschicht 0,1—0,2 mm dick sein. Die Blechbänder selbst sind nur 0,2 mm stark; dünnere Flächen empfehlen sich nicht, die Bleche selbst können geriffelt sein. Die Aufbringung erfolgt im Klebeverfahren. Die geriffelten Bahnen haben eine 50⁰/₀ höhere Dehnbarkeit gegenüber Platten. Fugendichtung ist besonders wichtig, um zu verhindern, daß aggresive Lösungen durch sie hindurchtreten. Eine Fugendichtung wird so hergestellt, indem zunächst in Beton eine 50 cm breite und 10 cm tiefe Aussparung hergestellt und über die Fuge zwei Lagen geriffelten Alcuta-Dichtungsbahnen mit heißflüssiger Bitumenmasse durch Einwalzen geklebt wird und zwar auf den Beton, der vorher mit kalt-

---

[1] Festigkeitsversuchsanstalt der Vereinigten Deutschen Metallwerke AG. Frankfurt a. M.-Heddernheim.

flüssigem Voranstrich zur besseren Aufnahme versehen war. Auf die eingeklebten Bleche wurde betoniert unter Beibehaltung einer 2 cm breiten Fuge, welche schließlich mit Bitumenmasse ausgefüllt ist. Zur Vermeidung des Auslaufens der Fugenvergußmasse muß bei senkrechter Fuge in den Beton ein U-Blech eingestellt werden (s. Abb. 65)[1].

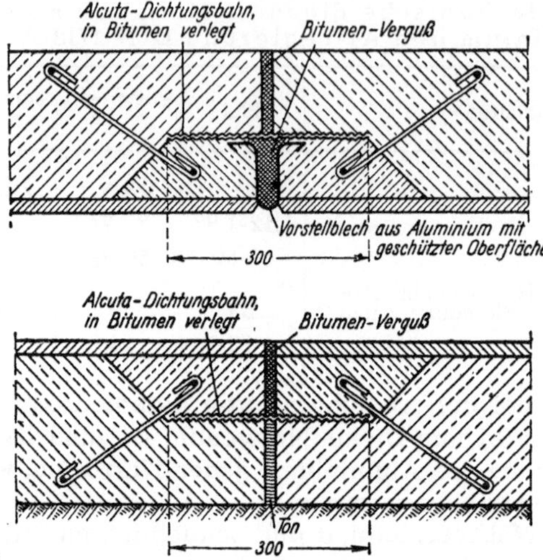

Abb. 65a u. b. Alcuta-Dichtungen. (Nach Haefner aus: Die Bautechnik 1940, Heft 52).

In diesem Zusammenhang sind auch zu erwähnen die wasserdichten Fahrbahnbeläge, wie sie z. B. auf Straßenbrücken von Bedeutung sind, um die Brücke selbst vor Zutritt von Wasser mit allen Nachteilen der Frostschädigung und Verwitterung zu schützen[2].

V. Klebemittel.

Die Tatsache, daß klebende Substanzen Fremdkörper vereinigen können, daß sie also kleben, wird im allgemeinen aufgefaßt als Adhäsion und Kohäsion. Adhäsion ist das Festhaften am Fremdkörper, Kohäsion ist der innere Zusammenhalt des Klebemittels. Beide sollen im allgemeinen möglichst groß sein. Die Kohäsion hängt gemäß obiger Erklärung vom Klebematerial selbst ab. Die Adhäsion ist eine Wechselwirkung zwischen Klebemittel und Oberfläche des zu verklebenden Körpers. Der Leim selbst kann als Lösung aufgefaßt werden, die beim

---

[1] Haefner, R.: Fugendichtungen im Ingenieurbau mit Blechen aus Aluminium, Die Bautechnik 1940, Heft 52, S. 591.

[2] Vgl. Neumann: Wasserdichte Fahrbahnbeläge auf Straßenbrücken, Bautechnik 1943, S. 207. — Brusch: Zementschotterdecken, Betonstraße 1940, S. 35. — Preß: Dichtung von Bewegungsfugen, Bautenschutz 1941, S. 29. — von Seggern: Eine neue Raumfugeneinlage für Betondecken, Straßenbau 1942, S. 121. — von Seggern: Die Fugen in den Betonfahrbahndecken der Reichsautobahnen, Straßenbau 1942, S. 81. — Merkblatt zur Ausführung von Zementmörtel-Fugenverguß bei Steinpflasterdecken, Straßenbau 1942, S. 76.

Klebevorgang in ein Gel übergeht (die Bezeichnung Gel stammt von Gelatine und bezeichnet einen Körper, der gelatineartige Beschaffenheit hat).

Das entstandene Gel kann, wenn Wasser zutritt, sich wieder in eine Lösung verwandeln, wie beim gewöhnlichen Leim; in einem solchen Fall ist dann die Anklebung nicht wasserbeständig, da der ursprüngliche Zustand unter Aufhebung der Klebewirkung sich wieder herstellt. Man nennt einen derartigen Vorgang reversibel (umkehrbar). Kann sich das entstandene, die Klebung veranlassende Gel aber nicht in die Lösung (das Sol) zurückverwandeln, so ist das Bindemittel wasserfest. Als reversibles Klebemittel sei der gewöhnliche Leim oder Kleister genannt, als wasserfestes Klebemittel der Kasëinleim, da bei letzterem kasëinsaurer Kalk, also ein Salz entsteht, welches sich in Wasser nicht mehr löst. Es handelt sich also im ersteren Fall der reversibeln Leime um eine physikalische Verklebung, im letzteren Fall um einen chemischen Vorgang.

a) Wasserunbeständige Leimung.

Der Leim war schon im Altertum bekannt und ist heute noch unter den Namen Kölner Leim, Schottischer Leim, Malerleim, Faßleim usw. im Handel. Er besteht aus Kolloiden, welche aus tierischen Abfällen Knochen, Haut, Fisch, Schwimmblasen der Fische usw. gewonnen wird. Diese Abfälle werden zunächst in gemauerten Gruben eingekalkt, wobei genügend große Kalkmengen genommen werden müssen, um Fäulnis zu vermeiden (Geruchsbelästigung der Nachbarschaft). Dann wird der Leim durch Waschen gut vom Kalk befreit, der Rest des Kalkes .wird mit Säure ausgewaschen, der Leim auf 75° erhitzt und schließlich bei 100° gekocht. Die abgepreßte Brühe enthält den Leim, aus welchem das letzte Wasser im Vakuumapparat durch Trocknen entfernt wird. Das Wesen des Leims ist, daß er ein Kolloid darstellt: Er quillt in Wasser auf, löst sich beim Erhitzen, beim Wiedererkalten trennt sich das Wasser nicht vom Leim, es entsteht eine wabbelige, getrübte Masse, eine Gallerte. Besonders reine Leime nennt man Gelatine, Leime, die aus Fischabfällen hergestellt werden: Fischleim. Bei reiner Gelatine ist das Gelatinierungsvermögen so groß, daß ein Gramm Gelatine 100 g Wasser bei Zimmertemperatur noch zu einer schwachen Gallerte erstarren lassen. (Puddingherstellung in der Küche!) Wenige Tafeln Gelatine genügen für sehr viel Wasser.

Chemisch gesehen besteht Leim aus Glykokoll, Asparaginsäure, Glutaminsäure, Prolin usw.

Kleister, der hauptsächlich verwandt wird, um Tapeten anzukleben, wird hergestellt durch Erwärmen einer wässerigen Aufschwemmung von Stärkekörnern. Hierbei bildet sich aus diesen Stärkekörnern unter Wasseraufnahme eine weiche Gallerte, der Kleister, unter Vergrößerung der Stärkekörner auf das über hundertfache Volumen. Stärkekleister ist meist nicht beständig, da das Gel leicht unter Abscheidung von Wasser sich kontrahiert und die Klebekraft verschwindet. Praktisch hergestellt wird der Kleister also am besten kurz vor dem Gebrauch durch Aufkochen der Stärke; allzu langes Kochen ist zu vermeiden. Bei längerem Stehen vergärt der Kleister unter Hefewirkung, er wird sauer. Als Ausgangsmaterial dienen Kartoffelstärke, Weizenstärke, Reisstärke u. dgl. Bei Zufügung von Natronlauge tritt die Verkleisterung leichter ein. Die unter dem Namen „Pelikanol" u. dgl. in den Handel kommenden Erzeugnisse, die durch Zufügung von Phenol u. dgl. gegen Bakterien geschützt sind, gehören hierher (der häufig wahrzunehmende Geruch nach bitteren Mandeln rührt von der Zuführung von Nitrobenzol her, der erfolgt, um den unangenehmen Karbolsäuregeruch zu verdecken).

Aus den gleichen Rohstoffen werden auch die Pflanzenleime hergestellt, die im Gegensatz zum Tierleim kalt gebraucht werden können. Sie werden gleichfalls gewonnen aus Kartoffelstärke u. dgl. unter Zusatz von großen Alkalimengen, also Natronlauge. Durch das Aufschließen mit Salzen, wie Chlorcalcium u. dgl. (Chinaleim, Pergamyleim, Xanthogenatleim, Holzleim) aus Sulfit-Zellulose-Ablauge werden gleichfalls, allerdings heute etwas minderwertige Klebstoffe in ähnlicher Weise hergestellt.

Neben der Verwendung des Leims zum Leimen wird er auch als Zugabe zur Wasserfarbe benutzt, um diese zu binden, ebenso verleiht er der Papierfaser die notwendige Festigkeit[1].

b) Wasserbeständige Leimung.

Der Kasëinleim oder Käsekalkleim, der schon seit dem Mittelalter in Verwendung ist, wird hergestellt aus Kalk und Kasëin. Kasëin selbst wird bekanntlich aus Milch gewonnen. Das Kasëinpulver wird bei dem Herstellungsverfahren einfach mit Kalkhydrat, also gelöschtem Kalk, gemischt und mit Wasser angemacht. Man kann auch alkalisch wirkende Lösungen, wie Natronlauge, verwenden, Borax, Soda und Wasserglas sind gleichfalls brauchbar.

Schließlich seien noch erwähnt die zelluloidhaltigen Klebemittel, die aus Lösungen von Zelluloid (Filmabfälle) bestehen, welches in Azeton, Essigester u. dgl. gelöst ist. Die Klebewirkung beruht auf Verdunstung des Lösungsmittels, ist also im Gegensatz zu der Wirkung der Kasëinleime kein chemischer Vorgang. Aus diesen Zelluloidplatten wird durch Mischen mit Holzmehl künstliches Holz hergestellt, welches man verwendet zum Ausfüllen von Rissen an Balken oder Möbelstücken. Hergestellt werden sie durch Vermischung dieses genannten Klebemittels mit Holzmehl. Unter der Bezeichnung „Kauritleim WHK" wird neuerdings von der I. G. Farbenindustrie ein Leim in den Handel gebracht, der besonders schnell fest wird, besonders wenn ein „Kalthärter" verwendet wird. Näheres siehe in dem von der Firma herausgegebenen Merkblatt.

Geringere Bedeutung haben Klebemittel aus Kautschuklösung in Schwefelkohlenstoff oder Chloroform, oder von Harzen u. dgl.[2].

VI. Kitte.

Kitte sind pastenförmige Massen, bisweilen auch dicke Flüssigkeiten, die dazu dienen, entweder Löcher als Füllkitte auszufüllen oder aber Gebrauchsgegenstände zusammenzufügen, also zu verkitten. Es

---

[1] Näheres über Herstellung, Handelssorten usw. Ullmann: Enzyklopädie der techn. Chemie, Bd. 5, S. 577, II. Aufl. — Verwendung von Kasëin zur Herstellung plastischer Massen, Betonw. 1938, S. 129.

[2] Vgl. Ullmann: Enzyklopädie der techn. Chemie, Bd. VI, 2. Aufl., S. 568.

gibt auch Kitte, die beim Gebrauch geschmolzen werden müssen. Entsprechend teilt man die Kitte zweckmäßig in drei Gruppen ein, in

Schmelzkitte, die bei gewöhnlicher Temperatur fest sind und erst geschmolzen werden müssen, die

Abdunstkitte, welche nichts anderes darstellen als sehr dicke Lösungen und dadurch erstarren, daß das Lösungsmittel verdampft (siehe Spachtelmassen), und schließlich die wichtigen

Reaktionskitte, bei welchen die Erhärtung durch eine Reaktion der Einzelbestandteile, in ähnlicher Weise wie beim Zement, erfolgt.

Entsprechend der verschiedenen Art der Erhärtung müssen die Lösungskitte vor Verdunstung geschützt werden, während die Reaktionskitte erst angemacht werden dürfen, kurz ehe man sie verbraucht, da sie sonst erstarren.

Bei dem Typ der letzten Kitte ist dem Wasserglas noch ein anderes Salz, nämlich Natrium-Silicium-Fluorid zuzugeben, welches mit dem Wasserglas reagiert nach folgender Formel:

$$Na_2SiF_6 + 2 (Na_2 O \cdot xSiO_2) = 6 NaF + SiO_2 + 2 (xSiO_2)$$

Diese Art Kitt ist also nicht mit Wasserglas, sondern mit Wasser anzumachen. Dadurch wird das Verarbeiten naturgemäß vereinfacht. Gegen Alkali sind derartige Kitte aber dennoch nicht widerstandsfähig, auch dann nicht, wenn sie mit Kaliwasserglas hergestellt sind, welches dem gewöhnlichen Wasserglas deshalb vorzuziehen ist, weil die sich bildenden Kalisalze nicht so stark kristallisieren wie die Natronsalze. Man nennt die mit Wasser anzumachenden Wasserglaskitte bisweilen auch Säuremörtel, eine Bezeichnung, die aber meines Erachtens überflüssig ist.

Auf ganz anderer Basis als die Wasserglaskitte beruhen die Kunstharzkitte, welche als Träger des Kittvorganges Kunstharz enthalten. Diese Kunstharze wurden ursprünglich unter dem Namen Bakelite gehandelt, nach dem Erfinder Bakeland. Als ihre Grundlage dienen zwei organische Stoffe, nämlich einerseits das Phenol (Karbolsäure) und andererseits das Formaldehyd, welches als gasförmiges Desinfektionsmittel jedermann bekannt ist. Bei der Vereinigung dieser beiden organischen Stoffe treten diese unter Wasseraustritt zusammen. Zunächst bilden sich Salze, die Phenolalkohole. Die Phenolalkohole haben die merkwürdige Eigenschaft, weiter Formaldehydmoleküle unter Wasserabgabe anlagern zu können. Es entstehen im Lauf der Zeit mehrkernige, hochmolekulare Produkte, in denen die Molekülverbindung teilweise durch Methylbrücken, teilweise durch Ätherbrücken erfolgt. Die weitere Zusammensetzung dieser komplizierten Verbindungen interessiert uns nicht. Wissenswert für uns ist nur, daß die Moleküle sehr groß und schwer angreifbar sind, sowie zur Vergrößerung neigen. Die Säurebeständigkeit und Festigkeit wachsen also. Die schließlich gebildeten „Resite" sind fest, dicht und chemisch sehr widerstandsfähig, sogar gegen Alkali. Gewöhnlich enthalten derartige Kitte auf Kunstharzgrundlage noch Stoffe, die das bei der Reaktion auftretende Wasser aufzunehmen vermögen.

Wie die vorstehenden Ausführungen zeigen, ist der Aufbau derartiger Kitte so kompliziert, daß ihre Herstellung dem Fachmann überlassen werden muß, während ihre Verarbeitung einfach ist, zumal auch das in die Erhärtung häufig eingreifende Kittmaterial besonders gewählt werden muß. Beständigkeit ist vorhanden gegen Säuren, außer gegen oxydierende Säuren (Salpetersäure), gegen alle Salze, gegen Soda und Alkali. Aber auch hier muß von Fall zu Fall gewählt und der Rat der Fachleute gehört werden.

Von einem Kitt verlangt man gute Abbindezeit und schnelle Erstarrung sowie eine gewisse Beständigkeit gegen die einzelnen chemischen oder atmosphärischen Einwirkungen. Die Kittwirkung ist auf verschiedene Ursachen zurückzuführen, je nach der Art des Kittes. Bei den Schmelzkitten wird die Kittwirkung hervorgerufen durch das Erstarren des geschmolzenen Kittgutes, wodurch das Haftvermögen vergrößert wird, wie beispielsweise Siegellack sich auf Papier festheftet. Bei den Reaktionskitten entstehen ganz neue Verbindungen, die oft andere Eigenschaften haben als die ursprüngliche Substanz, wie beispielsweise Bleiglättekitt: Hier bilden sich Salze des Bleies, Doppelsilikate usw. Bei den Lösungskitten erfolgt die Kittwirkung nur durch das Abdunsten des Lösungsmittels. Über die Ausführung des Kittens gibt Ullmann[1] folgende Anweisungen:

1. Die Kittstellen müssen völlig rein, insbesondere Metalle von allen Oxydschichten, Öl, Fett, Staub usw. befreit sein.

2. Bei Kitten, die wässerige Bestandteile nicht enthalten, müssen auch die Kittstellen absolut trocken sein.

3. Bei Verwendung von Schmelz- oder Leimkitten werden die zu kittenden Gegenstände an den Kittstellen vorher erwärmt.

4. Bei Verwendung von Wasserglas-, Glyzerin- oder Leinölkitten werden die Kittstellen zweckmäßig vor dem Kitten mit Wasserglaslösung bzw. Glyzerin oder Leinöl bestrichen.

5. Glatte oder polierte Kittstellen werden vor dem Auftragen des Kittes mittels mechanischer Hilfsmittel aufgerauht.

6. Die Kittmassen müssen in nicht zu dicken Schichten aufgetragen werden und gleichmäßig verteilt sein. Zum Auftragen der Kitte bedient man sich, je nach ihrer Konsistenz, der Pinsel, Spachtel, Löffel, Kellen usw.

7. Die zusammengekitteten Gegenstände werden durch Schnüre, Drähte, Schraubenzwingen usw. bis zum Festwerden der Kittmasse zusammengehalten.

Es gibt Kitte der verschiedensten Art für Porzellan, Glas, Horn und Leder; für die Verbindungen von Baustoffen, die hitzebeständig oder

---

[1] Enzyklopädie der techn. Chemie, Bd. VI, S. 553. — Poljakow: Beurteilung von silikatischen säurebeständigen Zementen zum Korrosionsschutz von Apparaturen, Ch. Zentr. 1941, I, S. 1212. — Heinrich: Probleme des Säurebaues, Bauindustrie 1942, S. 285. — Säureschornsteine, Baumarkt 1942, S. 277. — Ssytschew: Der Einfluß der Natur und der Konzentration der Säure auf die Beständigkeit von Silikatkitten, Ch. Zentr. 1940, I, S. 113. — Dietz: Neue Säuremörtel, Chem.-Ztg. 1942, S. 296. — Kirchhof: Über Faktis, Chem.-Ztg. 1937, S. 886.

wasserbeständig sein müssen, gibt es säurebeständige Kitte, mit denen man beispielsweise Plattenbeläge bei Bauwerken, die Säureeinwirkungen ausgesetzt sind, ausgefugt und schließlich auch noch ölbeständige Kitte für ähnliche Zwecke.

a) Schmelzkitte. Zwei wichtige, schon im Altertum mit bestem Erfolg gebrauchte Kittmethoden seien noch erwähnt, die hauptsächlich das Befestigen von Eisendübeln in Mauerwerk oder Naturstein betreffen, das Eingießen mit Schwefel oder Blei.

Der Schwefel geht durch die Erhitzung aus dem uns bekannten gelben kristallinen Formzustand in einen anderen Formzustand über und vermag Eisenstangen u. dgl., die mit ihm in Dübellöchern vergossen werden, sehr fest zu halten.

Die Vergießung mit Blei ist ein rein mechanischer Vorgang, bei welchem um die einzugießende Eisenstange ein dem Gesteinsloch sich anpassender Bleikörper gebildet wird, der das Eisen vor Rost schützt. Dieser Rostschutz ist äußerst wichtig und seine Bedeutung war den Erbauern des Kölner Domes wohlbekannt. Sie hatten besondere Bleigießer und tatsächlich hat von den vielen tausend Eisendübeln, mit denen das gotische Netzwerk des Kölner Domes zusammengehalten ist, keiner in den vielen Jahrhunderten Rosterscheinungen gezeigt; bei modernen Kirchen, bei welchen die Eisendübel in dünnen Zementlagen eingebettet wurden (1—2 mm), traten schon nach 20 Jahren Absprengungen auf (vgl. S. 27).

b) Reaktionskitte. Die für das Bauwesen wichtigsten Kitte sind die Reaktionskitte, der Glaserkitt und die Säurekitte.

Der Glaserkitt besteht aus einem feinen Gesteinspulver, z. B. Kreide, welches mit Öl, Leinöl zu einem Teig angerührt ist. Nach der Verarbeitung in nicht zu dicker Schicht trocknet das Öl, das heißt, es oxydiert sich an der Luft (wie Ölfarbe) und der Kitt wird allmählich fest.

Die Wasserglaskitte sind Gesteinsmehle, die mit Wasserglas erst kurz vor der Verarbeitung angemacht werden dürfen wie Zement mit Wasser. Sie erhärten wie dieser, ziehen wie dieser nach einiger Zeit an und erhärten langsam nach. Da Wasserglas wasserlöslich ist und erst bei der Behandlung mit Säuren zerfällt unter Abscheidung gallertartiger Kieselsäure, ist es bei vielen Wasserglaskitten zweckmäßig, sie vor Wasserzutritt mit Säuren zu behandeln, eine Komplikation, die bei den modernen Erzeugnissen entfällt. Die Wasserglaskitte sind unentbehrlich zur Ausfugung säurefester Platten, die unter ihnen liegenden Beton oder Stahl vor Korrosion durch Säuren schützen sollen. Bei richtiger Ausführung lassen sich sehr große Bauwerke auch gegen starke Säuren schützen und Behälter dauernder Beständigkeit herstellen.

Für die Säurekitte Höchst werden von dem Herstellerwerk 40 Min. Erstarrungsbeginn, 1—4 Tage Erhärtungszeit und 20 Kilo Zugfestigkeit bei 120—170 kg/cm² Druckfestigkeit angegeben.

VII. Anstrichfarben und Schutzanstriche.

Anstrichfarben dienen dazu, einen witterungsempfindlichen Untergrund gegen die Einwirkung der Luft, teilweise auch der Feuchtigkeit zu schützen und ihm gleichzeitig ein schöneres Aussehen zu geben. Alle Anstrichfarben werden flüssig aufgebracht entweder durch Aufstreichen oder besser noch durch Aufspritzen. Als Untergrund kommen entweder Holz, Putz oder schließlich Metall, und zwar vorzugsweise Eisen in Betracht. Die entstehende Farbschicht kann entweder von wabenförmiger Struktur, z. B. Temperfarben, oder zusammenhängend sein, z. B. Ölfarben, oder es kann sich um eine mehr auf Lichtwirkung berechnete Farbschicht handeln, z. B. bei Kalkfarben. Die letztere ist natürlich ebenso wie die erstere für Wasser durchlässig. Aber auch Ölfarben sind je nach der Zusammensetzung mehr oder weniger hydrophil, d. h. sie vermögen im Wasser etwas aufzuquellen und schützen deshalb den Untergrund nicht vollkommen vor Feuchtigkeit. Aus diesem Grunde bringt man z. B. Ölfarbenanstriche auf Eisen erst dann auf, wenn vorher mit Mennige grundiert ist.

Dem Aufbau nach besteht jede Farbe einerseits aus einer Flüssigkeit, welche die Farbe streichbar macht, und andererseits aus einem Pigment und schließlich aus einem Binder zum Festhalten des Pigments. Als Flüssigkeit dient entweder Wasser bei den Wasser- und Kalkfarben, oder Öle verschiedenster Art bei den Ölfarben (Leinöl, Mohnöl, Holzöl usw.), und schließlich bei vielen Rostschutzfarben oder bei den Nitrozellulosefarben ein organisches Lösungsmittel.

a) Pigmente oder Farbkörper.

Die Pigmente sind gemahlene Oxyde oder Erden, z. B. Eisenoxyd (rot oder schwarz) oder Oker (gelb oder orange) oder Grünerde (gemahlener Grünstein). Sie müssen sehr fein gemahlen sein, damit die Farbe gut streichbar ist, auch dürfen sie mit dem Bindemittel nicht in schädliche chemische Wechselwirkung treten. Bisweilen ist eine solche chemische Wechselwirkung aber erwünscht, z. B. beim Bleiweiß, welches mit dem als Bindemittel dienenden Öl wetterwiderstandsfähige Verbindungen bildet im Gegensatz zu Zinkweiß, bei welchem diese günstige Wirkung nicht zu beobachten ist.

Als färbende Substanzen werden verwendet Eisenoxydhydrate, Manganoxyde usw. Von ihnen ist zu verlangen, daß sie in ihrer Färbung so beschaffen sind, daß sie von sich aus dem zukünftigen Anstrich schon die gewünschte Farbe geben. Häufig werden diese Grundfarben mit Anilinfarben eingefärbt und aufgefrischt. Die Folge davon ist dann, daß der Anstrich später verschießt oder verblaßt, also nicht lichtecht ist. Pigmente, welche mit Kalkwasser als Bindemittel verwendet oder die auf Putz aufgestrichen werden sollen, müssen kalkecht sein, solche, die für Wasserfarben dienen, müssen wasserbeständig sein. Ölechtheit ist zu fordern von solchen Pigmenten, die zur Ölfarbenherstellung dienen. Bei der Mischung verschiedener Pigmente können chemische Reaktionen eintreten, welche die Farbwirkung zerstören, man sagt dann, daß die betreffenden Farben sich nicht vertragen. So verträgt sich z. B. Grünspan nicht mit Auripigment, ebenso kadmiumgelb nicht mit kupfergrün. Licht spielt hier keine Rolle, sondern es handelt sich um direkte chemische Reaktionen. Vorsicht beim Mischen verschiedener Pigmente, auch mit Öl als Bindemittel, ist daher unerläßlich und die Mitwirkung eines Fachmannes notwendig[1].

b) Bindemittel.

Von dem Bindemittel ist vor allem zu fordern, daß es nach dem Auftragen nicht so schnell schwindet, und Risse entstehen.

Die Kalkfarben haben als Bindemittel gewöhnliches Kalkwasser. Bekanntlich verbindet sich Kalkwasser, das gewöhnliches Kalkhydrat enthält, mit Kohlensäure der Luft nach folgender Formel:

$$Ca(OH)_2 \quad + \quad CO_2 \quad = \quad CaCO_3 \quad + \quad H_2O.$$

Kalkhydrat Kohlensäure Kalkkarbonat Wasser
     (anhydrid)

Der hierbei entstehende, in feinen Kristallen sich ausscheidende kohlensaure Kalk bildet den Binder, das Wasser führt die Streichbarkeit herbei. Die Bindung ist hauptsächlich bei Anwesenheit von Feuchtigkeit nicht beständig, da durch weiteren Zutritt von Kohlensäure aus der Luft doppeltkohlensaurer Kalk nach folgender Formel entsteht:

$$CaCO_3 + H_2CO_3 = Ca(HCO_3)_2.$$

Dieser doppeltkohlensaure Kalk ist wasserlöslich. Das Bindevermögen hört auf und die Farbschicht „steht auf", d. h. sie wird lose und abwaschbar.

Auch Zutritt von Feuchtigkeit von unten her (Regenwirkung) wird einen derartigen Anstrich zerstören, er blättert ab. In der Kalktüncherei wird in der Weise gearbeitet, daß man die Farbe direkt mit der Kalkmilch mischt. Häufig wird die Wand vor Aufbringen derartiger Farben mit einer dünnen Seifenlösung bestrichen (Vorseifen), um die Haftfestigkeit zu erhöhen.

Da, wie oben ausgeführt, das Bindungsvermögen des Kalkkarbonats nicht befriedigend ist, werden an vielen Stellen derartige Farben durch Wasserglasfarben (Keimsche Mineralfarben) vertreten. Hierbei wird die Farbe nicht mit Kalkwasser, sondern mit verdünntem Wasserglas angemacht. Das Wasserglas reagiert dann mit dem darunter befindlichen Kalkputz nach folgender Formel:

$$Ca(OH)_2 \quad + \quad Na_2SiO_3 \quad = \quad CaSiO_3 \quad + \quad 2\,Na(OH)^2.$$

Kalkhydrat Wasserglas Kalksilikat Natronhydrat

Es entsteht also unlöslicher kieselsaurer Kalk, der solchen Farben eine höhere Widerstandsfähigkeit verleiht.

Bei den Leimfarben ist das Bindemittel Leim, der in der üblichen Weise trocknet; sie sind infolgedessen nicht wasserbeständig. Eine

---

[1] Hummelsberger: Farbiger Beton, Betonstraße 1938, S. 187. — Hummelsberger: Farbiger Beton, Zement 1938, S. 665. — Zementfarben, Betonwerk 1939, S. 87.—Haegermann: Über die Prüfung und Bewertung schwarzer Betonfarbstoffe, Betonstraße 1941, S. 75.

[2] Karbonisiert sich mit der Kohlensäure der Luft zu Natriumkarbonat (Soda).

gewisse Wasserbeständigkeit kann durch nachträgliche Behandlung mit Formaldehyd erreicht werden.

In den Kaseïnfarben liegt Milch als Bindemittel vor. Neuerdings werden Kaseïnfarben fertig aus Kaseïn in den Handel gebracht, während man im Altertum mit „Milch malte". Es entsteht nach dem Vermalen unlöslicher milchsaurer Kalk. Am besten ist es hier, die Farbe fertig zu beziehen, da ein Überschuß an Bindemittel zum Abblättern führen würde.

Die Temperafarbe hat als Grundlage eine Emulsion. Während ursprünglich Eigelb, Öl und Wasser in Anwesenheit von Lezithin als Emulsion verwendet wurde, nimmt man heute an Stelle dieser natürlichen Emulsion nachgebildete künstliche Emulsionen.

Weitaus die größte Rolle spielen die Öl- und Ölharzfarben. Als Bindemittel dient meist Leinöl oder unter Luftabschluß eingedicktes Leinöl, das man Standöl nennt. Eine höhere Qualität wird erreicht bei Heranziehung des chinesischen Holzöls. Lackartige Wirkung erreicht man durch Zusatz von Harzen, schnellere Trocknung durch Sikkativ. Als Verdünnungsmittel nimmt man Terpentin, Benzin usw. Die Trocknung der Ölfarben beruht auf zwei nebeneinanderlaufenden Vorgängen: Zunächst auf Oxydation des Öls, also auf Sauerstoffaufnahme aus der Luft und weiter auf Verdunsten von geringen Wassermengen. Hierbei ist die Sauerstoffaufnahme aus der Luft weitaus der wichtigste Vorgang, der zeigt, daß es sich bei der „Trocknung", wie der Vorgang im landläufigen Sinne genannt wird, gar nicht um eine Trocknung handelt, sondern um eine Sauerstoffaufnahme, also um eine Oxydation. Diese Sauerstoffaufnahme ist nicht umkehrbar, also nicht reversibel. Die Ölfarbe kann also, wenn sie erst getrocknet, d. h. oxydiert ist, nicht mehr in Benzol u. dgl. gelöst werden. Der Vorgang ist demnach keine Trocknung im landläufigen Sinne, also kein Flüssigkeitsverlust, sondern eine rein chemische Umwandlung des Leinöls in hoch oxydierte und höher molekulare Form, indem sich die Moleküle vergrößern durch Zusammentritt zu chemischen Verbindungen. Auf dieser Tatsache beruht auch die Notwendigkeit, Ölfarbe, die in Kleider gekommen ist, so schnell wie möglich durch Lösungsmittel, wie Benzin od. dgl. zu entfernen, bevor nämlich das Leinöl oxydiert und polymerisiert ist, es löst sich nur anfangs, solange es nämlich noch „Leinöl" ist, in den genannten Lösungsmitteln und die Farbe ist abwaschbar. Das entstehende Endprodukt ist nicht mehr abwaschbar, da es keine Löslichkeit mehr hat. Will man es entfernen, so muß man es zerstören dadurch, daß man die Öle verseift. Diese Zerstörung ist möglich durch Basen (vgl. S. 115), also beispielsweise durch Ammoniakwasser oder durch Natronlauge, oder allein schon durch starke Seife (Schmierseife), da diese ja freie Natronlauge enthält.

Rostschutz wurde früher vor allen Dingen dadurch auf Eisen erzielt, daß man Leinölfarbe verwendete, indem man einen oder zwei Grundanstriche, die Bleimennige enthielten, und später andere beliebige Farben auftrug. Da das Leinöl an der Luft verharzt (es oxydiert sich) und dadurch in den unlöslichen Zustand übergeht, wird es besonders wetterbeständig. Im Gegensatz zu diesen trocknenden Ölen stehen die nicht trocknenden Öle, d. h. Maschinenöle, die man zur Erhöhung der Schmierfähigkeit braucht. Diese Öle trocknen nicht, sie eignen sich also nicht zum Anmachen der sogenannten Pigmente, d. h. fester, feingemählener Stoffe, die in den Ölen als Füllmittel dienen und die sich im Film ablagern, um die tieferen Öllagen vor Oxydation unter Sonnenlichteinwirkung zu schützen. Neuerdings kommen auch andere Träger für die Pigmente in den Handel, z. B. die Phthalatharze[1]. Hier bildet sich der Film durch Verdunstung des Lösungsmittels und nur in untergeordnetem Maße durch Oxydation des Fettsäureanteils. Schließlich gibt es noch die Anstriche auf Nitrozellulosegrundlage und die Kunstharze. Fast wichtiger als die Öle selbst ist das Aufbringen, d. h. die Sorge dafür, daß das Eisen rostfrei ist, daß der Film zusammenhängt und keine Staubkörner diesen gleichsam durchbohren.

Zusammenfassend ist zu den bisher genannten Farben folgendes zu sagen:

Bei Aufnahme der Kohlensäure und Entweichen des Wassers aus den Kalkfarben, bei Trocknung der Leimfarben, bei der chemischen Umsetzung der Kaseïn- und Wasserglasfarben, die häufig auch mit Entweichen von Wasser verbunden sind, sowie beim Oxydieren der Ölfarben, bei welchen gleichfalls gasförmige Oxydationsprodukte entstehen, treten stets Schrumpfungen auf, die Farboberfläche wird also beim Altern kleiner mit dem Erfolg, daß Risse entstehen. Man bringt deshalb, besonders bei Ölfarben, die Holz u. dgl. gegen Witterung schützen sollen, mehrere Anstriche auf, und die im ersten Film sofort nach dem Trocknen entstehenden Risse werden auf diese Weise überdeckt, so daß ein befriedigender Schutz entsteht.

. Die Nitrozellulosefarben trocknen ohne chemische Umsetzung einfach durch Verdunsten des Lösungsmittels; ihr „Trocknen" ist also ein echtes Trocknen, ein rein physikalischer Vorgang, nämlich ein Verdunsten des Lösungsmittels. Die Nitrozellulosefarben haben, weil sie schneller trocknen, in weitem Umfang die Ölfarben verdrängt[2].

Viele Rostschutz- und Betonschutzanstriche beruhen auf der gleichen Grundlage wie die Nitrozellulosefarben, da auch sie lediglich Lösungen darstellen (Bitumina, Teere, Peche, gelöst in Solventnaphtha, Benzol usw.). Notwendig ist bei diesen Anstrichen, daß der Film kein allzu großes Schrumpfvermögen hat, daß er lichtbeständig und im Alter nicht abwischbar (wie verschiedene Bitumensorten) wird. Schließlich muß den Farben noch eine gewisse Widerstandsfähigkeit gegen Stoß, Schlag und chemische Agenzien innewohnen. Diese Eigenschaften kann man erreichen durch Zufügung geringer Mengen besonders geeigneter Standöle, Holzöle, Leinöle u. dgl. oder bei Bitumenanstrich durch Mischen von Bitumina, Pechen u. dgl. von verschiedenem Schmelzpunkt durch Zufügung von Weichmachungsmitteln. Näheres

---

[1] Vgl. Brodersen: Schutzanstrich für Stahl, Holz und Stein im Bauwesen, Bautechnik 1943, S. 233.

[2] Ullmann: Enzyklopädie der techn. Chemie, Bd. VII, S. 439 ff.: Hier sind auch ausführliche Angaben über Verfälschungsmöglichkeit usw. zu finden.

über Beton- und Eisenschutzanstrich aus Bitumen oder Pechen u. dgl. auf Basis von Solventnaphthalösung oder auf der Grundlage von Emulsion siehe unter Schutzanstriche S. 120. Auch bei diesen Anstrichen sind, da trotz nur geringer Schwindung leicht kleine Risse und Bläschen entstehen, stets drei Anstriche aufzubringen, wenn ein möglichst guter und haltbarer Schutz erzielt werden soll, damit im ersten Anstrich auftretende Risse und Bläschen vom zweiten überdeckt werden. Emulsionen werden für Eisen wenig verwendet, mehr dagegen für Betonschutz, und haben hier den Vorteil, daß sie auf feuchter Unterlage aufgebracht werden können; allerdings quellen sie auch leicht wieder auf. In bezug auf Aufbau haben sie Ähnlichkeit mit den Temperafarben, da sie aus fein verteilten Bitumenflöckchen in Wasser bestehen. Die Emulsion wird stabil, d. h. beständig gemacht durch Zusatz von Stabilisatoren wie Ton. Dennoch kommt es häufig vor, daß solche Anstriche sich beim Stehen in unverarbeitetem Zustand absetzen. Vor der Verstreichung ist deshalb darauf zu achten, daß die Emulsion sich in tadellosem Zustand befindet. Nach dem Aufstreichen treten die kleinen Flöckchen der Emulsion zu immer größeren zusammen und bilden einen verhältnismäßig wasserundurchlässigen Film[1].

Schluß.

Die Beschäftigung mit Chemie ist für den Baumeister und Architekten nicht nur interessant, sondern auch fruchtbar, weil diese Beschäftigung seine Kenntnisse erweitert und sein Verständnis für die Baustoffe erhöht. Dieses Verständnis ist aber nötig, wenn die richtigen Baustoffe an den rechten Platz kommen und zweckmäßig verarbeitet werden sollen.

Es kann keine Rede davon sein, daß der Architekt oder Ingenieur plötzlich zum Chemiker gemacht oder auch nur mit überflüssigen chemischen Kenntnissen belastet werden soll. Ebenso wenig ist mir daran gelegen, Anlaß zu geben zu einer oberflächlichen Halbbildung, die nie etwas taugt. Schwere chemische Fragen werden zur Lösung immer dem Chemiker vorbehalten werden müssen. Aber Verständnis für die Baustoffe zu wecken ist möglich ohne überflüssige Belastung des vielgeplagten Baubeflissenen. Aus diesem Verständnis werden persönliche, wirtschaftliche und kulturelle Vorteile erwachsen.

Persönliche Vorteile durch Erhöhung der Sicherheit bei der Anwendung der Baustoffe und Weckung des Interesses. Das Gebiet der Baustoffkunde hört auf, langweilig zu sein, wenn man etwas davon versteht.

Wirtschaftlicher Nutzen ergibt sich aus der richtigen Ansetzung der Baustoffe an dem ihnen zukommenden Platz und aus zweck-

---

[1] Grün: Über Betonschutz, Bauing. 1928, S. 307. — Zerstörung von Beton und Betonschutz durch Anstriche, Tonind.-Ztg. 1929, Nr. 19 ff. — Über die Prüfung und ein Prüfverfahren von Betonschutzanstrichen, Tonind.-Ztg. 1927, Nr. 70.

mäßiger Verarbeitung, die allein durchgeführt und überwacht werden kann bei genügenden Kenntnissen.

Kulturelle Vorteile erwachsen besonders dem Architekten, wenn er aus der Baustoffkunde heraus lernt, welche gewaltigen Mög·lichkeiten ihm für die Ausführung seiner Gedanken mit den modernen Baustoffen gegeben sind. Die Architekten des Mittelalters und des Altertums waren mit ihren schwerfälligen Baustoffen übel dran gegen unsere modernen Techniker, die über Stahl, Beton und Stahlbeton, Dampframmen, Motoren, Steinbrecher, Lastenaufzüge, Zement, Streckmetall, Aluminium und Glasscheiben in riesigen Abmessungen, Kraft in gewaltigem Überschuß und tausenderlei andere Vorteile verfügen. Dennoch schufen die Alten prächtige Riesenbauten. Wieviel größere Möglichkeiten sind dem Baumeister von heute gegeben! Soll er sie nützen, so muß er seine Baustoffe kennen. Zu dieser Kenntnis soll die „Chemie" beitragen. Sie soll die Überzeugung verbreiten helfen, daß die heutige Technik nicht kulturfeindlich ist, sondern ganz im Gegenteil, daß sie eine Helferin des kulturschaffenden Baukünstlers ist, wenn er diese Technik sich nutzbar macht. Denn sie bietet ihm mit ihren Kraftmaschinen und modernen Baustoffen Möglichkeiten der Gestaltung, über die bisher in den vielen Jahrtausenden menschlicher Bautätigkeit noch kein Mensch verfügte. Diese Erkenntnis muß sich der Verbraucher an Baustoffen aus der Baustoffkunde verschaffen.

So greift auch das scheinbar so nüchterne Gebiet der Chemie in die ihm scheinbar so fremde Kultur ein. Dem Baumeister ist es vorbehalten, durch Nutzung der Möglichkeiten, die ihm Techniker und Chemiker bieten, den Stand der Baukunst zu erhöhen.

Über die Bezeichnung und Namengebung chemischer Verbindungen.

In der Chemie werden viele Salze mit zwei, drei und bisweilen sogar mehr Namen bezeichnet. Diese Bezeichnungen stammen noch aus früheren Jahrhunderten, sogar aus der Alchemistenzeit, also aus einer Periode, in welcher man die Zusammensetzung chemischer Verbindungen gar nicht kannte. Mit einer merkwürdigen Zähigkeit haben sich leider diese Namen erhalten, so daß man sie häufig abwechselnd trifft und wissen muß, was unter diesen Namen zu verstehen ist. Außerdem werden die einzelnen Salze bisweilen von der Säureseite, bisweilen von der Basenseite bezeichnet. So heißt beispielsweise die Kochsalzformel NaCl bisweilen Natriumchlorid, dann wieder Chlornatrium und schließlich salzsaures Natron oder chlorwasserstoffsaures Natrium. Allein zweckmäßig wäre die Bezeichnung „Natriumchlorid". Ebenso wird auch bisweilen Natriumsulfat (Na_2SO_4) nach dem Auffinder, dem Chemiker Glauber, noch „Glaubersalz" genannt. Es heißt aber daneben auch noch „schwefelsaures Natrium". Magnesiumsulfat wird bisweilen auch „schwefelsaure Magnesia" genannt oder auch „Bittersalz" nach seinem bitteren Geschmack.

Viele Salze kristallisieren mit einigen Molekülen Wasser, und zwar vermögen sie bisweilen mehr, bisweilen weniger Wasser sich anzugliedern, je nach den Umständen der Entstehung (Temperatur, Druck, Konzentration, Zeit). Man schreibt die Formel für das kristallwasserhaltige Salz z. B. bei Natriumsulfat entweder $Na_2SO_4 + 10$ aq oder $Na_2 — SO_4 + 10 H_2O$, das besagt, daß das Natriumsulfat mit 10 Molekülen Wasser kristallisiert. Das kristallisierte Salz besteht dann nicht etwa aus 100% Natriumsulfat (Na_2SO_4), sondern erheblich weniger, wie folgende Rechnung zeigt: das Molekulargewicht für das ganze Salz setzt sich wie folgt zusammen:

	Molekular-gewicht	%
Natriumsulfat	142,16	44,1
10 H_2O	180,16	55,9
Summe	322,32	100,0

$Na_2SO_4 \cdot 10 H_2O$ hat also nur einen Gehalt von 44,1 % Na_2SO_4, der Rest ist Kristallwasser.

Um dem Leser das Studium von chemischen oder volkstümlichen Abhandlungen, in welchen die alten Namen oft noch gebraucht sind, zu erleichtern, ist im nachfolgenden eine Liste gegeben, in welcher die verschiedenen gangbaren Bezeichnungen der gebräuchlichsten chemischen Verbindungen, geordnet nach den Anfangsbuchstaben, wiedergegeben sind.

Verzeichnis der häufigsten chemischen Verbindungen unter den verschiedenen, für sie gebräuchlichen Namen und ihre chemischen Formeln.

Aethanol = Aethylalkohol [$C_2H_5(OH)$].
Aethylalkohol [$C_2H_5(OH)$] = Alkohol = Aethanol.
Ätznatron = Natronlauge = Natriumhydroxyd [$Na(OH)$].
Alaun [$KAl(SO_4)_2 + 12 H_2O$] = Kalium-Aluminiumsulfat.
Alkalien: Natrium und Kalium, da diese als Oxyde starke alkalische „Laugen"
　　bilden.
Alkalische Erden: Calciumoxyd (CaO), Bariumoxyd (BaO), Strontiumoxyd
　　(SrO).
Alkohol = Aethylalkohol ([$C_2H_5(OH)$] = Aethanol.
Aluminiumoxyd (Al_2O_3) = Tonerde, gehört zu den „Erden".
Anhydrit = Calciumsulfat ($CaSO_4$ wasserfrei) = schwefelsaures Calcium.
Bariumoxyd (BaO) = gehört zu den „alkalischen Erden".
Bariumsulfat ($BaSO_4$) = schwefelsaures Barium = Schwerspat = Baryt.
Bittersalz = Magnesiumsulfat ($MgSO_4 + 7 H_2O$) = schwefelsaure Magnesia.
Calcium-Aluminiumsulfat ($3 CaO \cdot Al_2O_3 \cdot 3 CaSO_4 + 30 H_2O$) = Zementbazillus = Calciumsulfoaluminat.
Calciumcarbonat — kohlensaurer Kalkstein (Muschelkalk, Kreide).
Calciumchlorid ($CaCl_2$) = Chlorcalcium = chlorwasserstoffsaures Calcium.
Calciumhypochlorid [$Ca(OCl)_2$] = Chlorkalk.
Calciumoxyd (CaO) = Kalk = Branntkalk auch Kalkerde, gehört zu den alkalischen Erden.
Calciumsilikat ($CaO SiO_2$ auch $CaSiO_3$ geschrieben) = kieselsaures Calcium.
Calciumsulfat ($CaSO_4 + 1/2 H_2O$) = Stuckgips.
Calciumsulfat ($CaSO_4$ wasserfrei) = Anhydrit = schwefelsaures Calcium.
Calciumsulfat ($CaSO_4 + 2 H_2O$) = schwefelsaures Calcium = Gipsstein.

Calciumsulfat ($CaSO_4$ gebrannt, wasserfrei) = Estrichgips.
Calciumsulfoaluminat = Calcium-Aluminiumsulfat (3 CaO · Al_2O_3 · 3 $CaSO_4$ + 30 H_2O) = Zementbazillus.
Chilesalpeter = Kaliumnitrat (KNO_3) = salpetersaures Kalium.
Chlorcalcium = Calciumchlorid ($CaCl_2$) = chlorwasserstoffsaures Calcium.
Chloride: Salze der Salzsäure oder Chlorwasserstoffsäure.
Chlorkalk = Calciumhypochlorid [$Ca(OCl)_2$].
Chlormagnesium = Magnesiumchlorid ($MgCl_2$ + 6 H_2O) in der Steinholzfabrikation: Lauge.
Chlornatrium = Natriumchlorid [$NaCl$] = chlorwasserstoffsaures Natrium = Kochsalz.
Chlorwasserstoffsäure = Salzsäure (HCl).
Chlorwasserstoffsaures Calcium = Calciumchlorid ($CaCl_2$) = Chlorcalcium.
Chlorwasserstoffsaures Natrium = Natriumchlorid [$NaCl$] = Chlornatrium = Kochsalz.
Chromsaures Kali = Kaliumbichromat ($K_2Cr_2O_7$) = saures Kaliumsalz der Chromsäure.
Eisenoxyd (Fe_2O_3) gehört zu den „Erden".
Erden: Aluminiumoiyd (Al_2O_3), Eisenoxyd (Fe_2O_3) = R_2O_3.
Estrichgips = Calciumsulfat ($CaSO_4$ gebrannt, wasserfrei).
Fluate: Salze der Kieselfluorwasserstoffsäure, z. B. Magnesiumsiliciumfluorid.
Gipsstein = Calciumsulfat ($CaSO_4$ + 2 H_2O) = schwefelsaures Calcium = Rohgips.
Glaubersalz = Natriumsulfat (Na_2SO_4 + 10 H_2O) = schwefelsaures Natrium.
Grubengas = Methan (CH_4) = Sumpfgas (Ursache der „schlagenden Wetter").
Kalilauge = Kaliumhydroxyd (K OH).
Kalium gehört zu den „Alkalien".
Kalium-Aluminiumsulfat = Alaun ($KAl(SO_4)_2$ + 12 H_2O).
Kaliumdichromat ($K_2Cr_2O_7$) = chromsaures Kali = saures Salz der Chromsäure.
Kaliumhydroxyd (K OH) = Kalilauge.
Kaliumnitrat (KNO_3) = salpetersaures Kalium = Chilesalpeter.
Kaliumpermanganat ($KMnO_4$) = Übermangansaures Kali.
Kaliumsilikat = Kaliwasserglas (K_2SiO_3) = Kalisalz der Kieselsäure = kieselsaures Kalium.
Kaliwasserglas (K_2SiO_3) = Kaliumsilikat = kieselsaures Kalium = Kalisalz der Kieselsäure.
Kieselfluorwasserstoffsäure (H_2SiF_6): Ihre Salze heißen kurz: Fluate oder Silicofluoride.
Kieselsaures Calcium = Calciumsilikat (CaO · SiO_2, auch $CaSiO_3$ geschrieben).
Kieselsaures Kalium = Kaliwasserglas (K_2SiO_3) = Kaliumsilikat = Kalisalz der Kieselsäure.
Kochsalz = Natriumchlorid ($NaCl$) = chlorwasserstoffsaures Natrium = Chlornatrium.
Kohlendioxyd = Kohlensäureanhydrid (CO_2).
Kohlensäure (CO_2): CO_2 ist eigentlich die Formel für Kohlensäureanhydrid; die Verbindung CO_2 wird aber häufig einfach „Kohlensäure" genannt, obwohl die richtige Formel für Kohlensäure die wasserhaltige Säure H_2CO_3 ist und man zu CO_2 richtig Kohlendioxyd oder Kohlensäureanhydrid sagen müßte.
Kohlensäureanhydrid (CO_2) = Kohlendioxyd = Kohlensäure.
Kohlensaure Magnesia = Magnesit ($MgCO_2$) = Magnesiumkarbonat.
Kupfersalz der Schwefelsäure = Kupfersulfat ($CuSO_4$ + 5 H_2O) = schwefelsaures Kupfer = Kupfervitriol.
Kupfersulfat ($CuSO_4$ + 5 H_2O) = schwefelsaures Kupfer = Kupfervitriol = Kupfersalz der Schwefelsäure.
Kupfervitriol = Kupfersulfat ($CuSO_4$ + 5 H_2O) = schwefelsaures Kupfer = Kupfersalz der Schwefelsäure.

Magnesia (MgO) = Magnesia usta = Magnesiumoxyd = Magnesit (letztere
    Bezeichnung ist falsch, sie gebührt eigentlich nur dem Magnesiumkarbonat,
    der Name „Magnesit" ist aber in der Steinholzindustrie für MgO [also ge-
    brannten Magnesit] allgemein üblich).
Magnesit ($MgCO_3$) = Magnesiumkarbonat = kohlensaure Magnesia (siehe
    auch Magnesia).
Magnesiumkarbonat = Magnesit $MgCO_3$) = kohlensaure Magnesia.
Magnesiumchlorid ($MgCl_2$ = $6 H_2O$) = Chlormagnesium oder Chlormagnesia.
Magnesiumchloridlauge = Steinholzlauge ($MgCl_2$).
Magnesiumoxyd = Magnesia (MgO) = Magnesit, siehe Magnesia.
Magnesiumsalz der Kieselfluorwasserstoffsäure = Magnesiumsiliciumfluorid
    ($MgSiF_6$): Kurz als Fluat bezeichnet, kommt zur Härtung von Beton in den
    Handel.
Magnesiumsiliciumfluorid ($MgSiF_6$) = Magnesiumsalz der Kieselfluorwasser-
    stoffsäure.
Magnesiumsulfat ($MgSO_4$ + $7 H_2O$) = schwefelsaure Magnesia = Bittersalz.
Methanol = Methylalkohol [$CH_3(OH)$].
Methan (CH_4) = Grubengas = Sumpfgas.
Methylalkohol [$CH_3(OH)$] = Methanol (wird bisweilen mißbräuchlich an Stelle
    von Aethylalkohol zu Berauschungszwecken getrunken, ist aber giftig und
    führt nach Genuß zur Erblindung).
Natrium-Metall gehört zu den Alkalien.
Natriumkarbonat = Soda (Na_2CO_3 + $10 H_2O$) = kohlensaures Natron.
Natriumchlorid (NaCl) = Chlornatrium = chlorwasserstoffsaures Natrium
    = Kochsalz.
Natriumhydroxyd [$Na(OH)$] = Natronlauge = Ätznatron.
Natriumsilikat = Wasserglas (Na_2SiO_4).
Natriumsulfat (Na_2SO_4 + $10 H_2O$) = kristallisiertes schwefelsaures Natrium
    = Glaubersalz.
Natronlauge = Natriumhydroxyd = Ätznatron (NaOH).
Nitrate = Salze der Salpetersäure.
Rohrzucker = Zucker ($C_{12}H_{22}O_{11}$) = Rübenzucker.
Rübenzucker = Zucker ($C_{12}H_{22}O_{11}$) = Rohrzucker.
Salpetersäure (HNO_3): Die Salze heißen Nitrate.
Salpetersaures Kalium = Kaliumnitrat (KNO_3) = Chilesalpeter.
Salzsäure (HCl) = Chlorwasserstoffsäure: Die Salze heißen Chloride.
Schwefelsäure (H_2SO_4) = Vitriolöl oder Vitriol: Die Salze heißen Sulfate.
Schwefelsaure Magnesia = Magnesiumsulfat ($MgSO_4$ + $7 H_2O$) = Bittersalz.
Schwefelsaures Barium = Bariumsulfat ($BaSO_4$) = Schwerspat = Baryt.
Schwefelsaures Calcium = Calciumsulfat (Gips), siehe auch Gips und Anhydryd.
Schwefelsaures Kupfer = Kupfersulfat ($CuSO_4$ + $5 H_2O$) = Kupfervitriol.
Schwefelsaures Natrium = Natriumsulfat (Na_2SO_4 + $10 H_2O$) = Glaubersalz.
Schwerspat = Bariumsulfat ($BaSO_4$) = schwefelsaures Barium = Baryt.
Soda (Na_2CO_3 + $10 H_2O$) = Natriumcarbonat = kohlensaures Natrium oder
    kohlensaures Natron.
Steinholzlauge ($MgCl_2$) = Magnesiumchloridlauge, oft auch kurz „Lauge" ge-
    nannt. Die Bezeichnung „Lauge" ist hier eigentlich falsch, da chemisch nur
    den Alkalilaugen, wie Natriumhydroxyd, die Bezeichnung zukommt.
Strontiumoxyd (SrO), gehört mit Calciumoxyd und Bariumoxyd zu den alka-
    lischen Erden.
Stuckgips = Calciumsulfat ($CaSO_4$) + $^1/_2 H_2O$).
Sulfate: Salze der Schwefelsäure.
Sumpfgas = Methan (CH_4) = Grubengas.
Übermangansaures Kali = Kaliumpermanganat ($KMnO_4$).
Vitriol, Vitriolöl = Schwefelsäure (H_2SO_4).
Wasserglas (Na_2SiO_4) = Natriumsilikat.
Zucker ($C_{12}O_{22}H_{11}$) = Rohrzucker = Rübenzucker (der gewöhnlich in den
    Handel kommende Zucker ist Rübenzucker.

Verzeichnis der wichtigsten Fachzeitschriften und ihre Abkürzungen.

1. Architektur und Wohnform (Arch. u· Wof.), Verlagsanstalt Alexander Koch GmbH., Suttgart-S., Kobstr. 4 c.
2. Der Bau (Bau), Werner-Verlag, Düsseldorf-Lohausen, Am Vogelsang 12.
3. Bauen und Wohnen (Bau u. Woh.), Otto Maier-Verlag, Ravensburg.
4.* Der Bauingenieur (Bau-Ing.), Zeitschrift für das gesamte Bauwesen, Springer-Verlag, Berlin/Göttingen/Heidelberg.
5.* Baumarkt (Baum.), Leipzig C 1, Uferstr· 21.
6. Der Baumeister (Baumstr.), Verlag Georg Dw. Callwey, München, Finkenstr. 2.
7. Bauplanung und Bautechnik (Baupl. u. Baut.), Verlag Technik, Berlin NW 7, Dorotheenstr· 41.
8. Die Bautechnik (Bautechn.), Fachzeitschrift für das gesamte Bauingenieurwesen, Verlag W. Ernst & Sohn, Gropius'sche Buchhandlung, Berlin-Wilmersdorf, Hohenzollerndamm 169.
9. Die Baurundschau (Baur.), Verlag Br. Sachse, Hamburg-Großflottbeck, Baurstr. 24.
10.* Der Bautenschutz (Bausch.), Verlag W. Ernst & Sohn, Gropius'sche Buchhandlung, Berlin-Wilmersdorf, Hohenzollerndamm 169.
11. Neue Bauwelt (Bauw.), Verlag des Druckhauses Tempelhof, vorm. Deutscher Verlag, Berlin-Tempelhof, Berliner Str. 105—106.
12. Die Bauwirtschaft (Bauwsch.) — Ausgabe A und B —, Bauverlag GmbH., Wiesbaden, Bingertstr. 14.
13. Beton, seine Rohstoffe u. seine Verarbeitung (Beton) — Unterrichtungsbriefe der Baustoff-Forschung Buchenhof, Hösel b. Düsseldorf, Preußenstr. 29/31.
14. Betonsteinzeitung (Betonst.), Bauverlag GmbH., Wiesbaden, Bingertstr. 14.
15. Chemisches Zentralblatt (Zentrbl.), Akademie-Verlag GmbH., Berlin C 2, Brüderstr. 26/27.
16.* Chemikerzeitung (Chemztg.), Verlag in Köthen (Anhalt).
17.* Beton und Eisen, internationales Organ für Betonbau (Bet. u. Eis.), Verlag W. Ernst & Sohn, Gropius'sche Buchhandlung, Berlin-Wilmersdorf, Hohenzollerndamm 169.
18.* Der Deutsche Baumeister (Dtsch. Baumstr.), Verlag der deutschen Technik, München, Erhardstr. 36).
19. Farben, Lacke, Anstrichstoffe (Fa. La. u. Anstr.), Wissenschaftliche Verlagsgesellschaft mbH., Stuttgart, Tübinger Str. 53.
20. Stahl und Eisen (Stahl u. E.), Verlag Stahleisen, Düsseldorf, Breite Str. 27.
21. Die Technik (Techn.), Verlag Technik, Berlin NW 7, Dorotheenstr. 41.
22.* Tonindustriezeitung (Toni), Verlag der Tonindustrie, Berlin-Friedenau, Schnackenburgstr. 4.
23. Zeitschrift des Vereins Deutscher Ingenieure (VDIZs), VDI-Verlag GmbH., Ratingen b. Düsseldorf, ehem. Berlin NW 7, Dorotheenstr. 40.
24. Zement, Kalk, Gips (Zem. Ka. Gps.), Bauverlag GmbH., Wiesbaden, Bingertstr. 14.
25.* Zentralblatt der Bauverwaltung (Z.Bl.Bau.V.), Verlag W. Ernst & Sohn, Gropius'sche Buchhandlung, Berlin-Wilmersdorf, Hohenzollerndamm 169.
26.* Fortschritte und Forschungen im Bauwesen (Fofoba), ehem. Verlag Otto Elsner, Berlin SW 68, Oranienstr. 140/2.

* Zeitschrift erscheint zur Zeit nicht.

Namenverzeichnis.

Im Namenverzeichnis sind nur die wichtigsten Schriftsteller angeführt, da das Buch möglichst von jeder unnötigen Erwähnung befreit bleiben sollte. Als Nachschlagewerke muß auf die einschlägige Literatur wie:

B e r l - L u n g e : Chemisch - Technische Untersuchungsmethoden, Springer-Verlag, Berlin

G r a f u. G o e b e l , Schutz der Bauwerke, 2. Aufl., Verlag W. Ernst & Sohn, Berlin 1949

G r ü n : Der Beton, 2. Aufl., Springer-Verlag, Berlin 1937

G u t t m a n n : Die Verwendung der Hochofenschlacke, Verlag Stahleisen mbH., Düsseldorf

K o l l m a n n : Technologie des Holzes, Springer-Verlag, Berlin 1936

S i e b e l : Handbuch der Werkstoffprüfung, Bd. I (1940), Bd. II (1939), Bd. III (1941), Bd. IV (1944), Springer-Verlag, Berlin

und die anderen, in Fußnoten erwähnten Werke, hingewiesen werden.

Die Veröffentlichungen oder Mitarbeit folgender Herren konnten dankend verwertet werden:

Alexandrow	Drögsler	Grün
Almasow	Duntze	Güldenpfennig
Ambach	Dorrer	Guttmann
Anselm		
Arp	Ehlers	Haegermann
Ashkenazi	Eiger	Hampe
Aspdin	Eitel	Hardt
Avenarius	Ellerbeck	Hay
Awankow	Emperger	Hecht
Assarsson	Endell	Hitvall
		Hellström
Bärenfänger	Ferari	Hespeler
Barta	Feret	Hodez
Bessey	Fernando	Hoffmann
Bethke	Fischer	Holleck
Boast	Foerster	Hornke
Boehm	Forét	Hoyer
Bolomey	Freyssinet	Hummel
Bornemann		Iltschenko
Brandenburg	Gaede	Intze
Brusch	Gaise	Iwanow
Budnikow	Garbotz	
	Gehler	Johannsen
Caravantes	Geiger	Joosten
Charisius	Geßner	Johnston
Clemmer	Gille	Judowitsch
Craddock	Glanville	
	Gonell	Karawantes
Davis	Gonnermann	Kayser
Dennis	Goslar	Keil
Desch	Goslich	Kit
Diekmann	Graf	Kleinlogel
Dreyer	Gronow	Koritink

Sachverzeichnis.